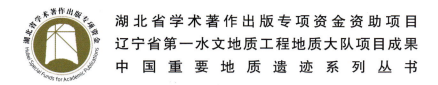

湖北省学术著作出版专项资金资助项目
辽宁省第一水文地质工程地质大队项目成果
中国重要地质遗迹系列丛书

辽宁省重要地质遗迹

LIAONINGSHENG ZHONGYAO DIZHI YIJI

郭冬梅　宋　超　等编著

中国地质大学出版社
ZHONGGUO DIZHI DAXUE CHUBANSHE

内容提要

本书是中国地质调查局全国重要地质遗迹调查项目——东北地区重要地质遗迹调查(辽宁)项目成果的总结,全书共有6章。对辽宁省的重要地质遗迹资源进行了全面系统的调查与研究,详细阐明了各类地质遗迹资源的类型、特征及分布规律,论述了各类地质遗迹的成因和演化过程,客观地评价了各类地质遗迹资源的价值及其级别,进行了全省地质遗迹区划,提出了地质遗迹保护规划建议。为后续地质遗迹的保护和开发等工作奠定了基础。

本书内容丰富,资料真实可靠,可供从事地质遗迹调查与保护、地质公园建设和管理、地质旅游开发等工作人员和科研人员及相关院校师生参考。

图书在版编目(CIP)数据

辽宁省重要地质遗迹/郭冬梅等编著. —武汉:中国地质大学出版社,2018.12
(中国重要地质遗迹系列丛书)
ISBN 978-7-5625-4437-1

Ⅰ. ①辽…
Ⅱ. ①郭…
Ⅲ. ①区域地质-研究-辽宁
Ⅳ. ①P562.31

中国版本图书馆 CIP 数据核字(2018)第 277113 号

辽宁省重要地质遗迹		郭冬梅 宋 超 等编著
责任编辑:张 旭 刘桂涛 选题策划:毕克成 张 旭 唐然坤 张瑞生		责任校对:阎 娟
出版发行:中国地质大学出版社(武汉市洪山区鲁磨路388号)		邮编:430074
电　　话:(027)67883511　　传　　真:(027)67883580		E-mail:cbb@cug.edu.cn
经　　销:全国新华书店		http://cugp.cug.edu.cn
开本:880毫米×1230毫米 1/16		字数:626千字 印张:19.5 插页:1
版次:2018年12月第1版		印次:2018年12月第1次印刷
印刷:湖北睿智印务有限公司		印数:1—1 000 册
ISBN 978-7-5625-4437-1		定价:268.00 元

如有印装质量问题请与印刷厂联系调换

《辽宁省重要地质遗迹》编辑委员会

主　　　任：李永强
副 主 任：徐宏伟
编　　委：郭冬梅　鲁景峰　张润廷　安继魁　高明久　李同贵
顾　　问：卢崇海　王敏成
主　　编：郭冬梅
副 主 编：宋　超
编　　撰：郭冬梅　宋　超　贾　旭　陈文彬　曹亚良　宋　哲
　　　　　刘雪彤　田广明　张　颖　刘　东　苑雪峰　宗守祥
　　　　　王立军　李一凡　程　微　李　阳　刘葆社

序

东北地区重要地质遗迹调查(辽宁)项目,是中国地质调查局全国重要地质遗迹调查项目省级子项目之一,由中国地质环境监测院实施,辽宁省第一水文地质工程地质大队承担完成,取得了显著的调查和研究成果。经过中国地质调查局组织专家评审,获得优秀项目的评审成绩。

辽宁省地处中国东北地区的南部,省域陆地面积145 900km^2。大地构造单元分属2个二级构造体系,北部属华北陆块北缘古生代坳陷带,南部属华北陆块。经历了从古太古代—新生代漫长的地质演化过程,造就了今天丰富多彩的地质遗迹资源。

辽宁省地质调查及勘查工作始于19世纪60年代,迄今有百余年历史,地质研究程度较高。其中,地质遗迹种类繁多,遗迹资源十分丰富。为开展辽宁省地质遗迹调查工作,本书作者在严格执行规范要求和吸取全国同行调查研究方法的基础上,结合辽宁省地质遗迹出露的特点,查阅了大量基础地质方面的研究成果,以及前人对各类地质遗迹保护的综合考察报告和国家级、省级地质公园建设等方面资料,首次摸清了辽宁省地质遗迹的家底。调查成果显示,辽宁省目前共有120处省级及以上地质遗迹点,划分为3大类、12类、26亚类。其中,基础地质大类44处;地貌景观大类75处;地质灾害大类1处。120处地质遗迹中世界级5处,国家级36处,省级79处。本书全面、系统地论述了辽宁省各类地质遗迹资源的类型和分布特征,对各类地质遗迹做出了客观、科学的评价,并进行了合理的区划,同时提出了辽宁省地质遗迹保护规划措施和建议。突出阐述了辽宁省地质遗迹三大亮点,即古太古代鞍山地区古陆核遗迹、辽西中生代鸟化石遗迹和大连市震旦纪地层海蚀地貌景观遗迹。

通过本项目的实施,在成果应用与转化方面取得了较好的效果,项目组及时与地质遗迹所在地政府、国土、旅游等部门进行沟通和交流,使本次调查成果在地质遗迹信息集成、保护、科普推广以及旅游资源开发等方面得到了应用,带动了地方经济可持续发展。同时,通过本项目工作培养了一批技术骨干力量。

本书资料丰富、详实,是目前辽宁省最新的调查和研究地质遗迹方面的著作,具有重要的参考和使用价值,可供从事地质遗迹调查和保护、地质公园建设和管理、旅游地质等方面的工作人员、科研人员及相关院校师生参阅和使用。

2018年3月15日

前　言

地质遗迹是在漫长的地球演化史中由内力地质作用和外力地质作用共同形成的,它反映了地质历史演化过程和物理、化学条件或环境的变化。地质遗迹是大自然留给人类的宝贵财富,是研究地球、认识地质现象、推测地质环境及其演变的重要依据。自1996年中国地质矿产部颁布《地质遗迹保护管理规定》以来,全国一直在围绕保护和利用地质遗迹开展自然保护区、地质公园的建设与管理工作,科学普及工作也在不断进行。至2017年底已经批准建立了207家国家地质公园(不含只取得建设资格的),取得了初步成效。

辽宁省地处中国东北地区的南部,大地构造单元分属2个二级构造体系,北部属华北陆块北缘古生代坳陷带,南部属华北陆块。迄今已知辽宁省最古老的岩石是采自鞍山市白家坟和鞍山市东山的奥长花岗岩,同位素测年结果为38亿年(万渝生等,1999)。鞍山市前台岩组的锆石测年结果也达到了33.57亿年(李景春,2006)。30多亿年来,辽宁省经历了太古宙、元古宙和显生宙三大地质演化时期,形成类型丰富的地质遗迹资源。如闻名国内外的辽西热河生物群、大连市震旦纪地层、鞍山白家坟地区古太古代花岗岩岩体等。

辽宁省地质调查工作开展较早,是我国地质工作程度较高的省份之一,近年来地质遗迹保护与地质公园建设工作已经取得了一定的成果。中国地质调查局为了开展全国地质遗迹调查项目,委托辽宁省第一水文地质工程地质大队承担了东北地区重要地质遗迹调查(辽宁)项目,工作周期为2016—2017年。2017年12月,在北京召开的全国地质遗迹调查项目评审会上,该项目成果报告获评为优秀。《辽宁省重要地质遗迹》一书即是东北地区重要地质遗迹调查(辽宁)项目的调查研究成果。该书全面系统地叙述了辽宁省重要地质遗迹资源的调查成果,阐明了全省各类地质遗迹的类型、分布和特征,对地质遗迹的成因、演化及分布规律进行了研究,对各类地质遗迹资源进行了客观评价,并进行了全省地质遗迹区划,提出了地质遗迹保护规划建议。为全国重要地质遗迹调查项目以及全国重要地质遗迹数据库建设提供了重要的基础资料,同时为辽宁省未来开展地质遗迹资源保护规划、地质公园申报、旅游地质资源开发、地学科普考察等提供了详实的资料,奠定了后续工作的基础。通过对地质遗迹资源调查成果的开发,打造文化影视基地、科普实习基地、摄影绘画基地等,促进全省旅游资源开发和地方经济发展。

全书共有6章,第一章,第二章,第三章的第一、二、五节,第四章,第五章由郭冬梅编写,第三章的第三、四节以及第六章由宋超编写,全书由郭冬梅统稿。参与本项目的其他成员有贾旭、高明久、陈文彬、曹亚良、宋哲、刘雪彤、田广明、张颖、刘东、苑雪峰、宗守祥、王立军、李一凡、程微、李阳、刘葆社等技术人员,他们都做了大量的辅助工作,对项目的完成起到了重要作用。

本项目自始至终得到了辽宁省第一水文地质工程地质大队队长李永强,总工程师鲁景峰,副队长刘铁平、王德文、谢贵彬,书记经德斌,技术副总徐宏伟、安继魁等的支持、关心、指导和帮助;得到了张润廷、阎宝强、邓怀民、李同贵等专家的指导和建议；尤其是得到了辽宁省区域地质专家卢崇海教授级高级工程师、辽宁古生物专家王敏成高级工程师多次亲临野外现场的具体指导和帮助；辽宁深源矿业投资开发有限公司文屹、辽宁省第五地质大队董建军也曾亲临野外现场给予指导和帮助；其中有关本溪地区的地质遗迹部分得到了李志新老师的亲自指导；特别是中国地质环境监测院董颖主任、黄卓教授级高级工程师、曹晓娟博士给本次工作提供了大力支持和帮助，在此一并致谢！

辽宁省国土资源厅地质环境处于泽喜处长、锦州市国土资源局博学处长、本溪市国家地质公园管理办公室刘洋主任、盘锦市国土资源局孙少敏处长、营口市国土资源局孙桐处长、大连市国土资源和房屋局孙德利副处长、朝阳市国土资源局李超、宽甸县国土资源局李永涛、辽宁省第五地质大队石化瑜、辽宁省第十地质大队总工程师任立国、辽宁省化工地质勘查院卫星等，在项目开展期间也提供了大力支持和帮助，在此一并表示诚挚的感谢！

由于作者水平有限，经验不足，书中疏漏之处在所难免，敬请批评指正。

郭冬梅

2018 年 1 月

目 录

第一章 绪 论 ………………………………………………………………………… (1)

第一节 辽宁省基础地质调查工作概述 ……………………………………………… (3)
　一、地质调查研究历史 …………………………………………………………… (3)
　二、1∶20 万区域地质及矿产地质调查 ………………………………………… (3)
　三、1∶25 万区域地质调查 ……………………………………………………… (4)
　四、1∶5 万区域地质及矿产地质调查 …………………………………………… (4)
　五、地质公园建设情况 …………………………………………………………… (4)

第二节 技术路线和方法 ……………………………………………………………… (5)
　一、技术路线 ……………………………………………………………………… (5)
　二、工作流程与方法 ……………………………………………………………… (5)

第三节 调查成果及应用 ……………………………………………………………… (6)
　一、调查成果 ……………………………………………………………………… (6)
　二、调查成果的应用 ……………………………………………………………… (7)

第二章 区域背景 ……………………………………………………………………… (9)

第一节 地理概况 ……………………………………………………………………… (11)
　一、交通条件 ……………………………………………………………………… (12)
　二、自然地理概况 ………………………………………………………………… (13)
　三、社会经济概况及人文地理 …………………………………………………… (14)
　四、区域地貌 ……………………………………………………………………… (15)

第二节 地质概况 ……………………………………………………………………… (17)
　一、区域地层 ……………………………………………………………………… (17)
　二、岩浆岩 ………………………………………………………………………… (18)
　三、区域变质岩及混合岩 ………………………………………………………… (20)
　四、区域构造 ……………………………………………………………………… (21)

第三章 地质遗迹调查 ………………………………………………………………… (31)

第一节 调查方法和内容 ……………………………………………………………… (33)
　一、调查方法 ……………………………………………………………………… (33)
　二、调查内容 ……………………………………………………………………… (34)

第二节 地质遗迹类型及特征 ………………………………………………………… (35)
　一、地质遗迹分类 ………………………………………………………………… (35)
　二、地质遗迹分类特征 …………………………………………………………… (35)

三、地质遗迹特征 …………………………………………………………………………（39）

第三节　地质遗迹的分布规律 ……………………………………………………………（210）
　　一、辽西中生代古生物化石及火山地貌类地质遗迹分布区 ………………………（210）
　　二、辽东重要岩矿石产地及地层剖面类地质遗迹分布区 …………………………（212）
　　三、大连震旦纪—寒武纪地质遗迹分布区 …………………………………………（214）
　　四、下辽河平原与鸭绿江流域湿地、水体地貌类遗迹分布区 ……………………（216）
　　五、渤海、黄海海岸地貌类地质遗迹集中分布区 …………………………………（218）
　　六、本溪岩溶地貌地质遗迹分布区 …………………………………………………（219）
　　七、辽东长白山、千山中低山、低山、丘陵区岩土体地貌分布区 ………………（220）
　　八、辽西努鲁儿虎山、医巫闾山中低山、低山、丘陵区岩土体地貌分布区 ……（220）

第四节　地质遗迹形成及演化 ……………………………………………………………（222）
　　一、太古宙地质遗迹的形成与演化 …………………………………………………（222）
　　二、古元古代地质遗迹的形成与演化 ………………………………………………（223）
　　三、中—新元古代地质遗迹的形成与演化 …………………………………………（224）
　　四、古生代地质遗迹的形成与演化 …………………………………………………（226）
　　五、中生代地质遗迹的形成与演化 …………………………………………………（227）
　　六、新生代地质遗迹的形成与演化 …………………………………………………（228）

第五节　地质遗迹3个亮点 ………………………………………………………………（230）
　　一、辽西古生物化石 …………………………………………………………………（230）
　　二、鞍山地区古太古代古陆核遗迹 …………………………………………………（234）
　　三、大连地区寒武纪、震旦纪海岸地貌 ……………………………………………（234）

第四章　地质遗迹评价 …………………………………………………………………（237）

第一节　评价原则 …………………………………………………………………………（239）

第二节　评价方法 …………………………………………………………………………（240）

第三节　评价依据 …………………………………………………………………………（241）

第四节　单因素评价 ………………………………………………………………………（244）
　　一、基础地质大类地质遗迹科学价值 ………………………………………………（244）
　　二、地貌景观类地质遗迹观赏价值 …………………………………………………（246）
　　三、地质灾害类地质遗迹科学价值 …………………………………………………（247）

第五节　综合评价 …………………………………………………………………………（247）

第五章　地质遗迹区划 …………………………………………………………………（257）

第一节　区划的原则和方法 ………………………………………………………………（259）
　　一、地质遗迹区划原则 ………………………………………………………………（259）
　　二、地质遗迹区划方法 ………………………………………………………………（259）
　　三、地质遗迹区划结果 ………………………………………………………………（259）

第二节　分区论述 …………………………………………………………………………（261）
　　一、辽西低山丘陵地质遗迹区（Ⅰ）………………………………………………（261）
　　二、辽北波状平原地质遗迹区（Ⅱ）………………………………………………（264）
　　三、辽东山地丘陵地质遗迹区（Ⅲ）………………………………………………（265）
　　四、下辽河平原地质遗迹区（Ⅳ）…………………………………………………（271）

第六章　地质遗迹保护规划建议 ……………………………………………………………………（273）

　　第一节　地质遗迹保护的指导思想和基本原则 ………………………………………………（275）

　　　　一、指导思想 ……………………………………………………………………………………（275）

　　　　二、基本原则 ……………………………………………………………………………………（275）

　　第二节　地质遗迹的保护现状 …………………………………………………………………（276）

　　第三节　地质遗迹的保护规划建议 ……………………………………………………………（284）

　　　　地质遗迹保护区划分 ……………………………………………………………………………（284）

　　第四节　地质遗迹的保护方式与措施 …………………………………………………………（288）

　　　　一、保护利用方式及措施 ………………………………………………………………………（288）

　　　　二、地质遗迹点综合利用规划 …………………………………………………………………（290）

附图　辽宁省重要地质遗迹分布图 ……………………………………………………………………（295）

主要参考文献 ……………………………………………………………………………………………（296）

第一章 绪论
XULUN

第一章　绪　论

地质遗迹是地球在漫长的地质历史演化中由内力地质作用和外力地质作用形成的，反映了地质历史演化和物理、化学条件或环境的变化，是人类认识地质现象、推测地质环境及其演变条件的重要依据，是人们恢复地质历史的主要参数。地质遗迹是不可再生的，破坏了就永远不可恢复，也就失去了研究地质作用过程和形成原因的实际资料。

第一节　辽宁省基础地质调查工作概述

一、地质调查研究历史

中华人民共和国成立以后，中国老一辈地质科学家对辽宁省地层古生物、矿产、构造等方面进行研究，为辽宁省地质调查打下了良好的基础。随着国家经济发展的需要，辽宁省系统的地质调查工作获得了飞速的进展，基础地质调查和矿产勘查同步发展。地质、冶金、煤炭、石油、建材、化工、核工业部等系统及有关院校、研究机构，先后（或同时）在辽宁省开展了普查找矿、勘探、区域地质调查、物探、化探和专题性研究工作。20世纪70年代至今地质系统按国际分幅（36幅）为找矿、找水、工程勘察等不同目的进行了多次地质、水文地质、工程地质测绘、调查、勘察工作。

1960年开始，辽宁省地质局区域地质调查队系统地开展了1∶20万区域地质调查，历时15年，完成辽宁省地质调查任务。1975年开始进行1∶5万区域地质调查，2000年开始1∶25万地质调查（片区总结）。此外，在全省范围内还开展了区域水文地质普查、环境地质调查、工程地质调查、地质灾害区划、地热地质调查等工作。这些不同目的、不同研究程度的地质工作成果中的地层、古生物、岩石、构造、矿产、地热等内容，涉及到了辽宁省各类地质遗迹的分布和赋存状态，为辽宁省重要地质遗迹调查工作的开展提供地质、地貌背景依据，为工作重点地段的选择，尤其为尚未发现又可能存在的地质遗迹资源的寻找起到了指导作用。

二、1∶20万区域地质及矿产地质调查

1∶20万地质图实测是按国际分幅以地质填图为手段，在幅内进行的系统基础地质研究、矿产调查和综合研究工作，阶段性查清区内地层、岩浆岩、变质作用与变质岩石、区域地质构造、地貌及水文地质等基本地质特征；初步查明区内已知矿产的分布规律及区域成矿地质背景，运用已掌握的地质和物化探资料，划分成矿区（带）和成矿远景区，指出进一步找矿方向。

1∶20万地质图实测的客观性、科学规范性，使之成为一切地质工作的基础。它直接服务于后续的地质找矿工作，同时为工农业建设、国土资源开发与整治、国防工程建设、环境综合治理，以及地质科学研究等提供服务。

辽宁省共有1∶20万图幅31幅，其中全幅13幅，近全幅6幅，半幅或跨角幅12幅，邻省区跨角辽宁的有8幅，由邻省区负责测制。辽宁省地质局区域地质调查队从1960年测制第1幅1∶20万凌源幅地质图开始，到1975年，基本完成辽宁省1∶20万地质图的全覆盖，比全国于1995年完成除青藏高原部分、沙漠地区和大兴安岭森林覆盖区外的广大疆域全覆盖，提前了将近20年。

三、1∶25万区域地质调查

1∶25万地质图实测是按国际规整图幅进行的区域地质调查工作,1∶25万地质图属于中国第二代中比例尺地质图。

辽宁省于2000年开始进行1∶25万区域地质调查,截至2010年,已完成全省17幅1∶25万地质图修编修测工作,重点解决疑难和关键地质问题。通过中比例尺地质填图、矿产调查和综合研究,查明调查区的地层、岩石、构造、地貌等基础性地质特征,解决水文、工程、环境等应用地质问题,初步查清测区各种矿产分布规律,指出成矿远景区,提高地质工作全面服务于国民经济建设、国防建设、环境综合治理等的水平,为后续地质找矿和地质科学研究提供资料。

四、1∶5万区域地质及矿产地质调查

辽宁省于20世纪70年代初,在重要成矿区(带)和成矿远景区、关键性地质节点、生态环境脆弱地区开展了1∶5万大比例尺区域地质调查,包括全幅、半幅、跨角幅、岛屿等1∶5万图幅482幅,截至2017年,完成了1∶5万区域地质填图220余幅,接近辽宁省全域面积的一半,已经覆盖全省重要成矿区(带)、成矿远景区和关键性地质节点。为水文地质、工程地质、环境地质、城市地质、旅游地质和农业地质提供了较为详细的地质资料。

五、地质公园建设情况

自2000年以来,辽宁省有关地勘单位对申报国家、省级地质公园的地质遗迹集中区进行了重点调查,查明地质遗迹赋存状态,评价地质遗迹,编制地质公园综合考察报告和地质遗迹保护规划。截至2017年底,辽宁省已累计批准设立了6家国家地质公园、9家省级地质公园、2家国家矿山地质公园,具体情况见表1-1。这些地质公园综合考察报告,为地质遗迹调查工作开展提供了地质遗迹方面的资料。

表1-1 辽宁省地质公园建设情况一览表

序号	地质公园名称	面积(hm^2)	类别	批准时间(年)	文号
1	辽宁朝阳鸟化石国家地质公园	230 000	古生物化石	2004	国土资发〔2004〕16号
2	大连滨海国家地质公园	35 100	滨海地质地貌景观	2005	国土资发〔2005〕187号
3	大连冰峪沟国家地质公园	10 300	石英砂岩峰林地质地貌景观	2005	国土资发〔2005〕187号
4	辽宁本溪国家地质公园	28 300	岩溶地质地貌景观	2005	国土资发〔2005〕187号
5	辽宁葫芦岛龙潭大峡谷国家地质公园	1 829	喀斯特地质地貌景观	2014	国土资厅函〔2014〕24号
6	辽宁锦州古生物化石和花岗岩国家地质公园	18 933	古生物化石、地质地貌景观	2014	国土资厅函〔2014〕24号

续表 1-1

序号	地质公园名称	面积（hm²）	类别	批准时间（年）	文号
7	辽宁阜新海州露天矿国家矿山公园	2 500	矿山遗迹	2005	国土资厅函〔2009〕649号
8	辽宁老帽山省级地质公园	3 097	地质地貌景观	2011	国土资发〔2011〕12号
9	辽宁步云山省级地质公园	2 178.2	地质地貌景观	2015	辽国土资项〔2015〕41号
10	辽宁盘锦辽河口省级地质公园	27 822	滨海湿地地貌	2016	辽国土资项〔2016〕50号
11	辽宁建昌省级地质公园	9 075	地质地貌景观	2016	辽国土资项〔2016〕39号
12	辽宁营口仙峪省级地质公园	373.2	矿山遗迹	2016	辽国土资项〔2016〕38号
13	辽宁千山省级地质公园	7 546	花岗岩地貌	2016	辽国土资项〔2016〕70号
14	辽宁清源碇子山省级地质公园	1 370.4	地质地貌景观	2017	辽国土资项〔2017〕28号
15	辽宁兴京省级地质公园	3 774.3	地质地貌景观	2017	辽国土资项〔2017〕23号
16	辽宁抚顺天女山·三块石省级地质公园	2 201.7	地质地貌景观	2017	辽国土资项〔2017〕32号
17	辽宁南票煤炭国家矿山公园	39 800	矿山遗迹	2017	国土资厅函〔2017〕1907号

注：1公顷（hm²）＝10 000平方米（m²），全书同。

第二节 技术路线和方法

一、技术路线

按照《地质遗迹调查规范》(DZ/T 0303—2017)的要求，结合本项目工作特点，采取收集资料，分析整理并筛选重要遗迹点，再与野外实地调查相结合的技术路线。

地质遗迹资源调查工作，分为资料收集与整理、野外调查与核查、综合分析与研究3个阶段。

（1）资料收集与整理：在充分收集地质遗迹资料的基础上，进行分析整理，应用新理论，结合遥感解译，筛选出具有科学价值和观赏价值、典型、稀有的重要地质遗迹，确定野外地质遗迹调查点。

（2）野外调查与核查：制定野外调查路线和工作方案，有针对性地开展重要地质遗迹野外调查。

（3）综合分析与研究：根据地质遗迹类型组合、空间分布，结合地质构造单元、地形地貌等对全省地质遗迹进行区划，组织专家对地质遗迹进行鉴评和国、内外对比分析，确定地质遗迹等级及保护名录，并在此基础上提出保护规划建议。编绘辽宁省地质遗迹资源分布图、区划图、保护规划建议图，建立数据库，编写成果报告。

二、工作流程与方法

工作流程：资料收集与筛选→设计编写→遥感解译→野外实地调查与核查→综合研究与评价→

成果编制、评审验收→成果汇交。

1. 资料收集与筛选

充分收集已有资料,包括工作区的区域地质、水文地质与工程地质、环境(或地貌)地质、地质灾害、地热地质调查、辽宁省旅游资源普查报告等资料,以及其他相关的古生物化石、古人类遗址专题研究资料和辽宁省国家、省级地质公园申报资料。对上述资料进行分析、整理,筛选出具有科学价值和观赏价值、典型、稀有的重要地质遗迹,对其进行分类,填写筛选表。

2. 设计编写

依据合同要求,在收集整理资料的基础上,编写年度工作设计。工作设计是项目调查、评价、进度检查、质量监控与成果验收的主要依据。

3. 遥感解译

利用91卫星助手,获取遥感影像图,大致确定工作区内大型地质构造、断裂、火山机构、重要水体等地质遗迹的类型、大致范围和形状,圈定面积。

4. 野外实地调查与核查

对筛选出的地质遗迹,全部开展野外调查,以路线调查为主,采取穿越和追索相结合的手段,调查地质遗迹点特征、分布、类型、岩性,地质遗迹的保护现状及存在的问题,并进行GPS定位、填工作手图、拍照(相机、手机、无人机)、填写地质遗迹点的野外调查表。工作手图为1:5万地形图、地质图、遥感图。编写野外路线小结、野外工作小结。

5. 综合研究与评价

地质遗迹鉴评工作,建立在地质遗迹调查的基础上,对筛选出的各类重要地质遗迹,聘请辽宁省内地质、地层、构造、岩浆岩、变质岩、古生物、矿产等方面的专家,进行综合评价。鉴评原则是遴选具有科学价值和观赏价值、典型、稀有的地质遗迹;鉴评标准参照《地质遗迹保护管理规定》及《中国国家地质公园建设技术要求和工作指南(试行)》。

6. 成果编制

全面总结工作区重要地质遗迹调查资料,进行综合分析研究,编写辽宁省重要地质遗迹调查报告。编制辽宁省重要地质遗迹资源分布图及说明书、区划图及说明书、保护规划建议图及说明书。

建立完善辽宁省重要地质遗迹数据库、编写建库报告。编辑辽宁省重要地质遗迹特征照片集。

第三节 调查成果及应用

一、调查成果

(1)首次对辽宁全省开展了重要地质遗迹调查工作,通过收集资料和实地调查核实,共查明192处地质遗迹,经过合并整理,确定120处省级及以上地质遗迹点,划分为3大类、12类、26亚类。其中,基础地质大类 44 处;地貌景观大类 75 处;地质灾害大类 1 处。120 处中世界级 5 处,国家级 36 处,省级 79 处。基本摸清了辽宁省重要地质遗迹资源的家底,掌握了地质遗迹的分布规律和保护现状,为后续工作奠定了基础。

(2)采用新的板块理论论述辽宁省的地质概况,并对寒武系采用四分代替过去的三分,即将没有三叶虫化石而只有小壳化石的寒武系划为纽芬兰统,这也是 2017 年 8 月新一轮地质志的观点。

(3)查明了辽宁省地质遗迹形成的地质构造背景和形成演化的地质环境条件。

(4)对辽东半岛南部大连地区进行了重点调查,并对大连沿海地区的地质遗迹资源进行了详细调查,解释了其成因及形成过程。

(5)对辽宁省西部地区的古生物化石进行了重点调查与资料的分析整理,解释了其成因及形成过程。

(6)查明了各类地质遗迹的特征及地质意义,为地质遗迹的级别划分提供了可靠依据。总结各区地质遗迹的分布规律,并对其形成演化进行了探讨。

(7)按照《地质遗迹调查规范》(DZ/T 0303—2017)制定的地质遗迹分类和评价标准,组织辽宁省在相关专业领域有一定造诣的知名专家进行了专家鉴评,对辽宁省的地质遗迹进行了综合评价。经评价确定世界级地质遗迹 5 处,国家级地质遗迹 36 处,省级地质遗迹 79 处。

(8)根据地质遗迹分布位置、范围,结合其地貌单元及构造单元,将辽宁省重要地质遗迹资源划分为 4 个地质遗迹大区(辽西低山丘陵地质遗迹区、辽北波状平原地质遗迹区、辽东山地丘陵地质遗迹区、下辽河平原地质遗迹区)、9 个地质遗迹分区、18 个地质遗迹小区。

(9)编制了辽宁省重要地质遗迹资源分布图(1:50 万地质版)及说明书、辽宁省重要地质遗迹资源区划图(1:50 万)及说明书、辽宁省重要地质遗迹资源保护规划建议图(1:50 万)及说明书。

(10)以"地质遗迹数据采集系统"为平台,以地质遗迹点为基本建库单元,以野外地质遗迹调查表、地质遗迹信息采集表为数据采集源,制定合理的建库流程,建立了辽宁省重要地质遗迹数据库,编写了建库报告。为全国地质遗迹保护管理工作服务,为原国土资源部旗下管理部门行使管理地质遗迹的职能,以及为其他有关单位提供更加方便快捷的查询、更改、补充、完善等信息化服务。

二、调查成果的应用

在项目实施工程中,发现 7 处可以申报省级地质公园的地质遗迹集中区,利用本次调查工作成果,成功申报 7 处。对已建立的辽宁省葫芦岛龙潭大峡谷国家地质公园做进一步补充调查工作,积极协助地方政府成功立项并完成了"辽宁葫芦岛龙潭大峡谷国家地质公园地质遗迹调查及洞穴考察"项目。初步确定科普基地 2 处,一个是葫芦岛建昌大青山火山机构,可以作为火山地貌、火山机构、熔岩微地貌等地学方面的野外观测实习基地;另一个是鞍山岫岩陨石坑,这是我国首个被证实的陨石坑,其坑体基本构造没有受到大的破坏,宏观和微观撞击证据保存得比较完整,是理想的科普教育基地。

第二章 区域背景
QUYU BEIJING

第二章 区域背景

第一节 地理概况

辽宁省简称辽,取辽河流域永远安宁之意而得其名,位于中国东北地区南部,省会沈阳市,见图2-1。地理位置为东经118°53′—125°46′,北纬38°43′—43°26′,西南与河北省邻界,西北与内蒙古自治区毗邻,东北与吉林省接壤,东南以鸭绿江为界与朝鲜半岛相望,南部辽东半岛插入黄、渤两海之间与山东半岛构成犄角之势。省内南北长约530km,东西宽574km,省域陆地面积$14.59×10^4 km^2$,占全国总面积的1.5%。辽宁省国境线长200km,海岸线总长2 920km,占全国海岸线长的11.5%。海域面积广阔,约$15×10^4 km^2$。2017年末全省常住人口4 368.9万人,除汉族外,还有满族、蒙古族、回族、朝鲜族等51个少数民族。全省共辖14个地级市、16个县级市、25个县(其中8个少数民族自治县)及56个市辖行政区。

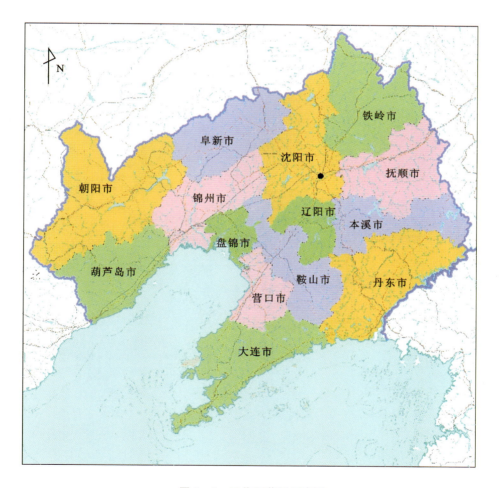

图2-1 工作区范围示意图

一、交通条件

辽宁省交通发达,以铁路和高速公路为骨干,配合海运、航空构成了现代化的立体交通运输网。铁路以沈阳、锦州为枢纽,四通八达,连接省内外各地。

铁路干线:京哈(含秦沈客运专线)、沈大、沈吉、沈丹、沈山、沟海、锦承、叶赤、大郑铁路等;地方铁路有海岫线、城庄线、北保线、高天线、丹大线、灌赛线;高速铁路:哈大高速铁路、盘营高速铁路、沈丹客运专线、丹大快速铁路、沈佳高速铁路和京沈高速铁路(在建)。

主干公路:高速公路以沈阳为中心枢纽向四周辐射状,与 14 个地级市互通。有京沈 G1、鹤大 G11、沈海 G15、丹锡 G16、长深 G025、新鲁 G2511、辽中环线 G091、丹阜 G1113、阜锦 G2512 等几十条,以及京沈 101、京哈 102、鹤大 201、黑大 202、明沈 203、丹霍 304、庄林 305、绥中-凌源 306 等多条国道,连接省、市、县乡公路。

主要机场:沈阳桃仙国际机场、大连周水子国际机场、鞍山腾鳌机场、丹东浪头机场、锦州湾机场、营口兰旗机场、朝阳机场、长海机场、大连金州湾国际机场(在建)。

主要港口:以大连港、营口港为国家主枢纽港,以丹东港、锦州港为地方重要港口,以盘锦港、葫芦岛港、庄河港、绥中港为主的一般性港口,同国内沿海诸港口以及世界五大洲 70 多个国家和地区的 140 多个港口通航,见图 2-2。

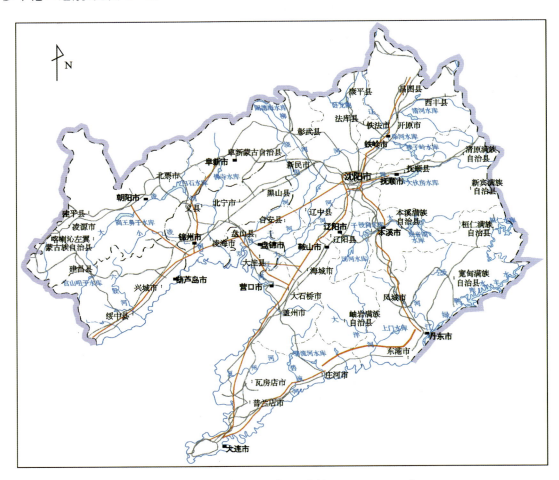

图 2-2　辽宁省交通示意图(比例尺 1∶4 000 000)

辽宁省14个省辖市和41个县(市)全部开通了国际、国内程控电话,邮电通信业持续发展。形成了以数字微波为主、以沈阳为中心的具有较强辐射功能的干线传输网,互联网发展迅速。

二、自然地理概况

地形:辽宁省山地和平原相间分布,山脉和河流多呈北东-南西走向。全省地形地貌大体是"六山一水三分田"。地势大致为自北向南,自东西两侧向中部倾斜,山地丘陵分列东西两侧,向中部平原下降,呈"马蹄"形向渤海倾斜。辽东、辽西两侧平均海拔为800m和500m的山地丘陵,面积约119 400km²;中部平均海拔为200m的辽河平原,土壤肥沃,面积约26 500km²;辽西渤海沿岸为狭长的海滨平原,称"辽西走廊",详见图2-3。

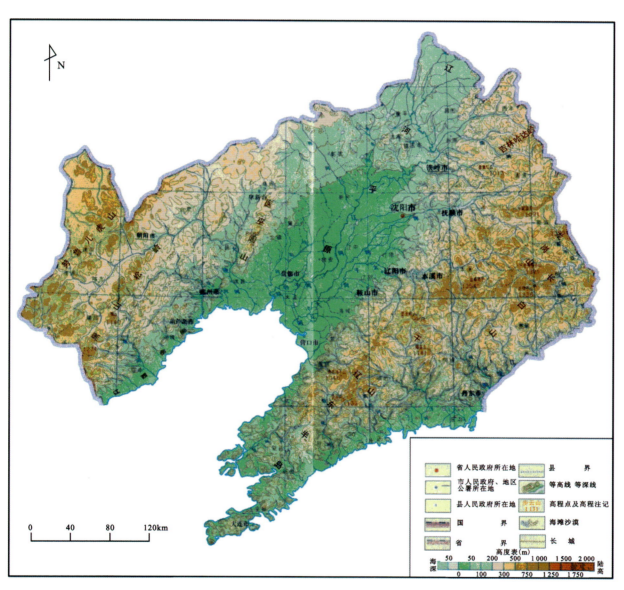

图2-3 辽宁省地势示意图(比例尺1∶4 000 000)

山脉：省内山脉分列东西两侧。东部山脉是长白山支脉哈达岭和龙岗山的南西延续部分，由南北两列平行山地组成，海拔在500～800m之间，最高山峰花脖子山海拔1 336m，为省内最高点。主要山脉有清原摩离红山，本溪和尚帽子山摩天岭、龙岗山，桓仁老秃顶子山（1 325m），宽甸四方顶子山、凤城凤凰山，鞍山千朵莲花山和大连大黑山等。西部山脉是由内蒙古高原向南延的部分，海拔在300～1 000m之间，主要有努鲁儿虎山、松岭、黑山和医巫闾山等。

水系：辽宁省的大小河流共有300余条，其中流域面积在1 000km²以上的河流48条。主要水系有辽河、鸭绿江、浑河、太子河、大洋河、绕阳河、大凌河、小凌河以及渤海西岸诸河、辽东半岛诸河等。除鸭绿江水系及东南部少数水系注入黄海外，其余水系皆自北、东、西三面往中南部汇集注入渤海。太子河、浑河位于辽东山地丘陵两侧，两河相汇于三岔河后称大辽河，经营口注入渤海。

其中辽河为辽宁省内第一大河，东、西辽河在昌图县古榆树附近汇合后始称为辽河，全长1 390km，在辽宁省境内河道长约480km，流域面积为6.92万km²，1958年曾改道，南流至辽中县六间房折向南，顺双台子河经盘山湾入渤海；鸭绿江为省内第二大河，中、朝两国界河，源于长白山天池，由浑江口进入辽宁，向西南流至丹东市以下入渤海，辽宁省内流域面积1.7万km²，河流长220km。

海洋：辽宁省海域广阔，辽东半岛的西侧为渤海，东侧为黄海。海域（大陆架）面积15万km²，其中近海水域面积6.4万km²。沿海滩涂面积2 070km²。陆地海岸线东起鸭绿江口、西至绥中县老龙头，全长2 920km，占全国海岸线长的11.5%，居全国第5位。

岛屿：辽宁省有海洋岛屿266个，面积191.5km²，岛岸线全长627.6km，占全国岛岸线长的5%。主要岛屿有外长山列岛、里长山列岛、石城列岛、大鹿岛、菊花岛、长兴岛等。

气候：辽宁地处中纬度的南半部，欧亚大陆东岸，属暖温带湿润半湿润大陆季风气候，雨热同季，日照丰富，四季分明。春季干燥多风，夏季炎热多雨，秋季短暂晴朗，冬季漫长寒冷。阳光年总辐射在420～840J/cm²之间，年日照时数在2 100～2 900小时之间，全年平均气温为5.2～11.7℃，一般最高气温零上30℃，最低气温可达零下30℃。年平均降水量400～970mm，平均无霜期130～200天，一般无霜期均在150天以上，由西北向东南逐渐增多。辽宁省是东北地区降水量最多的省份，年降水量在600～1 100mm之间。东部山地丘陵区年降水量在1 100mm以上；西部山地丘陵区与内蒙古高原相连，年降水量在400mm左右，是辽宁省降水最少的地区；中部平原降水量比较适中，年平均在600mm左右。

三、社会经济概况及人文地理

经济：中华人民共和国成立近70年来辽宁省工、农业生产迅猛发展，国民经济建设取得了辉煌的成绩。经济结构逐步调整，在国民经济总值产业比例中，第一、第二产业逐渐减少，第三产业逐渐增加。2017年全年地区生产总值23 942.0亿元，比上年增长4.2%。其中，第一产业增加值2 182.1亿元，增长3.6%；第二产业增加值9 397.8亿元，增长3.2%；第三产业增加值12 362.1亿元，增长5.0%。全年人均地区生产总值54 745元，比上年增长4.3%。

第一产业为农林牧渔业，以粮食生产为主，玉米、高粱、大豆、水稻、谷子是其主要农作物。经济作物以棉花、花生、烤烟、柞蚕、甜菜为主。营口、大连地区素有"果乡"之称，苹果、黄桃驰名中外，出口量占全国的3/4。辽宁省是"东北三宝"人参、貂皮、鹿茸的主要产区之一，园参、鹿茸产量居全国第二位。海味有对虾、海参、扇贝、贻贝、魁蚶、梭子蟹等，对虾产量居全国第二位。山区盛产哈什蟆。辽东地区为中国最大柞蚕丝生产基地，柞丝绸为上等衣料。岫岩玉雕、抚顺煤精雕和琥珀工艺品，阜新玛瑙，辽阳、大连和鞍山贝雕，大连玻璃制品等都各具风采。

第二产业为制造业。辽宁省是我国重要的老工业基地之一，形成以沈阳市为中心，大连市为口岸，鞍山、本溪、抚顺、辽阳、丹东、营口、铁岭、盘锦、锦州等市为重点，包括机械、电子、冶金、石油、化工、建材、煤炭、电力、轻工、纺织、医药等门类的中国最大的工业基地。

目前,全省工业有39个大类、197个中类、500多个小类,是全国工业行业最全的省份之一。全省装备制造业和原材料工业比较发达,冶金矿山、输变电、石化通用、金属机床等重大装备类产品和钢铁、石油化学工业在全国占有重要位置。

第三产业为服务业。"十三五"期间,辽宁省房地产业、批发零售业、金融业、保险业均大幅增长。2017年增加值12 362.1亿元,增长5.0%。全年社会消费品零售总额13 807.2亿元,比上年增长2.9%。商品房销售面积4 148.5万m^2,比上年增长11.8%。接待国、内外旅游者50 597.2万人次,比上年增长12.1%。旅游总收入4 740.8亿元,比上年增长12.2%。其中,国内旅游收入4 620.7亿元,增长12.1%;旅游外汇收入17.8亿美元,增长2.1%。全年金融机构(含外资)本外币各项存款余额54 249.0亿元,比年初增加2 533.4亿元。全年保险保费收入1 275.4亿元,比上年增长14.3%。

外资:辽宁省是中国最早实行对外开放政策的沿海省份之一。2017年外商直接投资53.4亿美元。其中,第一产业外商直接投资0.3亿美元,第二产业外商直接投资30.9亿美元,第三产业外商直接投资22.2亿美元。

文化科技:辽宁省的科技、教育、文化、体育等社会事业发展基础较好。2017年从事科技活动人员25.3万人,其中科学研究与试验发展(R&D)人员14.2万人。全年专利申请49 871件,其中发明专利申请20 500件;专利授权26 495件,其中发明专利授权7 708件。辽宁省有获得资质认定的检验检测机构1 477个,其中国家检测中心37个。管理体系认证机构9个,产品认证机构5个,管理体系认证证书30 569种。法定计量技术机构92个。2017年在校研究生10.8万人、普通本专科生98.1万人、普通高中生63.0万人。义务教育巩固率97.2%。高中阶段教育毛入学率99.0%。

矿产资源:辽宁省处于环太平洋成矿带北缘,地质成矿条件优越,矿产资源丰富,种类配套齐全,区位条件好。已发现的矿种有120种,探明储量的116种,矿产地672处。对国民经济有重大影响的45种主要矿产中,辽宁省有36种620处矿产地。辽宁的菱镁矿是世界上具有优势的矿种,质地优良、埋藏浅,保有资源量矿石量25.6亿t,分别占中国和世界的85.6%和25%左右,在中国具有优势的矿产还有硼、铁、金刚石、滑石、玉石、石油6种,保有资源量分别占中国的56.4%(硼矿)、24.0%(铁矿)、51.4%(金刚石)、20.1%(滑石)、7.2%(玉石)、7.9%(石油),其中硼矿、铁矿和金刚石居中国首位,滑石和玉石居中国第2位,石油居中国第4位。具有比较优势的矿产主要有煤、煤层气、天然气、锰、钼、金、银、熔剂灰岩、冶金用白云岩、冶金用石英岩、硅灰石、玻璃用石英石、珍珠岩、耐火黏土、水泥用灰岩、沸石16种。

沿海盛产海盐,年产200多万t。辽宁省地热资源丰富,共有地热田(井)近80处,多处已开发利用,如盘锦市地热开采井100多眼,是目前开发利用程度最高的地级市,营口市熊岳温泉水温达81℃。

四、区域地貌

辽宁省地势位于我国东部地区第三阶梯的东侧边缘,南部为黄海、渤海。

构成辽宁省地形骨架的是走向北东的山地和平原,山地丘陵约占该省面积的65%,分别位于东、西两侧,是新生代以来的上升区;中部为平原,北部康平—法库一带为波状平原和低丘台地,两者约占全省面积的35%,是新生代以来的下降区。山脉与河流走向多呈北东-南西向,与我国东部环太平洋山脉走向一致。因此,辽宁省地形总体面貌为东西高、中间低"马鞍"形地貌格局。地势由北向南、自东西两侧向中部倾斜,陆地向海洋倾斜,丘陵山地分列于东西两侧,面积约119 400 km^2,中部为辽河平原,土壤肥沃,面积约26 500 km^2。大部分河流从东、西、北三面向中南部汇集,注入辽东湾。辽宁省地形地貌分为3种类型,详见图2-4。

图 2-4 辽宁省 DEM 地貌图

1. 辽东山地丘陵区

该区位于开原—抚顺—盖州一线以东，由长白山余脉及其支脉千山组成，地势由北东向南西逐渐降低，千山是辽河水系和鸭绿江水系的分水岭。北部为山地区，系长白支脉吉林哈达岭和龙岗山脉的西延部分，走向南西，山势陡峻，地形切割厉害，海拔 1 000m 以上的山峰十余座，最高山为花脖山 1 336m，其次为老秃顶子山 1 325m，两者是省内两座最高的山峰。山地两侧为海拔低于 500m 的丘陵和切割较深的谷地。南部辽东半岛为丘陵区，分割黄、渤二海，以千山山脉余脉为骨干，走向与半岛方向一致，北宽南窄，北高南低。由内地向海洋方向逐渐降低。沿海地势高度海拔大部分在 300m 以下，山形浑圆，坡度平缓。沿海有狭窄的平原和海蚀阶地，岩岸曲折，有不少天然良港。

2. 辽西山地丘陵区

该区位于彰武—北镇市—小凌河口一线以西广大地区，山脉走向为北东-南西向，由北西向南东依次为努鲁尔虎山、松岭、黑山、医巫闾山。其中北部努鲁尔虎山是大凌河与辽河上游的分水岭，主峰大青山海拔 1 153m；松岭山斜卧在义县—建昌一带，平均海拔 400～700m，最高峰为轿顶山，海拔 1 025m。全区地势由北西至南东呈阶梯状降低，形成北东-南西向分布的山脉、丘陵、盆地、河流谷地相间分布的格局，是内蒙古高原向松辽-华北平原过渡地带。医巫闾山除有个别海拔达 600m 山峰外，均为海拔 200～500m 的丘陵，主峰望海山，海拔 866m。松岭山以南到渤海，是狭长带状滨海平原，海拔仅 50m 左右，称之为"辽西走廊"，依山傍海、地势险要，是沟通关内、外的重要通道。

3. 辽河平原区

该区界于辽东、辽西山地丘陵之间，主要是辽河、浑河、太子河等诸河流冲积而成的平原，是东北平原的一部分。西南部与渤海相连，东北延伸与松嫩平原相接，呈北东向分布，地势由北向南缓倾。彰武—铁岭一线以北为低丘区，海拔50～250m，丘陵盆地间错，坡度平缓，北部与内蒙古自治区接壤处，断续分布沙丘。彰武—铁岭一线以南至辽东湾沿岸为平原区，地势平坦，坡降小，海拔一般在50m以下，近海岸一带仅2～10m，地势低平，坡度小。浑河、辽河、太子河、大凌河、小凌河等均由本区流入渤海，河流含砂量大，近海处海岸淤积严重，大部分为沼泽洼地和滨海芦苇盐碱湿地。

第二节 地质概况

一、区域地层

辽宁省位于大地构造单元柴达木-华北板块的东北部，以黑水-开原深大断裂为界，南部（华北陆块）的地层缺失上奥陶统—下石炭统，其余各时代地层发育齐全。太古宙—古元古代地层为一套变质岩系，变质、变形强烈，为辽宁省的基底地体；中新元古代地层、早古生代寒武纪—奥陶纪地层、晚古生代石炭纪—二叠纪地层发育，沉积环境稳定，生物化石丰富，其岩石地层、生物地层、层序地层、年代地层均属于华北型；中生代地层属华北陆相火山-沉积型地层，在辽宁省西部特别发育，著名的热河群和热河生物群就创建在这里。北部（华北北缘古生代坳陷带）零散出露奥陶系、志留系、石炭系、二叠系，早古生代为残留海盆沉积，有奥陶纪—志留纪的火山-沉积地层，晚古生代为海相火山-沉积地层和海陆交互相火山-沉积地层。该区地层变质变形比较强烈，在沉积夹层中有生物化石，二叠纪前生物区系不明显，二叠纪植物区系明显为华夏群系，与西伯利亚板块的安加拉群系有明显区别。各时代地层岩性及分布见表2-1。

表 2-1 辽宁省地层岩性简表

层序		代号	厚度（m）	主要岩性	主要分布地区
界	系				
新生界	第四系	Q	400	黏性土、砂性土、砂、砂砾石	辽宁全省
	新近系	N	338	褐色页岩夹少量杂色薄层砂岩、细砂岩、页岩、泥岩	下辽河平原中部、辽西北地区
	古近系	E	616	凝灰岩、集块岩、凝灰砂岩及页岩、泥岩、含砾粗砂岩，夹煤、橄榄玄武岩、粉砂岩	抚顺、沈北、下辽河地区
中生界	白垩系	K	6 685	砂质页岩、粉砂岩、砂岩为主，夹砾岩、油页岩和煤，安山岩、玄武岩、粗安岩、流纹岩	辽东、辽西地区
	侏罗系	J	7 674	碎屑岩夹中酸性火山岩，安山岩、玄武岩、火山碎屑岩夹砾岩、砂页岩夹砾岩夹煤	辽东、辽西、辽北地区
	三叠系	T	983	陆相碎屑岩建造，砂岩、砾岩、页岩夹粉砂岩、泥岩及凝灰岩	辽西、辽东地区

续表 2-1

层序		代号	厚度（m）	主要岩性	主要分布地区
界	系				
古生界	二叠系	P	319.7	红色页岩及砂岩、石英质砂岩、碎屑岩夹煤层及铝土矿	辽东、辽西地区
	石炭系	C	597.8	砂岩、页岩、灰岩、煤层及铝土矿。昌图及建平北一带为中酸性、基性火山岩及少量砂岩、板岩、灰岩组成	辽东、辽西地区
	志留系	S	不详	石英片岩、变粒岩、变质火山岩	昌图、阜新地区
	奥陶系	O	1 202	白云岩、灰岩、竹叶状灰岩、泥质灰岩、白云质灰岩夹页岩	辽东、辽西、昌图地区
	寒武系	∈	不详	灰岩、结晶灰岩、鲕状灰岩、页岩、灰质砂岩，板块边缘为页岩	辽东、辽西、辽南地区
新元古界	震旦系	Pt_3^3	6 750.7	砂岩、石英砂岩、泥灰岩、灰岩、页岩、结晶灰岩、白云质灰岩	辽东地区
	南华系	Pt_3^2	不详	石英砂岩、砾岩、含砾砂岩	辽东、辽北地区
	青白口系	Pt_3^1	387.9	石英砂岩、粉砂岩、页岩、灰岩	辽东、辽西地区
中元古界	蓟县系	Pt_2^2	6 577.5	石英砂岩、页岩、泥灰岩、白云质灰岩、灰岩、含藻灰岩	辽北、辽西地区
	长城系	Pt_2^1	4 869.7	含砾砂岩、砾岩夹页岩	辽西、辽北地区
	榆树砬子岩组	Pt_2	4 084	石英岩夹千枚岩、绢云石英片岩及变质砂岩	辽东盖县、庄河地区
古元古界	辽河群	Pt_1	12 718	云母片岩、千枚岩、变粒岩和大理岩，下部为绿泥绢云母片岩、二云片岩	辽东地区
新太古界	鞍山岩群 清源岩群 遵化岩群	Ar_4	4 777	斜长角闪岩、绿泥片岩、含铁石英岩	辽东、辽北、辽西地区
古太古界	陈台沟岩组	Ar_2	不详	斜长角闪岩类、石英岩类、长英质片麻岩	辽东鞍山地区

二、岩浆岩

1. 侵入岩

辽宁省在漫长的地质时期岩浆活动较为强烈，侵入岩十分发育，分布广泛，出露面积 42 420km²，占全省总面积的 29%。按形成时期，可分为太古宙、元古宙、晚古生代二叠纪、中生代 4 个岩浆活动时期。

太古宙侵入岩，以新太古代侵入岩最发育，多数经过角闪岩相-麻粒岩相变质作用形成变质深成岩；元古宙侵入岩，侵入辽河群变质地层，以古元古代侵入体最为发育，中晚期侵入活动逐渐减弱；晚古生代侵入岩集中发育于二叠纪，早二叠世为基性岩岩体，中二叠世岩浆活动较强烈，晚二叠世侵入活动减弱；中生代侵入岩是辽宁省岩浆活动的高峰期之一，由三叠纪到白垩纪都有岩浆岩分布，并大面积发育中生代火山岩。晚古生代、三叠纪和早侏罗世主要为深成侵入岩，中侏罗世以来主要为浅成侵入体，见表 2-2。

第二章 区域背景

表 2-2 辽宁省侵入岩简表

时代			典型岩体	岩体面积（km²）	典型同位素年龄（Ma）	矿产
新生代	第四纪		未见侵入岩体			
	新近纪					
	古近纪					
中生代	白垩纪	K_2	三块石正长花岗岩体	722.4	Rb-Sr 97	
		K_1	五龙背-大堡二长花岗岩体、二户来正长岩体、石庙子闪长岩体	7 127.6	SHRIMP 124	
	侏罗纪	J_3	医巫闾山二长花岗岩体、东官营子闪长岩体	2 188.8	LA-ICP-MS 157	
		J_2	八棵树苏长岩体、红石砬子二长花岗岩体、铁匠各冷闪长岩体	1 572.8	SHRIMP 172	
		J_1	韩家岭二长花岗岩体、宽帮石英二长闪长岩体	1 877.6	SHRIMP 188.9	钼
	三叠纪	T_3	赛马碱性杂岩体、双牙山二长花岗岩体、佟家堡子闪长岩体、大营子基性超基性岩体	2 640	LA-ICP-MS 219	
		T_2	三道沟二长花岗岩体、高亮屯-枫树闪长岩体	60.9	U-Pb 228.5	
		T_1	下肥地辉绿岩体、继树口子二长花岗岩体、花坤头营子闪长岩体	353.3	SHRIMP 247.5	
古生代	二叠纪	P_3	二道沟二长花岗岩体	144	U-Pb 249.9	
		P_2	西丰二长花岗岩体、铁匠营子闪长岩体	4 007	U-Pb 269	
		P_1	四合顺基性岩体	85		
	石炭纪		未见侵入岩体			
	泥盆纪					
	志留纪		仅见金伯利岩侵入	—	K-Ar 350～341	金刚石
	奥陶纪					
	寒武纪		未见侵入岩体			
元古宙	新元古代	Pt_3	摩离红英云闪长岩体、周家台石英闪长岩体、小巴沟超基性岩体	176.9	SHRIMP	铬、镍、钴
	中元古代	Pt_2	断石洼石英正长岩体、庙岭石英闪长岩体、隆昌辉长岩体	749	U-Pb 1 614	
	古元古代	Pt_1	铜匠峪杂岩体、莲花盆二云二长花岗岩体、红铜沟二长花岗岩体、芦家堡子环斑正长花岗岩体、小女寨基性岩体	5 107.2	SHRIMP 2 150	
太古宙	新太古代	Ar_4	绥中二长花岗岩体、八家子二长花岗岩体、陈台沟基性岩体	15 540	U-Pb 2 563.3	
	中太古代	Ar_3	铁架山二长花岗岩体	60	SHRIMP 3 000	
	古太古代	Ar_2	陈台沟二长花岗岩体	7	SHRIMP 3 300	
	始太古代	Ar_1	白家坟奥长花岗岩体	0.04	SHRIMP 3 804	

2. 火山岩

辽宁省自太古宙至新生代皆有火山活动，尤其中生代以来陆相火山岩十分发育，分布辽宁省各地，总面积约 14 729 km²。三叠纪以前火山岩为海相火山岩建造，中生代以来火山岩为陆相火山岩建造，元古宙以前的火山岩因变质列入变质岩中，中生代的火山岩主要岩性为安山岩，而新生代的火山岩岩性多为玄武岩。

辽宁省火山岩分布广泛，岩石类型发育齐全。根据火山岩形成条件、产出方式、成岩环境的不同，可划分为火山熔岩、火山碎屑熔岩、潜（次）火山岩、火山-沉积岩。

火山构造岩浆旋回经历了4个演化阶段：克拉通结晶基底演化阶段、盖层形成演化阶段、洋陆转换阶段、陆内叠加造山阶段。

克拉通结晶基底演化阶段：火山岩岩浆旋回为太古宙岩浆旋回，主要为古太古代、新太古代基性、中酸性火山岩。

盖层形成演化阶段：火山岩岩浆旋回为前南华纪构造岩浆旋回（包括长城纪亚旋回、蓟县纪亚旋回），长城纪亚旋回分布于辽宁西部地区，发育了大红峪期基性火山岩，蓟县纪亚旋回分布于辽宁北部地区，发育了二道沟期基性火山岩。此阶段火山岩发生不同程度的变质变形。

洋陆转换阶段：为早古生代—晚古生代。经历了早古生代火山构造岩浆旋回——奥陶纪火山岩浆旋回，分布于华北陆块北缘辽宁北部，发育了盘岭期中性—中酸性火山岩。晚古生代火山构造岩浆旋回——早、中二叠世亚旋回，分布于华北陆块北缘，辽宁省西部地区建平地区发育了早二叠世额里图期中基性、中性、酸性火山岩；辽宁省北部铁岭地区发育了中二叠世佟家屯期中性—中酸性火山岩。晚二叠世—中三叠世，火山活动基本停息。此阶段火山岩也发生了不同程度的变形。

晚三叠世以来，进入陆内叠加造山阶段：火山活动较为强烈，尤其中生代早白垩世火山活动十分强烈，该阶段经历了6个火山岩浆旋回——早侏罗世火山岩浆旋回、中侏罗世火山岩浆旋回、早白垩世火山岩浆旋回、晚白垩世火山岩浆旋回、新近纪火山岩浆旋回、第四纪更新世火山岩浆旋回。

三、区域变质岩及混合岩

辽宁省变质岩系主要分布于柴达木-华北板块东部。自太古宙至中生代均发生过不同性质的变质作用，形成不同成因的变质岩系。其中以区域变质岩分布最广，局部叠加动力变质，出露面积达 31 678 km²，约占全省面积的 21.6%。变质时代有太古宙、古元古代、中元古代、古生代和中生代，代表了不同时期构造运动。

辽宁省内有两期区域变质岩，一期在太古宙及古元古代，伴随强烈的混合岩化作用；另一期在古生代，局部有混合岩化。混合岩和混合花岗岩是在区域变质作用下发展演变的产物，分布于太古宙、元古宙区域变质岩区，受一定的地质环境和构造条件控制。

辽宁省变质岩划分为华北陆块北缘坳陷带变质地区和华北陆块内部变质地区。其中，华北陆块内部变质地区划分为辽西、辽北、辽南胶辽古陆新太古代变质地带和鞍-本太古宙变质地带；辽东胶辽古陆、辽西元古宙变质地带、海西期—燕山期动力变质地带；华北陆块北缘古生代坳陷带变质地区划分为辽西烧锅营子-福兴地古生代变质地带和辽北法库-下二台古生代变质地带。

辽宁省早前寒武纪各期区域变质作用十分发育。加里东期—印支期区域变质作用在华北陆块北缘古生代坳陷带小范围出露，海西期—燕山期动力变质岩较发育。

四、区域构造

1. 构造地质

辽宁省位于柴达木-华北板块东部，是中国迄今为止发现最古老的地质体出露区之一，南华纪—中三叠世时期，南部属柴达木-华北板块东段的华北陆块，北部属华北北缘古生代坳陷带。自晚三叠世以来属东亚活动大陆边缘陆缘活动带的一部分。

辽宁省区域地质构造复杂、断裂构造发育。断裂方向以东西向、北东向及北北东向为主，其次为北西向和南北向。断裂构造可分为超岩石圈断裂、岩石圈断裂、壳断裂和一般断裂4类，它们分属于柴达木-华北板块和滨太平洋2个一级断裂体系。主要断裂分布详见图2-5、表2-3。

辽宁省内这些深部断裂往往具有多期次活动的特点，并且是不同级别构成单元的分界线。有的断裂具有悠久的演化发展史，对辽宁省区域构造有着重要的控制作用。如赤峰-开原超岩石圈断裂是板块陆块与板块边缘分界线，其南北两侧中生代以前经历了性质完全不同的地质历史；郯庐断裂系及分支浑河断裂的营口-抚顺超岩石圈断裂带控制了断裂东西两侧的地层分布、岩浆活动和构造格局。

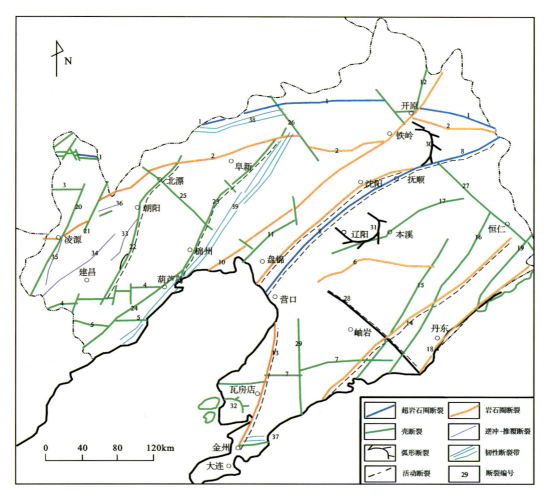

图2-5 辽宁省主要断裂分布图

表 2-3 辽宁省主要断裂一览表

构造背景	构造旋回	断裂名称	编号	时代	性质	岩浆活动及其他	走向	活动时期	其他特征
古亚洲构造域	海西-印支为主	赤峰-黑水-开原	1	Pz,Mz	逆	酸性-超基性	东西	Pz—Mz	在地壳、上地幔两侧电性差异明显，倾角较大，延伸较深，切入岩石圈
		清河断裂	2	Pz,Mz			东西		卫片遥感影像显示东西向线性灰阶带
		西丰断裂	3	Pz,Mz			东西		卫片遥感影像显示东西向线性灰阶带
		凌原-叶柏寿-北票断裂	4	Pt₁,Mz	逆冲	酸性岩浆侵入、火山喷发	北东		航磁显示负异常与正异常交接构成北东向梯度带
		太平庄-迟家杖子断裂	5	Pt₁,Mz	逆		东西		布格重力135°方向一次导数为东西向线性梯度带
	印支为主	要路沟-胡芦岛断裂	6	Pt₂,Mz	逆		东西	Pt—Mz	卫片遥感影像显示东西向线性灰阶带
		明水断裂	7	Pt₂,Mz	逆		东西	Pt₂—Mz	布格重力135°方向一次导数为东西向线性梯度带
滨太平洋构造域	燕山为主	北东向断裂系	南楼断裂	8	Mz	逆		北东	Mz	卫片遥感影像显示北东向线性灰阶带
			大苏河断裂	9	Kz	逆		北东	Kz	卫片遥感影像显示北东向线性灰阶带
			浑河活动断裂带	10	Kz	逆	酸性岩浆侵入、火山喷发	北东	Ar₃—Mz	布格重力135°方向一次导数切割深裂达42km
			寒岭-偏岭断裂	11	Mz	走滑	火山喷发	北东	Mz,Kz	地震测深显示断裂切割深达42km
			鸭绿江活动断裂带	12	Kz	逆走滑	火山喷发	北东	Pt₂—Kz	布格重力135°方向一次导数为北东向线性梯度带
		郯庐断裂系	二界沟-偏岭断裂带	13	Kz	逆走滑		北东	Pt₂—Mz	布格重力135°方向一次导数为北东向线性梯度带
			威远堡-盘山断裂带	14	Kz	走滑		北东	Pt₂—Mz	布格重力135°方向一次导数为北东向线性梯度带
			辽中-大洼活动断裂带	15	Kz	走滑	酸性岩浆侵入、火山喷发	北东	Mz—Kz	布格重力135°方向一次导数为北东向线性梯度带
			昌图-开原活动断裂带	16	Kz	正走滑	火山喷发	北东	Mz,Kz	航磁显示负异常与正异常交接构成北北东向梯度带
		北北东向断裂系	金州活动断裂	17	Kz	左旋逆走滑	火山喷发	北北东	Mz,Kz	卫片遥感影像显示北北东向线性灰阶带
			皮口-苏子沟断裂	18	Mz	左旋逆走滑	火山喷发	北北东	Mz,Kz	航磁显示负异常与正异常交接构成常北北东向灰阶带
		北北东向庄河-桓仁断裂带	庄河-大营子青堆子活动断裂	19	Mz	左旋走滑	火山喷发	北北东	Mz,Kz	卫片遥感影像显示北北东向线性灰阶带
			刘家河-青堆子断裂	20	Mz	左旋走滑	火山喷发	北北东	Mz,Kz	卫片遥感影像显示北北东向线性灰阶带
			凤城-栗子房断裂	21	Mz	左旋走滑	火山喷发	北北东	Mz	卫片遥感影像显示北北东向线性灰阶带
			黄土坎-爱阳断裂	22	Mz	左旋走滑	火山喷发	北北东	Mz	卫片遥感影像显示北北东向线性灰阶带

续表 2-3

构造背景	构造旋回	断裂系	断裂名称	编号	时代	性质	岩浆活动及其他	走向	活动时期	其他特征
滨太平洋构造域	晚燕山-喜马拉雅	太平哨断裂带	东汤断裂	23	Kz	左旋正走滑	火山喷发	北北东	Mz,Kz	卫片遥感影像显示北北东向线性灰阶带
			宽甸活动断裂	24	Kz	左旋正走滑	火山喷发	北北东	Mz,Kz	卫片遥感影像显示北北东向线性灰阶带
			太平哨-长甸子断裂	25	Mz	左旋走滑	火山喷发	北北东	Mz	卫片遥感影像显示北北东向线性灰阶带
			大川头断裂	26	Kz	左旋正走滑	火山喷发	北北东	Mz,Kz	卫片遥感影像显示北北东向线性灰阶带
		北北东向断裂系	张家营子-刀尔登断裂	27	Kz	逆走滑	火山喷发	北北东	Mz,Kz	卫片遥感影像显示北北东向线性灰阶带
			朱碌科-中三家子断裂	28	Mz	逆走滑	火山喷发	北北东	Mz	卫片遥感影像显示北北东向线性灰阶带
			朝阳-药王庙活动断裂带	29	Mz	走滑	火山喷发	北北东	Mz	卫片遥感影像显示北北东向线性灰阶带
			北票活动断裂	30	Mz	逆走滑	火山喷发	北北东	Mz	大地电磁测深显示，断裂在地下 12km 以后，产状变直立，进入上地幔
			兴城-锦州-新邱断裂	31	Mz	正走滑	火山喷发	北北东	Mz	布格重力 135°方向一次导数为北北东向线性灰阶带
			义县-哈尔套断裂	32	Mz	走滑	火山喷发	北北东	Mz	布格重力 135°方向一次导数为北北东向线性灰阶带
			甘招-河坎子断裂	33	Mz	正断	火山喷发	北北东	Mz	布格重力 135°方向一次导数为北北东向线性灰阶带
		盆缘断裂系	建昌断裂	34	Mz	正断	火山喷发	北北东	Mz	布格重力 135°方向一次导数为北北东向线性灰阶带
			烧锅杖子-四家子断裂	35	Mz	正断	火山喷发	北北东	Mz	布格重力 135°方向一次导数为北北东向线性灰阶带
			暖池塘断裂	36	Mz	正断	火山喷发	北北东	Mz	布格重力 135°方向一次导数为北北东向线性灰阶带
			阜新盆地东缘荷户营子断裂	37	Mz	正断	火山喷发	北北东	Mz	大地电磁测深达 22km
滨太平洋构造域	晚燕山-喜马拉雅	北北西向断裂系	聚粮屯-大板活动断裂	38	Mz	走滑	火山喷发	北西	Mz	卫片遥感影像显示北西向线性灰阶带
			柳河断裂	39	Mz	走滑	火山喷发	北西	Mz	卫片遥感影像显示北西向线性灰阶带
			佛寺断裂	40	Mz	走滑	火山喷发	北西	Mz	卫片遥感影像显示北西向线性灰阶带
			干寺断裂	41	Mz	走滑	火山喷发	北西	Mz	卫片遥感影像显示北西向线性灰阶带
		北西向断裂系	聂尔库-雅河断裂	42	Mz	走滑		北西	Mz	卫片遥感影像显示北西向线性灰阶带
			马圈子断裂	43	Mz	走滑	火山喷发	北西	Mz	卫片遥感影像显示北西向线性灰阶带
			唐家房断裂	44	Mz	走滑	火山喷发	北西	Mz	卫片遥感影像显示北西向线性灰阶带
			析木城-偏岭活动断裂	45	Kz	走滑	火山喷发	北西	Mz,Kz	
			碧流河活动断裂	46	Kz	走滑		北西		地震测深显示断裂切割深度达 40km
滨太平洋构造域	晚燕山-喜马拉雅	南北向断裂系	碧流河活动断裂带	47	Mz	逆走走滑	火山喷发	南北	Mz,Kz	卫片遥感影像显示南北向线性灰阶带

续表 2-3

构造背景	构造旋回		断裂名称	编号	时代	性质	岩浆活动及其他	走向	活动时期	其他特征
滨太平洋构造域	燕山	弧形	章党-柴河堡断裂	48	Kz	逆		弧形	Mz	卫片遥感影像显示环形线性灰阶带
			辽阳断裂	49	Mz	逆		弧形	Mz	卫片遥感影像显示环形线性灰阶带
			岗岗营断裂	50	Mz	逆		弧形	Mz	卫片遥感影像显示环形线性灰阶带
			朝阳-瓦房子断裂	51	J_3-K_1	逆冲		北东	J_3-K_1	卫片遥感影像显示环形线性灰阶带
			南公营子-河坎子断裂	52	J_3	逆冲		北东	T_2-J	卫片遥感影像显示环形线性灰阶带
	晚印支-早燕山为主	逆冲断裂系	郭家店断裂	53, 53-1, 53-2	J_2	逆冲		北东	T_2-J	卫片遥感影像显示环形线性灰阶带
		逆冲-推覆断裂系	边杖子断裂	54	J_1	逆冲		弧形、飞来峰	T_2-J	卫片遥感影像显示环形线性灰阶带
			太子河金地南缘断裂	55	J_3	逆冲		北北东	J_3-K_1	卫片遥感影像显示环形线性灰阶带
			横山逆冲断裂	56	Mz	逆冲		北北东	Mz	卫片遥感影像显示环形线性灰阶带
			长兴岛断裂	57	Mz	逆冲		北北东	Mz	卫片遥感影像显示环形线性灰阶带
			张家屯-上刁窝断裂	58	Mz	逆冲		北北东	Mz	卫片遥感影像显示环形线性灰阶带
	晚燕山		同山韧性剪切带	59	J_3-K_1	正剪切,控制金矿		北东	$J-K$	
古亚州洋构造域	海西-印支	韧性剪切带	奎卜河洛韧性剪切带	60	Ar	逆剪切		北东	$P-T_1$	
			建平镇韧性剪切带	61	P_3	逆剪切		北西	$P-T$	
太古宙克拉通	鞍山		深井韧性剪切带	62	Ar	逆剪切		东西	Ar_3	以发育糜棱面理、拉伸线理、压力影、多米诺骨牌、长石残斑旋转构造、蠕虫状石英、云母鱼,S-C组构及A型褶皱等为主要特点
古亚州洋构造域	海西-印支	韧性剪切带	四平韧性剪切带	63	Pz_2	逆剪切		东西	Pz_2-T_1	
			横道河韧性剪切带	64	Pz_2	逆剪切		东西	Pz_2-T_1	
			王家堡子韧性剪切带	65	Pz_2	逆剪切		东西	Pz_2-T_1	
			沈家堡子韧性剪切带	66	Pz_2	逆剪切		东西	Pz_2-T_1	
太古宙克拉通	鞍山		后安剪切带	62	Ar_3	走滑剪切		东西	Ar_3	
			峡道剪切带	67	Ar_3	走滑剪切		北西	Ar_3	
			湾甸子剪切带	68	Ar_3	走滑剪切		南北	Ar_3	
			鞍山剪切带	69	Ar_3	走滑剪切		北北	Ar_3	
滨太平洋构造域	晚燕山		城山剪切带	70	Ar_3	走滑剪切		北东	Ar_3	
			金state剪切带	71	$J-K$	正剪切		S形	Mz	以发育糜棱面理、拉伸线理、压力影、多米诺骨牌、长石残斑旋转构造、蠕虫状石英、云母鱼,S-C组构及A型褶皱等为主要特点
			金州剪切带	72	Mz	正剪切		S形	Mz	
			七道河剪切带	73	$J-K$	正剪切		南北	Mz	

辽宁省中新生代盆地为印支主幕之后进入中国东部大陆边缘活动带发育阶段形成的陆相盆地，约占该省陆地面积的1/3。辽宁省内共有中新生代盆地84个，其中侏罗纪盆地10个、白垩纪盆地69个、第三纪(古近纪+新近纪)盆地4个、第四纪盆地1个。分布在辽宁省西部地区28个，中部地区11个，辽东地区45个。

2．深部构造特征

根据莫氏面和重力布伽异常特征，辽宁省分为4个较大的隆起与坳陷，即辽西阶梯状弧形幔坳区、辽东槽状幔坳区、辽宁中部鼻状幔隆区、辽南幔隆区。在此基础上又可划分次一级的幔凸和幔凹，如图2-6所示。

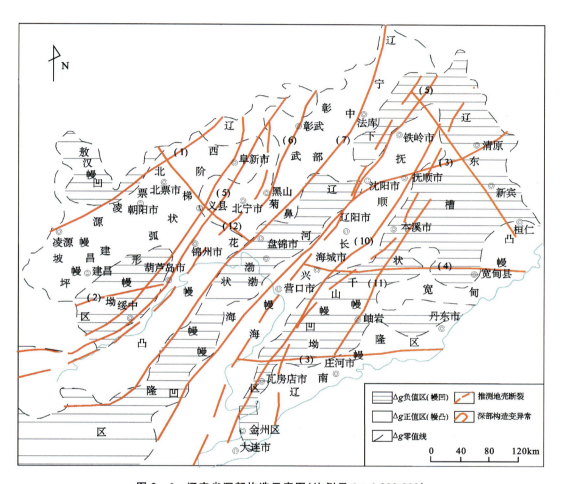

图2-6 辽宁省深部构造示意图(比例尺1:4 000 000)

深部断裂基本上可与浅部断裂相对应，说明浅部断裂受深部断裂控制。辽宁省分布有两条变异带：金州-营口-沈阳变异带和阜新-绥中变异带。

金州-营口-沈阳变异带位于中部鼻状幔隆区的东侧，呈北北东向展布。深部地球物理及地壳构造特征表现为深部重力异常梯级带，地壳厚度呈西薄东厚变化。变异带两侧地质特征及地貌明显不同。该带地震活动强烈，展布的深大断裂有开原-营口断裂、抚顺-瓦房店断裂，沈北盆地位于该变异带上。

阜新-绥中变异带呈北北东向展布，深部地球物理及地壳构造特征表现为深部重力异常梯级带，地壳厚度呈西厚东薄变化。该带地震活动较强烈，展布的深层断裂有阜新-山海关断裂、彰武-黑山断裂，阜新-义县盆地位于该变异带上。

3. 构造单元的划分

根据基底、盖层、中生代板内叠加构造特征，结合建造、改造、地质构造综合特点，划分出5级构造单元。

一级构造单元即柴达木-华北板块。辽宁省内柴达木-华北板块以黑水-开原断裂为界，划分两个二级构造单元，以北属华北北缘古生代坳陷带，以南属华北陆块。考虑在二级构造单元中位置，太古宙与古元古代结晶基底特征、盖层特征、中新生代活动陆缘叠加特征，结合沉积建造、岩浆建造组合、形成构造环境作为三级构造单元划分的主要依据，以时代限定其主要的活动时间。以主要断裂作为单元界线，如郯庐断裂、叶柏寿断裂等，划分5个三级构造单元。根据在三级构造单元中位置、建造、不同时期隆起与坳陷、火山沉积盆地、侵入岩浆岩带、形成构造环境等综合因素，进一步划分四级、五级构造单元。以时代限定其主要的活动时间。一般以主要断裂或盆地边界作为单元界线。其中五级构造单元重点考虑中生代以来的构造背景，见表2-4。

表2-4 辽宁省构造单元划分一览表

一级构造单元	二级构造单元	三级构造单元	四级构造单元	五级构造单元
I 柴达木-华北板块	I_1 华北北缘古生代坳陷带（华北板块北缘）	I_1^1 狼山古生代裂陷带	I_1^{1-1} 建平古生代残留海盆	
			I_1^{1-2} 法库晚古生代残留海盆	双辽中新生代坳陷
			I_1^{1-3} 西丰晚古生代岩浆弧	
			I_1^{1-4} 开原古生代残留海盆	
	I_2 华北陆块	I_2^1 华北北缘隆起带（构造前锋带）	I_2^{1-1} 建平晚古生代陆缘岩浆弧	
			I_2^{1-2} 建平隆起	I_2^{1-2-1} 建平凸起
				I_2^{1-2-2} 旧庙凸起
		I_2^2 燕山中新元古代裂陷带（含早古生代陆表海上叠盆地、晚古生代前陆盆地和辽西叠加晚三叠世—白垩纪板内造山带）	I_2^{2-1} 凌源长城纪初始裂陷盆地	
			I_2^{2-2} 喀左蓟县纪裂陷盆地	
			辽西中生代板内叠加造山带	义县中生代叠加盆岭系
				朝阳中生代叠加盆岭系
			I_2^{2-3} 绥中-北镇新太古代隆起（陆缘岩浆弧）	I_2^{2-3-1} 北镇凸起（新太古代岩浆弧）
				I_2^{2-3-2} 绥中凸起（新太古代岩浆弧）

续表 2-4

一级构造单元	二级构造单元	三级构造单元	四级构造单元	五级构造单元
I 柴达木-华北板块	I_2 华北陆块	I_2^3 华北新生代盆地	I_2^{3-1} 下辽河新生代断坳盆地	I_2^{3-1-7} 沈北-大民屯凹陷
				I_2^{3-1-6} 东部凹陷
				I_2^{3-1-5} 东部凸起
				I_2^{3-1-4} 大洼(东部)凹陷
				I_2^{3-1-3} 辽中(中央)凸起
				I_2^{3-1-2} 盘锦(西部)凹陷
				I_2^{3-1-1} 西部凸起
		I_2^4 辽东太古宙—新元古代—古生代坳陷带	I_2^{4-1} 龙岗隆起	I_2^{4-1-1} 新宾凸起(新太古代岩浆弧)
				I_2^{4-1-2} 清原太古宙花岗绿岩带
				I_2^{4-1-3} 汎河中新元古代裂陷盆地
			I_2^{4-2} 太子河新元古代—古生代陆表海盆地(坳陷)	
			I_2^{4-3} 辽吉古元古代古裂谷	
			I_2^{4-4} 鞍山太古宙古陆核	
			辽东中生代板内叠加造山带	桓仁中生代叠加盆地群
				辽东中生代叠加岩浆弧
			I_2^{4-5} 城子坦-庄河太古宙基底隆起	I_2^{4-5-1} 金州凸起(新太古代岩浆弧)
				I_2^{4-5-2} 庄河新元古代—古生代凹陷
			I_2^{4-6} 大连新元古代—古生代陆表海盆地(坳陷)	I_2^{4-6-1} 永宁青白口纪凹陷
				I_2^{4-6-2} 金州-复州新元古代—古生代凹陷

4. 新构造运动

辽宁省上新世至第四纪新构造运动的重要特点是地壳垂直升降运动,主要表现为辽北、辽东、辽西大面积上隆,中部下辽河平原下降,构成辽东长期强烈上升隆起区、辽西间歇性掀斜上升隆起区、下辽河平原长期缓慢下降坳陷区。其断裂活动、火山活动、地震、地壳不均匀升降为新构造运动重要表现形式。这一趋势至今仍在继续中,因此塑成了辽宁现今"两凸夹一凹"的构造格局,见图 2-7。

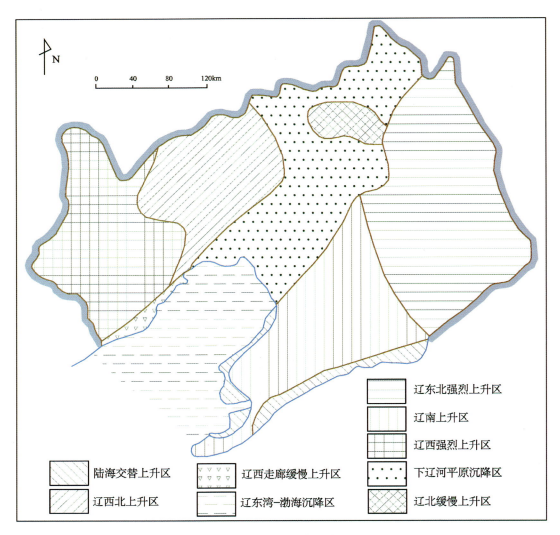

图 2-7 辽宁省新构造运动分区图

(1)活动断裂。新构造运动产生的断裂主要是继承性断裂,即老断裂的复苏活动,断裂控制地形、地貌、第四纪地层和水系的分布,并控制温泉的产生。活动断裂是衡量一个地区地壳是否稳定的重要标志。地震与第四纪活动断裂有密切关系,尤其是与晚更新世以来的活动断裂关系更为密切。据辽宁地震局相关部门资料,辽宁省内规模较大、活动性明显的活动断裂有近20条,其分布发育特征详见表2-5、图2-8。

(2)断陷盆地。辽宁省内新生代断陷盆地有5个,是新构造运动除活动断裂之外的又一重要表现形式。其中,沈北盆地、大民屯盆地、下辽河盆地和抚顺盆地是第三纪盆地;宽甸盆地是第四纪盆地。辽宁省地震局相关部门研究表明,新生代尤其是第四纪断陷盆地与地震分布有较好的一致性。特别是盆地边缘,多角形盆地的顶角部位和盆地内几组断裂的交会处都是强震的多发部位。其中,北东向晚更新世活动断裂和北西向全新世活动断裂为辽宁地区的主要控震、发震构造。北东向晚更新世活动断裂与北西向断裂交汇部位、海域河隐伏断裂的端点部位和鸭绿江断裂南西端黄海海域是未来发生中强地震的主要部位。

(3)新生代火山活动。火山活动是新构造运动又一表现形式,是地壳运动的结果。从辽宁省火山岩的空间分布和时间演化特征来看,在差异性运动明显地带,断裂活动和火山喷发都较强烈。火山活动活跃阶段也是新构造运动强烈时期。如新近纪火山岩受浑河拉张活动断裂带控制；第四纪火山岩受宽甸北北东向活动断裂控制。在全省范围内，新生代火山活动以裂隙式和中心式岩浆喷发为主，并多以断裂为火山喷发通道。岩浆喷发具有多期性，而每期的喷发皆为多次性、间歇性喷发，因而火山岩多与砂岩、页岩互层产出。且主要分布于下辽河平原和新城子、抚顺、铁岭三岔子、沈阳辉山、宽甸等山间盆地。新近纪火山岩为拉斑玄武岩，主要见于辽东草市地区；第四纪火山岩为碱性玄武岩，见于辽东宽甸地区。

表2-5 辽宁省活动断层一览表

编号	断裂名称	规模		产状			活动时期
		长度(km)	切割深度(km)	走向(°)	倾向	倾角(°)	
1	金州	200	切穿地壳	15～30	—	35～60	现代
2	鸭绿江	180	地壳	北东45	南东	50～80	现代
3	熊岳-庄河	90	基底	北南	北	75	现代
4	浑河	800	地壳	40～60	不定	50～60	现代
5	析木城-胡家岭	60	—	东西	—	—	现代
6	庄河-桓仁	275	基底	35～50	南东	70～80	Q_1
7	海城地震断裂	70	地壳	北西西	—	—	现代
8	朝阳-北票	130	基底	北东	北东	40	现代
9	营潍	>500	地壳	北东	—	—	现代
10	太子河	100	基底	50～60	不定	56～80	现代
11	牛居-油燕沟	130	地壳	北东43	北西	70～85	Q_2
12	辽中	120	地壳	北东45	南东	70～80	Q_2
13	依兰-伊通南沿	800	地壳	40～60	不定	70～80	现代
14	董家沟	25	基底	北东55	南东	66	Q_2
15	普兰店湾	40	基底	近北东	南	60～70	Q_4
16	医巫闾山西侧	120	基底	10～45	北西	50～70	现代
17	台安	110	地壳	北东50	北西	56	Q_4
18	毛甸子	80	基底	20～30	南东	75	Q_2
19	皮口	50	基底	北东30	北西-南东	75～88	Q_1
20	东岗	12	盖层	北西西	南	50～87	现代

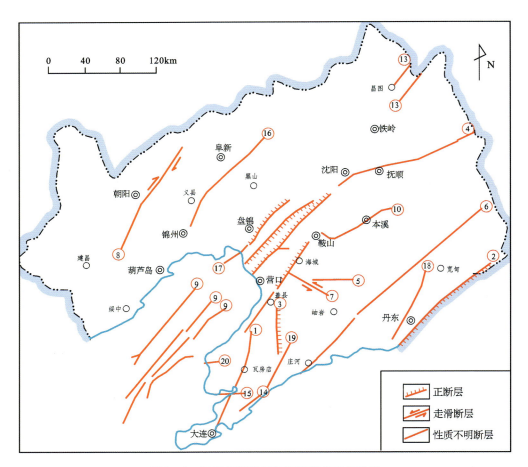

图 2-8 辽宁省第四纪活动断裂分布示意图

(4) 温泉分布。温泉的出露也是新构造运动的一种重要标志。辽宁省有温泉 54 处，其空间分布受多种因素控制，分布极不均匀，但总的看来，大多数温泉都分布在断裂附近，尤其是活动断裂附近。热水来源主要沿北东—北北东向活动断裂与北西向断裂交汇部位出露，并常伴有燕山期岩浆岩类出露。根据含热层的区域分布特点、水化学类型、水温、热源等方面特点将辽宁地热划分为 5 条地热带：①辽东半岛地热带；②千山-哈达岭地热带；③盘营地热带；④医巫闾山地热带；⑤辽西走廊地热带。其中以辽东半岛、千山以及辽西沿海丘陵地带地热分布比较集中。例如，沿金州断裂分布的温泉有 7 处，沿北东向太子河断裂分布的温泉有 4 处；此外，熊岳温泉、千山温泉、汤岗子温泉等大部分温泉都出露在北北东向与北西向断裂的复合部位。

(5) 新构造运动形成不同类型、不同高度、不同级别的河流阶地，使部分河流改道，如辽河及大凌河、小凌河入海口处河床多次变迁改道而成现今河道。

第三章 地质遗迹调查

DIZHI YIJI DIAOCHA

第三章 地质遗迹调查

地质遗迹调查是在资料收集的基础上,在一定区域内对典型的、特殊的、稀有的各类地质现象开展野外调查,查明其分布、规模、形态、数量、组合关系、物质组成,厘定地质遗迹类型,描述地质遗迹特征,圈定地理边界,阐述其完整性;总结调查区地质、地貌的区域特征,围绕地质遗迹,研究其成因与时代、地质背景与地史演化过程等;了解保存现状和评价保护利用条件,揭示科学价值、观赏价值,并提出保护和利用的规划建议;填写地质遗迹点的野外调查表、信息采集表,建立数据库,编制相应的图件和报告。

第一节 调查方法和内容

一、调查方法

1. 一般技术要求

(1) 充分利用已有区域地质调查成果和资料,利用遥感解译资料,筛选相关地质遗迹,开展野外调查。实物工作量应包括资料收集的数量、遥感解译的范围、野外调查路线的长度和面积、观测点及 GPS 定点的数量,调查表填写的数量、照片数量、遗迹点数量等。

(2) 野外工作用图一般采用 1∶50 000 地形图,也可根据调查内容和范围选择适宜比例尺的地形图、遥感图。

(3) 省(自治区、直辖市)域地质遗迹调查成图比例尺为 1∶500 000;重要地质遗迹集中区成图比例尺不小于 1∶250 000;重要地质遗迹点调查成图比例尺不小于 1∶50 000。

(4) 地质遗迹调查过程中,逐项填写地质遗迹调查表。

(5) 地质遗迹调查完成后,整理并填写地质遗迹信息采集表。

(6) 使用野外数字采集系统收集到的野外数据,应在野外工作期间将所有野外记录及时整理并导出调查表和信息采集表。

2. 资料收集与筛选

(1) 收集调查区内已有的区域地质资料,初步确定主要遗迹类型;结合自然保护区、风景名胜区、地质公园资料及其他地质地理资料,进一步确定地质遗迹调查对象;通过地方史籍(县志、考古、历史记载)及高精度遥感影像、地形图、宣传片等资料及走访记录,确认可进行调查的地质遗迹点,建立资料清单。

(2) 摘录地质遗迹点的位置、范围、特征、科学意义等相关内容,填写地质遗迹筛选表。

(3) 对收集的资料进行分析研究,了解地质遗迹的大致分布范围和形状特征。

(4) 在上述工作的基础上,筛选出具有重要价值的地质遗迹点(区)。

3. 野外调查

（1）野外调查路线采用穿越和追索相结合的方法，应能控制调查区地质遗迹的主要特征。对沿途不同地质现象进行观测和记录。

（2）定点和描述，地质遗迹调查点分为观察点、遗迹特征点和边界点。观察点主要记录描述地质遗迹的形态和组合、地貌单元特征；遗迹特征点主要描述地质遗迹的特征；边界点主要描述地质遗迹的分布范围。地质遗迹调查点应采用GPS进行定点测量，记录位置和高程。并对重要地质现象或景观点勾绘信手剖面、素描、照相或摄像等，记录其规模和形态及结构等特征。

（3）多媒体信息采集，多媒体信息采集包括摄影和摄像。照片应反映地质遗迹出露的全貌、总体现状及局部特点及形态；影像应反映地质遗迹的地貌单元、保存现状及宏观特征等。

（4）调查路线与范围，对地质遗迹出露边界控制点进行划定，根据地质图，结合地质现象和景观点的分布确定地质遗迹的范围、规模。

①手机导航软件的应用，本次野外地质遗迹调查应用的手机软件主要为户外助手，用于记录调查的路线轨迹，并可及时定位、拍摄遗迹点特征，统计野外调查工作量等。

②遥感图像的应用，本次遥感图像解译主要用于寻找地质遗迹的位置、圈定其出露范围，对于不易查证面积的，结合 MapGIS 软件计算出其出露面积。

（5）走访调查，针对地质公园中的地质遗迹情况，走访当地国土资源局、地质公园管理部门以及当地群众，深入了解地质遗迹的开发利用情况、保护现状、交通情况等，以便获得第一手资料。

二、调查内容

1. 自然地理特征调查

调查地质遗迹点的地理位置，所在区域的地形地貌、植被、气候、水文、交通等，以及与地质遗迹相关的人文历史等相关内容。

2. 地质遗迹特征调查

调查地质遗迹点的分布、规模、数量、形态、物质组成、性状、组合关系等基本内容，分析研究地质遗迹点的地质背景（岩性、地层和构造）、成因（内外营力）及演化，确定地质遗迹点类型，圈定地质遗迹点范围，初步评价其价值。

3. 保护利用状况调查

调查地质遗迹点的保存现状、面临的威胁、保护管理状况以及科学利用现状等。

4. 不同类型地质遗迹特征调查

（1）地层剖面类地质遗迹，侧重调查不同断代典型剖面的分层特征与界线标志、接触关系及地层序列。

（2）岩石剖面类地质遗迹，侧重调查不同岩类岩性与岩石结构特征。

（3）地质构造剖面类地质遗迹，侧重调查地质体或构造形迹类型及其所构成的空间结构与先后序次（时间—地层、空间—构造）。

(4)重要化石产地类地质遗迹,侧重调查古生物化石的个体种属及数量、埋藏特征、赋存层位,收集反映古生态与古地理环境的证据。

(5)重要岩矿石产地类地质遗迹,侧重调查矿体的结构形态、产状、控矿构造和围岩蚀变等;矿业遗迹侧重探、采、选、冶、加工、商贸的遗址调查和矿业史料的收集,查找能反映矿石特征与矿床成因的典型露头,以及宏大、奇特的遗址景观;陨石主要调查其产地位置、形态、体积、质量及主要物质组分,确定类型。

(6)岩土体地貌类地质遗迹,侧重调查地貌单元的岩性、形态、规模、组合、结构关系、地理分布、地貌形成的控制因素等特征,以及景观的美学特征。

(7)水体地貌类地质遗迹,侧重调查其形态、规模等资料,调查不同季节的景观特征及遗迹点依存的地质地貌环境。

(8)冰川地貌类地质遗迹,侧重调查地貌的形态特征,地貌的组合关系和冰碛物的物质组成特征。

(9)火山地貌类地质遗迹,侧重调查火山机构与火山岩地貌类型的特点、火山微地貌的形态特征,火山喷发期次及喷发物的性状等。

(10)海岸地貌类地质遗迹,侧重调查遗迹的物质组成、形态特征、分布特点及其组合。

(11)构造地貌类地质遗迹,侧重调查地质构造形式、形态、组合及各构造要素特征。

(12)地震遗迹,侧重调查地震作用产生的地质现象,并收集地震发生过程的证据、破坏特征、影响范围和危害程度,了解地震的时间、震中、震源、震级和烈度。

(13)其他地质灾害类地质遗迹,侧重调查灾害的类型、规模、形态、分布范围、造成的危害程度等,了解灾害发生的时间序列和主要原因。

第二节 地质遗迹类型及特征

一、地质遗迹分类

《地质遗迹调查规范》(DZ/T 0303—2017)中将地质遗迹划分为3大类、13类、46亚类。本次工作共调查了192个地质遗迹点,通过后期综合研究、评价和归并,最终确定辽宁省重要地质遗迹120处。依据该规范,共涉及3大类、12类、26亚类。其中,基础地质大类44处,包括地层剖面类10处,岩石剖面类2处,构造剖面类4处,重要化石产地类12处,重要岩矿石产地类16处;地貌景观大类75处,包括岩土体地貌类28处,水体地貌类18处,火山地貌类7处,冰川地貌类3处,海岸地貌类13处,构造地貌类6处;地质灾害大类1处,详见表3-1。

二、地质遗迹分类特征

辽宁省地质遗迹涉及3大类,其中以地貌景观大类最丰富,占62.5%。地貌景观大类中大连南部半岛的地质遗迹最为丰富,尤以海岸地貌最具代表性。其次是基础地质大类,占36.7%,以重要化石产地和重要岩矿石产地为主。

表 3－1　辽宁省重要地质遗迹点分类统计表

大类	类	亚类	序号	数量	地质遗迹点名称	评价级别
基础地质	地层剖面	层型剖面	1	9	辽宁省大连市甘井子区棋盘磨金县群典型剖面	省级
			2		辽宁省大连市瓦房店市复州湾寒武系—奥陶系典型剖面	省级
			3		辽宁省大连市金普新区七顶山寒武系—奥陶系界线典型剖面	省级
			4		辽宁省鞍山市千山区浪子山（岩）组地层剖面	省级
			5		辽宁省本溪市溪湖区牛毛岭本溪组剖面	国家级
			6		辽宁省本溪市平山区桥头组、康家组典型地层剖面	国家级
			7		辽宁省本溪市平山区林家组典型地层剖面	省级
			8		辽宁省锦州市义县马神庙-宋八户义县组地层剖面	国家级
			9		辽宁省铁岭市铁岭县殷屯组典型剖面	国家级
		地质事件剖面	10	1	辽宁省大连市金普新区金石滩萨布哈（古盐坪）沉积构造地质事件剖面	世界级
	岩石剖面	侵入岩剖面	11	1	辽宁省鞍山市千山区白家坟地区古太古代花岗岩岩体	世界级
		变质岩剖面	12	1	辽宁省大连市金普新区太古宙糜棱岩岩石剖面	国家级
	构造剖面	褶皱与变形	13	4	辽宁省大连市金普新区龙王庙褶皱与变形	国家级
			14		辽宁省大连市中山区棒棰岛窗棂、石香肠构造	省级
			15		辽宁省大连市金普新区金石滩震积岩	国家级
			16		辽宁省大连市中山区白云山庄莲花状构造	国家级
	重要化石产地	古人类化石产地	17	4	辽宁省鞍山市海城市小孤山古人类化石产地	省级
			18		辽宁省本溪市本溪县庙后山古人类化石产地	省级
			19		辽宁省营口市大石桥市金牛山古人类化石产地	省级
			20		辽宁省喀左县鸽子洞古人类化石产地	省级
		古生物群化石产地	21	2	辽宁省辽西地区燕辽生物群古生物化石产地	世界级
			22		辽宁省辽西地区热河生物群古生物化石产地	世界级
		古植物化石产地	23	1	辽宁省大连市金普新区玫瑰园震旦纪叠层石化石产地	国家级
		古动物化石产地	24	5	辽宁省大连市甘井子区茶叶沟古脊椎动物群古动物化石产地	省级
			25		辽宁省大连市甘井子区震旦纪水母动物群古动物化石产地	省级
			26		辽宁省大连市金普新区金石滩寒武纪三叶虫古动物化石产地	国家级
			27		辽宁省大连市金普新区骆驼石古杯化石古动物化石产地	省级
			28		辽宁省大连市金普新区骆驼山第四纪古动物化石产地	国家级
	重要岩矿石产地	典型矿床露头	29	13	辽宁省大连市金普新区瓦房店市金刚石矿产地	国家级
			30		辽宁省大连市甘井子区石灰石矿产地	省级
			31		辽宁省鞍本地区新太古代"鞍山式"铁矿产地	国家级
			32		辽宁省海城市-大石桥菱镁矿产地	国家级
			33		辽宁省鞍山市海城市范家堡子滑石矿产地	国家级

续表 3-1

大类	类	亚类	序号	数量	地质遗迹点名称	评价级别
基础地质	重要岩矿石产地	典型矿床露头	34	13	辽宁省鞍山市岫岩县岫玉矿产地	国家级
			35		辽宁省抚顺市清源县红透山铜锌矿产地	国家级
			36		辽宁省丹东市振安区五龙金矿产地	省级
			37		辽宁省丹东市宽甸县杨木杆子硼矿产地	国家级
			38		辽宁省营口市大石桥市后仙峪硼镁矿及营口玉矿产地	国家级
			39		辽宁省阜新市阜蒙县玛瑙矿产地	省级
			40		辽宁省铁岭市铁岭县柴河铅锌矿	省级
			41		辽宁省朝阳市朝阳县瓦房子锰矿	省级
		采矿遗址	42	2	辽宁省阜新市太平区海州露天矿遗址	国家级
			43		辽宁省抚顺市抚顺煤田西露天矿矿坑采矿遗迹	国家级
		陨石坑及陨石体	44	1	辽宁省鞍山市岫岩县岫岩陨石坑	国家级
地貌景观	岩土体地貌	碳酸盐岩地貌	45	8	辽宁省本溪市地下充水溶洞岩溶地貌	国家级
			46		辽宁省本溪市桓仁县望天洞岩溶地貌	省级
			47		辽宁省本溪市明山区卧龙镇金坑村岩溶漏斗群	省级
			48		辽宁省本溪市九顶铁刹山碳酸盐岩地貌	省级
			49		辽宁省大连市金普新区金石园碳酸盐岩地貌	省级
			50		辽宁省丹东市凤城市赛马岩溶洞穴群	省级
			51		辽宁省葫芦岛市南票区盘龙洞岩溶地貌	省级
			52		辽宁省朝阳市双塔区凤凰山碳酸盐岩地貌	省级
		侵入岩地貌	53	17	辽宁省大连市普兰店市老帽山花岗岩地貌	省级
			54		辽宁省抚顺市抚顺县三块石花岗岩地貌	省级
			55		辽宁省抚顺市新宾县猴石山花岗岩地貌	省级
			56		辽宁省抚顺市清源县碇子山花岗岩地貌	省级
			57		辽宁省丹东市凤城市凤凰山花岗岩地貌	省级
			58		辽宁省丹东市宽甸县天罡山花岗岩地貌	省级
			59		辽宁省丹东市振安区五龙山花岗岩地貌	省级
			60		辽宁省丹东市宽甸县天桥沟花岗岩地貌	省级
			61		辽宁省丹东市宽甸县天华山花岗岩地貌	省级
			62		辽宁省鞍山市千山区千山花岗岩地貌	省级
			63		辽宁省鞍山市岫岩县药山花岗岩地貌	省级
			64		辽宁省锦州市北镇医巫闾山花岗岩地貌	国家级
			65		辽宁省朝阳市北票市大黑山花岗岩地貌	省级
			66		辽宁省朝阳市朝阳县劈山沟花岗岩地貌	省级
			67		辽宁省葫芦岛市建昌县白狼山花岗岩地貌	省级
			68		辽宁省葫芦岛市连山区大虹螺山花岗岩地貌	省级
			69		辽宁省阜新市阜蒙县海棠山花岗岩地貌	省级

续表 3-1

大类	类	亚类	序号	数量	地质遗迹点名称	评价级别
地貌景观	水体地貌	碎屑岩地貌	70	3	辽宁省大连市庄河市冰峪沟碎屑岩地貌	国家级
			71		辽宁省沈阳市沈北新区棋盘山碎屑岩地貌	省级
			72		辽宁省丹东市东港市大孤山碎屑岩地貌	省级
		河流（景观带）	73	5	辽宁省大连市旅顺口区黄、渤海分界线海水景观带	国家级
			74		辽宁省丹东市宽甸县鸭绿江河流景观	国家级
			75		辽宁省丹东市宽甸县浑江河流景观	省级
			76		辽宁省朝阳市朝阳县水泉乡大凌河河流景观	省级
			77		辽宁省盘锦市双台子区双台子河河流景观	省级
		湿地	78	4	辽宁省盘锦市辽河入海口芦苇湿地	世界级
			79		辽宁省丹东市东港市鸭绿江入海口湿地	国家级
			80		辽宁省铁岭市银州区莲花湖湿地	国家级
			81		辽宁省营口市西市区永远角湿地	省级
		瀑布	82	2	辽宁省丹东市宽甸县青山沟瀑布群	省级
			83		辽宁省丹东市宽甸县百瀑峡瀑布群	省级
		泉	84	7	辽宁省鞍山市千山区汤岗子温泉	国家级
			85		辽宁省营口市鲅鱼圈区熊岳温泉	省级
			86		辽宁省丹东市东港市椅圈镇黄海海水温泉	省级
			87		辽宁省丹东市振安区五龙背温泉	省级
			88		辽宁省葫芦岛市兴城市汤上温泉	省级
			89		辽宁省葫芦岛市绥中县明水地热温泉	省级
			90		辽宁省朝阳市凌源市热水汤温泉	省级
	火山地貌	火山机构	91	2	辽宁省丹东市宽甸县青椅山火山机构	国家级
			92		辽宁省葫芦岛市建昌县大青山火山机构	国家级
		火山岩地貌	93	5	辽宁省本溪市本溪县关门山火山岩地貌	省级
			94		辽宁省本溪市桓仁县五女山火山岩地貌	省级
			95		辽宁省丹东市宽甸县黄椅山火山岩地貌	省级
			96		辽宁省朝阳市朝阳县尚志乡火山岩地貌	省级
			97		辽宁省锦州市太和区北普陀山火山岩地貌	省级
	冰川地貌	现代冰川遗迹	98	3	辽宁省大连市庄河市步云山-老黑山"古石河"冰缘地貌	省级
			99		辽宁省丹东市宽甸县花脖山"石瀑"冰川遗迹	省级
			100		辽宁省本溪市桓仁县双水洞河穴群（冰臼）	省级
	海岸地貌	海蚀地貌	101	11	辽宁省大连市庄河市海王九岛海蚀地貌群	国家级
			102		辽宁省大连市金普新区金石滩-城山头海蚀地貌群	国家级
			103		辽宁省大连市长海县长山群岛海蚀地貌群	省级
			104		辽宁省大连市黑石礁-老虎滩海蚀地貌群	省级

续表 3-1

大类	类	亚类	序号	数量	地质遗迹点名称	评价级别
地貌景观	海岸地貌	海蚀地貌	105	11	辽宁省大连市营城子湾-金州湾海蚀地貌群	省级
			106		辽宁省大连市庄河市蛤蜊岛海蚀地貌	省级
			107		辽宁省大连市瓦房店市驼山乡海蚀地貌群	省级
			108		辽宁省营口市鲅鱼圈区望儿山海蚀地貌	省级
			109		辽宁省营口市盖州市团山子海蚀地貌	省级
			110		辽宁省锦州市笔架山开发区笔架山海蚀地貌	省级
			111		辽宁省葫芦岛市龙湾海蚀地貌	省级
		海积地貌	112	2	辽宁省葫芦岛市绥中县东戴河海积地貌	国家级
			113		辽宁省营口市盖州市白沙湾海积地貌	省级
	构造地貌	峡谷	114	6	辽宁省辽阳市弓长岭区冷热异常带	省级
			115		辽宁省本溪市桓仁县沙尖子地温异常带	省级
			116		辽宁省本溪市本溪县大石湖-老边沟小峡谷	省级
			117		辽宁省本溪市南芬区南芬大峡谷	省级
			118		辽宁省朝阳市朝阳县清风岭喀斯特峡谷地貌	省级
			119		辽宁省葫芦岛建昌县龙潭大峡谷	国家级
地质灾害	地质灾害遗迹	泥石流	120	1	辽宁本溪市南芬区施家泥石流遗迹	省级

在类划分上,除了没有地震遗迹类之外,其余12个类均有分布。因为海城地震的痕迹已经荡然无存,只有一个纪念碑,因此未纳入本次调查表。

在亚类划分上,辽宁省地质遗迹只涉及26个亚类。而有些亚类是地理位置原因造成的缺失,如戈壁、沙漠、黄土地貌等;有些是经专家鉴评意义不大,如金州活动断裂带、大黑山节理裂隙等。

另外,还有些其他原因合并或删掉了一些遗迹点。如老虎尾海积地貌是因为在军事区,因此不纳入本次调查;大连市旅顺口区郭家村新石器古人类化石产地是因为破坏严重,基本看不见痕迹,因此不纳入本次调查;另有些遗迹现象不明显而找不到,如铁岭市西丰县冰砬子山闪长岩岩体,因此没有纳入;一个地点多个亚类并存的就简化为一个遗迹点,如抚顺群典型剖面、西露天矿昆虫琥珀化石产地、抚顺露天矿的地质灾害,都划入抚顺市西露天矿采矿遗迹;大连市金普新区寒武纪葛屯组、大林子组典型地层剖面都划入大连市金石滩萨布哈沉积构造地质事件剖面等。

三、地质遗迹特征

在120处地质遗迹点中有些遗迹点类型相同、特征类似,仅仅是位置和分布范围不同,对这类地质遗迹点,只筛选出一处具有代表性的、综合价值高的遗迹点进行详细描述,其余简述。现按照类型分别描述如下。

(一)基础地质

基础地质大类共计44处,包含5个类,12个亚类。其中地层剖面类10处,岩石剖面类2处,构造剖面类4处,重要化石产地类12处,重要岩矿石产地类16处。

1. 地层剖面

地层就像一部万卷巨著,记录和保存了46亿年以来地球诞生、发展及演化的历史。辽宁省地层发育齐全,以辽宁省地理名称命名的标准剖面有很多,但本次调查发现,很多剖面已被破坏至看不到,有的不具有典型性、完整性、稀有性,意义不大。因此经过与专家反复讨论、研究,最终确定了具有一定价值的9条代表性地层剖面和1条地质事件剖面。其中全国性标准剖面1条,为锦州义县马神庙-宋八户义县组剖面。这些剖面结构完整、层序清楚、化石丰富、标志明显、露头良好,都列入了《中国地层典》,在基础地质教学、地层划分、古气候变迁、地壳运动等方面均有很高的研究价值,对追索地质历史具有重大的科学研究价值,是科考研究的重点地段,也是地学旅游、教学实习的理想基地,见表3-2。

表3-2 地层剖面类重要地质遗迹统计表

亚类	序号	遗迹点名称	评价级别
层型剖面	1	辽宁省大连市甘井子区棋盘磨金县群典型剖面	省级
	2	辽宁省大连市瓦房店市复州湾寒武系—奥陶系典型剖面	省级
	3	辽宁省大连市金普新区七顶山寒武系—奥陶系界线典型剖面	省级
	4	辽宁省鞍山市千山区浪子山(岩)组地层剖面	省级
	5	辽宁省本溪市溪湖区牛毛岭本溪组地层剖面	国家级
	6	辽宁省本溪市平山区桥头组、康家组典型地层剖面	国家级
	7	辽宁省本溪市平山区林家组典型地层剖面	省级
	8	辽宁省锦州市义县马神庙-宋八户义县组地层剖面	国家级
	9	辽宁省铁岭市铁岭县殷屯组典型剖面	国家级
地质事件剖面	10	辽宁省大连市金普新区金石滩萨布哈(古盐坪)沉积构造地质事件剖面	世界级

大连市是世界上著名的震旦纪地层发育地区,地层出露完整、露头清晰,代表了北方震旦系沉积特点。与南方峡东震旦系剖面及北方蓟县青白口系—震旦系剖面相比,峡东剖面缺失震旦系下部层位,而蓟县剖面缺失震旦系上部层位,大连震旦系剖面正好填补了两者之间的空白,衔接了我国南北方震旦纪地层。该地层可与北美阿巴拉契亚及朝鲜北部地层对比。这属于从震旦系到寒武系的标准地层剖面,对研究古环境、古动物活动有重要的意义,地层中还含有大量的藻类生物,为研究古生物提供了有力的依据。

经过本次工作调查,筛选出震旦系、寒武系、奥陶系3条剖面为代表剖面。其中甘井子组、营城子组、十三里台组、马家屯组、崔家屯组均有丰富的叠层石,兴民村组中部有丰富的水母类化石。每年都有中外专家学者来此考察研究,也是东北地区许多地质院校的野外实习基地。因其与苏皖北部、吉林南部、朝鲜北部的同期地层有对比意义,因此,3条剖面均定为省级。

(1)辽宁省大连市甘井子区棋盘磨金县群典型剖面,现位于辽宁省大连市甘井子区革镇堡街道棋盘磨村,处于无人管理状态,因大连市城市发展建设,已经受到了一些破坏。现保存有营城子组、十三里台组、马家屯组、崔家屯组、兴民村组等地层剖面,均为选层型剖面,出露范围 0.5km²。

营城子组(Pt_3^3y):出露完整,下部为深灰色中厚层含砾砂屑鲕粒细晶灰岩,灰色薄层灰岩,夹暗绿色钙质页岩、叠层石灰岩;上部为深灰色砾屑、砂屑鲕粒亮晶白云质灰岩。与下伏甘井子组平行不整合接触。本组厚度 320.8m,见图 3-1、图 3-2。

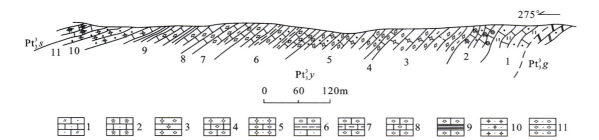

图 3-1 大连市棋盘磨新元古界营城子组剖面图(本书剖面全部引自《辽宁省区域地质志》,2017,下同)

1. 白云质灰岩;2. 灰岩夹叠层石灰岩;3. 粉泥晶灰岩;4. 粉晶灰岩;5. 泥晶灰岩;6. 中细晶灰岩;7. 细晶粉晶灰岩夹粘土质灰岩;8. 砾屑粉晶灰岩;9. 粉晶灰岩夹页岩;10. 白云质灰岩夹泥晶灰岩;11. 亮晶含砾屑、砂屑团块白云质灰岩;Pt_3^3g. 甘井子组;Pt_3^3y. 营城子组;Pt_3^3s. 十三里台组

图 3-2 大连市棋盘磨新元古界营城子组地貌

大连地区本组产叠层石 *Jurusania* cf. *cylindrical* Krylov,*Kussiella* cf. *enigmatica* Raabem,*Inzeria reguluris* Bu,*Colonnella ramifera* Bu cf.,*Chihsienella jinxianensis* Duan,*Conophyton lijiatunensis* Liang,*C. habuqicerensis* Liang,*Parajacutophyton jinxianensis* Duan et al. 等。

该岩组中沉积构造比较发育,主要有水平层理、波状层理、冲刷面构造、"鸟眼"及"帐篷"构造。页岩中常见泥裂等,表明为滨海障壁型开阔台地-潮坪沉积环境的产物。

从北向南本组灰岩增厚,钙质成分增大,形成了甘井子大型石灰石矿。

据乔秀夫(1994,1996)资料,在大连市棋盘磨剖面及瓦房店赵坎子剖面营城子组中部具震动液化晶脉扰动灰岩,与正常浅水碳酸盐岩互层,相当于乔氏震积序列 A 单元的基本特征,为本区新元古代的第二个地震活动期。

十三里台组(Pt_3^3s):下部为深灰色中厚层泥晶灰岩,含鲕粒泥晶灰岩,叠层石灰岩;中部为灰色、紫色泥晶灰岩,叠层石灰岩,灰紫色、黄绿色页岩;上部以紫色、黄绿色页岩为主,夹叠层石灰岩。产叠层石化石。岩性稳定,紫红色叠层石灰岩(俗称东北红大理岩)为本组特征。本组厚度 195.8m,见图 3-3。

大连地区本组产叠层石:*Clavaphyton bellum* Liang,*Baicalia* cf. *rara* Semikhatov,*B.* cf. *baicalica*

(Maslov) krylov, *Inzeria tjomusi* krylov, *Insiticinia qipanmoensis* Bu, *Linella* cf. *simica* krylov, *L. jinxianensis* Cao et Zhao, *L.* cf. *ukka* Krylov, *L.* cf. *avis* Krylov, *Conophyton ocularoides* Liang, *Minjaria nimbifera* Semikhatov, *Tungussia nodosa* Semikhatov, *Poludia* cf. *polymorpha* Raaben, *Katavia karatavica* Krylov, *K. dalijiaensis* Cao et Zhao, *Shishanlitaella shishanlitaensis* Bu, *Qingbaikounia jinxianensis* Duan et al. 等（沈阳地质矿产研究所，1985）。

马家屯组（Pt_3^3m）：下部为灰紫色、黄灰色中厚层含黏土质泥晶灰岩夹砾屑灰岩；上部为灰色、黄灰色薄层含黏土质泥晶灰岩夹黄绿色页岩。底部以2m厚的紫色薄层碳酸盐质细粒石英杂砂岩与十三里台组分界。岩层波状层理发育，局部见冲刷面和干裂。本组厚度113～178.6m，见图3-3、图3-4。

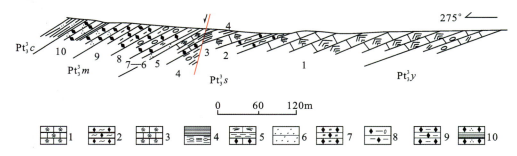

图3-3 辽宁省大连市棋盘磨新元古界十三里台组、马家屯组剖面图

1.叠层石灰岩；2.泥晶灰岩夹夹泥灰岩 3.细粉晶叠层石灰岩 4.页岩夹石灰岩透镜体；5.叠层石灰岩及层纹石灰岩夹页岩；6.细粒石英杂砂岩；7.含粘土质泥晶含白云质灰岩；8.含粘土质泥晶灰岩；9.粘土质泥晶灰岩；10.含石英泥晶灰岩夹页岩；Pt_3^3y.营城子组；Pt_3^3s.十三里台组；Pt_3^3m.马家屯组；Pt_3^3c.崔家屯组

图3-4 辽宁省大连市棋盘磨新元古界马家屯组地貌

本组岩性稳定,底部见斜层理及波状层理,中下部见数层风暴砾屑灰岩层,砾屑呈"菊花"状或"倒小字"状,砾屑为下伏层位岩石,无磨圆,大小混杂,为原地型风暴砾屑岩石。其上发育细层纹理、丘状层理及冲刷面构造。

大连地区本组产叠层石:*Gymnosolen* cf. *ramsayi* Steinm,*G. furtus* Komar,*G. levis* Krylov,*Katavia karatavia* Krylov,*K. Xiwafangensis* Bu,*Jurusania asymnetrica* Zhu et Du(沈阳地质矿产研究所,1985);微古植物:*Trachysphaeridium simplex* Sin,*T. rugosum* Sin,*Leiopsophosphara apertus* Schep.,*L. minor* Schep.,*Asperatopsophospaera* aff. *bavlensis* Schep.,*Dictyosphaera maceoreticulata* Sin et Liu(沈阳地质矿产研究所,1985)。

崔家屯组(Pt_3^3c):岩性以灰绿色、黄绿色粉砂质页岩和页岩为主,夹薄层细粒含海绿石石英砂岩,顶部夹叠层石透镜体。本组叠层石灰岩不稳定,棋盘磨地区见于上部,以夹层出现,而金州北山、七顶山一带以透镜体产出,金州以东金石滩一带缺失。

崔家屯组形成于无障壁滨海,特点是海区开阔,以波浪作用为主,有充足的陆源物质供给,可划分出近滨-前滨亚相,总体为海水逐渐变浅,是一个海退过程。

大连地区本组产叠层石:*Cuijiatunia cuijiatunensis* Bu,*C.* cf.,*Patomia qidingshanensis* Duan et al.,*P.* cf.,*Katavia changdaoensis* Bu,*Hunjiangia jinxianensis* Duan et al.(沈阳地质矿产研究所,1985);微古植物:*Macroptycha* cf. *minuta* Sin et Liu,*Monotrematosphaeridium asperum* Sin et Liu,*Hubeisphaera radiatae* Sin et Liu,*Pseudodiacrodium varticale* Sin et Liu,*Leiofusa* sp.,*Leiopsophosphaera pusilla* Sin,*L. leguminiformis*(Andr.)Sin et Lin,*L. pelucidus* Schep.,*L. infriata* Andr.,*L.* aff. *effuses* Schep.,*L. apertus* Schep.,*L. minor* Schep.,*Dictyosphaera macroreticulata* Sin et Liu,*Trachysphaeridium rude* Sin et Liu,*T. rugosum* Sin,*T. stipticum*,*T. Planum* Sin,*T. incrassatum* Sin,*T.* aff. *cultum* Sin,*T. simplex* Sin,*Micrhystridium* sp.,*Quadratimorpha jugata* Sin et Liu,*Orygmatosphaeridium* sp.,*Pseudozonosphaera* aff. *sinica* Sin et Liu,*Polyporata microporasa* Sin et Liu(沈阳地质矿产研究所,1985)。

兴民村组(Pt_3^3x):岩性为明显三分,下部为灰色薄层-中厚层含铁质海绿石砂岩夹黄绿色、暗紫色页岩及粉砂质页岩;中部以黄绿色页岩为主,夹紫色页岩及灰绿色砂质页岩;上部以灰色薄层含黏土质粉晶灰岩为主,夹黄色钙质页岩、层纹灰岩,见图3-5~图3-7。

兴民村组周家崴子沉积于滨海碎屑岩浅滩,水动力不但受潮汐作用影响,而且波浪作用相当强烈,为浅水高能区。王家坦形成于陆棚边缘盆地,沉积界面位于浪基之下,接近或低于氧化界面。而干岛子灰岩形成于氧化界面之下,沉积物大量出现薄层-微薄层泥灰岩与钙质页岩韵律沉积,发育水平及波纹层理。

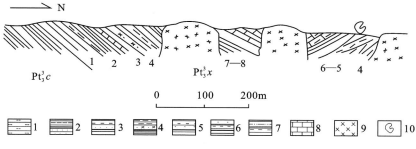

图3-5 辽宁省大连市棋盘磨新元古界兴民村组剖面图

1.石英砂岩;2.细砂岩、粉砂岩;3.泥岩夹细砂岩;4.泥岩、砂岩、页岩;5.泥岩、页岩、粉砂岩;6.细砂岩、粉砂岩、泥岩、页岩互层;7.粉砂岩夹泥岩;8.泥质灰岩;9.辉绿岩脉;10.生物化石;Pt_3^3x.兴民村组;Pt_3^3c.崔家屯组

图 3-6　辽宁省大连市棋盘磨新元古界兴民村组地貌

图 3-7　辽宁省大连市棋盘磨新元古界南关岭组—兴民村组选层型剖面

辽宁省地质勘查院王敏成(1988,1991)在中部页岩中发现两层水母类化石,详细研究该组的水母化石,对水母化石的确定和意义进行论述,将其归入腔肠动物门水螅纲埃库里水母科,定出4属(其中2新属)8种(其中7新种),将化石各部分结构及保存的生态特征与现代埃库里水母的各部分器官做出对应比较。

本组下部具交错层理、不对称波痕,中部具波状层理,上部具干裂和"鸟眼"构造。

据乔秀夫(1994,1996)的研究,在兴民村组干岛子灰岩段的中上部存在震积岩,即下震积岩和2个上震积岩(中间由叠层石礁层分隔),该地震活动期序列保存完整(A、B、C、D、E),为本区前寒武纪第三个地震活动期。

(2)辽宁省大连市瓦房店市复州湾寒武系—奥陶系典型剖面。寒武系典型剖面,大连市瓦房店市复州湾磨盘山剖面,出露的寒武纪地层有馒头组、张夏组、崮山组、炒米店组等。其优点为出露良好完整,化石丰富,为历年来中外地质工作者进行研究的剖面。但剖面现处于未保护状态,大连地区城市发展较为迅速,当地已有房地产开发商进入,剖面随时有遭受破坏的可能,见图3-8。

图 3-8　辽宁省大连市瓦房店市复州湾寒武系地貌

馒头组($\epsilon_{2-3}m$):分3个部分,从下而上命名为大后海段、石桥段、当十段。下部(大后海段)主要发育水平细纹层构造,见有冲刷面构造。属滨海障壁型陆源及内源潮坪沉积环境,岩性以紫色、黄绿色、灰色页岩夹粉砂质页岩为主,夹白云质灰岩或粉晶灰岩、生物屑晶灰岩,其顶部为灰褐色薄层泥晶灰岩;中部(石桥段)与大后海段整合接触,发育水平层理、微波状层理,属于滨海障壁型陆源及内源开阔台地沉积环境,岩性为紫色、黄绿色云母质砂页岩夹含海绿石细砂岩,其顶部为中厚层泥晶灰岩;上部(当十段)与下伏石桥段整合接触,主要发育单向斜层理,见有浪成干涉波痕,属于滨海障壁陆源潮坪沉积环境,岩性为紫色云母质粉砂岩、黄绿色粉砂岩,普遍含海绿石,夹泥晶灰岩透镜体,其顶部为中厚层灰岩、生物碎屑鲕状灰岩,见图3-9～图3-11。

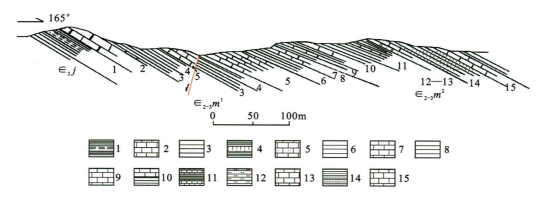

图3-9 辽宁省大连市瓦房店市复州湾寒武系馒头组大后海段、石桥段剖面图

1.页岩夹粉砂质页岩;2.白云质灰岩;3.页岩;4.页岩夹泥灰岩;5.灰岩及鲕状灰岩;6.页岩;7.泥灰岩;8.页岩;9.灰岩;10.页岩夹灰岩;11.页岩夹灰岩;12.石英砂岩;13.灰岩;14.粉砂岩;15.灰岩;$\epsilon_{2-3}m^s$.馒头组石桥段;$\epsilon_{2-3}m^d$.馒头组大后海段;$\epsilon_{2-3}m^{ds}$.馒头组当十段;$\epsilon_2 j$.碱厂组

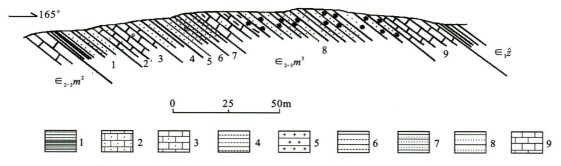

图3-10 辽宁省大连市瓦房店市复州湾寒武系馒头组当十段剖面图

1.粉砂岩、页岩;2.砂质灰岩;3.灰岩;4.粉砂岩;5.砂质灰岩;6.细砂岩;7.粉砂岩;8.细砂岩;9.结晶灰岩夹鲕状灰岩;$\epsilon_3 \hat{z}$.张夏组;$\epsilon_{2-3}m^{ds}$.馒头组当十段;$\epsilon_{2-3}m^s$.馒头组石桥段

图3-11 辽宁省大连市瓦房店市复州湾寒武系馒头组地貌

该遗迹露头点为举世瞩目的瓦房店磨盘山剖面，它出露中上寒武统馒头组的完整地层，属于华北地层区的大连地层小区。寒武系—奥陶系属稳定的海相沉积地层，以浅海相的碳酸盐岩为主，间夹少量的碎屑岩，生物化石十分丰富。在馒头组剖面发现三叶虫、头足类、腕足类等。该剖面很早就受到国内外地质工作者的重视，为划分岩石地层、生物地层、层序地层提供了良好的场所。

张夏组（$\epsilon_3\hat{z}$）：整合于馒头组之上，下部岩性为黑色、黄绿色页岩夹灰岩、泥灰岩扁豆体，局部含鲕；上部为灰色中厚层灰岩、鲕状灰岩，夹泥晶灰岩、薄层灰岩。厚度大于183m，含丰富的三叶虫化石，见图3-12。

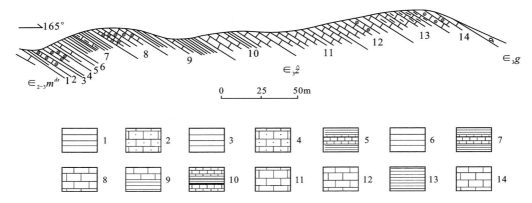

图3-12 辽宁省大连市瓦房店市复州湾寒武系张夏组剖面图

1.页岩；2.鲕状灰岩；3.页岩；4.鲕状灰岩；5.页岩夹泥灰岩透镜体；6.页岩；7.页岩夹灰岩；8.结晶灰岩；9.页岩；10.灰岩夹页岩；11.灰岩；12.灰岩；13.泥质花纹灰岩；14.鲕状灰岩；ϵ_3g.崮山组；$\epsilon_3\hat{z}$.张夏组；$\epsilon_{2-3}m^{ds}$.馒头组当十段

崮山组（ϵ_3g）：整合于张夏组之上，主要岩性为灰色夹紫色薄层—中厚层灰岩、泥质条带状灰岩、瘤状灰岩夹竹叶状灰岩，顶部为浅灰色中厚层结晶灰岩。本组厚度41.5m～79.3m，含丰富的三叶虫化石，见图3-13。

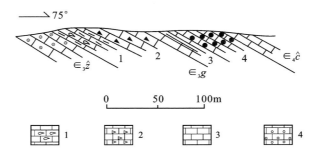

图3-13 辽宁省大连市瓦房店市复州湾寒武系崮山组剖面图

1.条带灰岩夹竹叶状灰岩；2.碎屑状灰岩；3.瘤状灰岩夹黄绿色页岩；4.结晶灰岩；ϵ_3g.崮山组；$\epsilon_3\hat{z}$.张夏组；$\epsilon_4\hat{c}$.炒米店组

炒米店组（$\epsilon_4\hat{c}$）：整合于崮山组之上，下部岩性主要为灰色、黄灰色薄层瘤状灰岩夹中厚层灰岩，鲕状灰岩，竹叶状灰岩；上部岩性主要为灰色薄层泥质花纹灰岩夹灰色竹叶状灰岩，深灰色厚层大涡卷状白云质灰岩（藻灰岩）夹中薄层白云质灰岩。本组厚度102.6m，含丰富的三叶虫化石，见图3-14、图3-15。

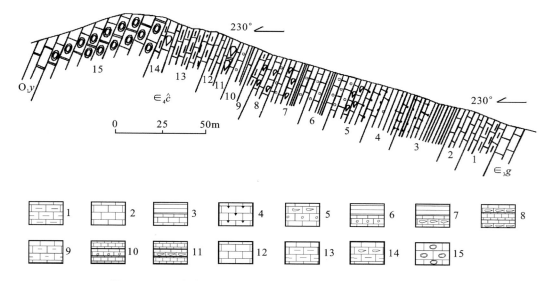

图 3-14 辽宁省大连市瓦房店市复州湾寒武系炒米店组剖面图

1.泥质花纹状灰岩；2.灰岩；3.灰岩、页岩；4.瘤状灰岩；5.鲕状灰岩、竹叶状灰岩；6.鲕状灰岩夹页岩；7.灰岩夹竹叶状灰岩；8.竹叶状灰岩夹薄层灰岩；9.条纹状灰岩；10.鲕状灰岩夹薄层灰岩；11.灰岩夹竹叶状灰岩；12.灰岩；13.泥质花纹状灰岩；14.花纹状灰岩夹竹叶状灰岩；15.涡卷状白云质灰岩；∈₃g.崮山组；∈₄ĉ.炒米店组；O₁y.冶里组

图 3-15 辽宁省大连市瓦房店市复州湾寒武系炒米店组地貌

奥陶系典型剖面,位于大连市瓦房店市复州湾镇夏屯村—王屯村,出露的奥陶纪地层依次有冶里组、亮甲山组、马家沟组,均为选层型剖面,见图 3-16。

冶里组(O_1y):岩性主要为灰色薄层、中厚层竹叶状灰岩,夹页岩,黑灰色、灰白色厚层结晶灰岩。本组产笔石化石碎片及介形虫化石。整合于炒米店组之上,本组厚度 25.3m。该地质遗迹点为划分岩石地层、生物地层、层序地层提供了良好的场所。各组灰岩矿物形态较完整,组与组之间的划分界线显而易见,微构造形迹丰富,在辽宁省内并不多见,见图 3-17。

亮甲山组(O_1l):整合于冶里组之上。岩性为灰、深灰色中厚层夹薄层灰岩,含燧石结核灰岩、花纹状灰岩,底部以含燧石结核灰岩与冶里组分界。厚度 129～249.7m。本组产 *Manchuroceras* 化石,见图 3-18、图 3-19。

图 3-16　辽宁省大连市瓦房店市复州湾寒武系与奥陶系地层界线

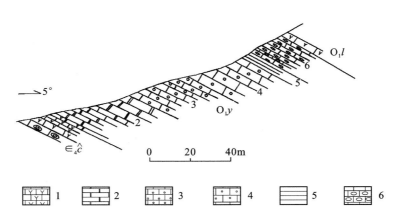

图 3-17　辽宁省大连市瓦房店市复州湾奥陶系冶里组剖面图

1.结晶灰岩(白云岩);2.结晶灰岩(白云岩);3.结晶灰岩;4.结晶灰岩;5.灰岩;
6.竹叶状灰岩夹页岩;$O_1 l.$亮甲山组;$O_1 y.$冶里组;$\epsilon_4 \hat{c}.$炒米店组

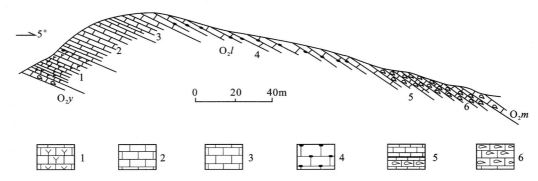

图 3-18　辽宁省大连市瓦房店市复州湾奥陶系亮甲山组剖面

1.花纹状灰岩;2.灰岩;3.灰岩夹条纹状灰岩;4.含燧石结核灰岩;5.灰岩夹竹叶状灰岩;6.竹叶状灰岩夹条纹状灰岩;$O_2 m.$马家沟组;$O_1 y.$冶里组;$O_1 l.$亮甲山组

图 3-19 辽宁省大连市瓦房店市复州湾奥陶系亮甲山组地貌

马家沟组(O_2m)：整合于亮甲山组之上，主要岩性为灰色中厚层夹薄层灰岩、厚层泥质灰岩，夹白云质灰岩、结晶白云岩、角砾状白云岩。中上部主要是深灰色结晶灰岩，顶部以白云岩或白云质灰岩与石炭系本溪组平行不整合接触。厚度大于 462m。本组产 *Armenoceras* sp.，*Ormoceras* sp. 化石，见图 3-20、图 3-21。

（3）辽宁省大连市金普新区七顶山寒武系—奥陶系界线典型剖面，位于大连市金普新区七顶山街道拉树山村。该剖面由王敏成(1986—1992)测制，在七顶山街道拉树山村炒米店组上部及奥陶系冶里组剖面，发现该组剖面上部有两层大涡卷白云质灰岩，其上有约 10 m 厚白云质灰岩（原王钰 1954 年命名楸树沟段）与灰色及深灰色中、厚层白云岩接触（原王钰 1954 年命名糖粒状白云岩）。在两层大涡卷白云质灰岩夹层中发现一层笔石，在大涡卷白云质灰岩上黄灰色泥质白云质灰岩中发现一层笔石，上述两层笔石为炒米店组上部化石，与三叶虫(*Calvinella*)共生，在这层化石之上的灰色中薄层白云岩中发现一层笔石，与腕足动物共生，这一层笔石为奥陶系冶里组化石，见图 3-22、图 3-23。

奥陶系冶里组(O_1y)：岩性为浅灰色厚层结晶白云岩、深灰色厚层结晶白云岩、灰色中薄层结晶白云岩，与下伏地层寒武系炒米店组呈整合接触关系。

寒武系炒米店组($\epsilon_4\hat{c}$)：岩性为黄灰色薄层泥质灰岩、浅灰色薄层结晶白云质灰岩夹浅黄色薄层结晶灰岩、浅灰色厚层含巨型藻(涡卷)白云质灰岩、浅灰色薄层泥质白云质灰岩夹薄层白云质灰岩、深灰色厚层含巨型藻(大涡卷)白云质灰岩、灰色薄层泥质灰岩、竹叶状灰岩、生物碎屑灰岩、浅灰色薄层泥质条带灰岩夹薄层灰岩、浅灰色薄层泥质条带灰岩夹厚层灰岩。

（4）辽宁省鞍山市千山区浪子山(岩)组地层剖面。浪子山(岩)组(Pt_1l)：长春地质学院(1960)命名，命名地点在辽阳县河栏乡亮甲。

浪子山(岩)组出露于营口—草河口复向斜北翼的鞍山市东部，海城南部毛祁、小女塞、辽阳亮甲—本溪连山关—祁家堡子等地。岩性沿走向略有变化，海城南部的盘岭—钟家台—马风—双塔岭一带（北西区），下部岩性为石榴二云片岩、二云片岩、含墨白云石英片岩，底部断续出露石英岩；上部为含墨白云变粒岩、石墨二云变粒岩，夹浅粒岩，最厚达 880m。辽阳陈家堡子向东至本溪连山关—祁家堡子一线（北东区），下部岩性为石英岩、含砾石英岩；上部为二云片岩、含石墨石榴十字二云片岩，夹石英岩和大理岩。厚度可达 1 300m。陈家堡子向西至亮甲—四花岭—鞍山胡家庙子、樱桃园一带，该(岩)组岩性为砾岩、石英岩、千枚岩、绢云绿泥片岩夹变质石英砂岩。浪子山岩组原岩为碎屑岩-黏土岩，以角度不整合覆于太古界鞍山群条带状磁铁石英岩或片麻状花岗岩之上。辽阳隆昌镇双塔岭剖面为副层型剖面，见图 3-24，3-25。

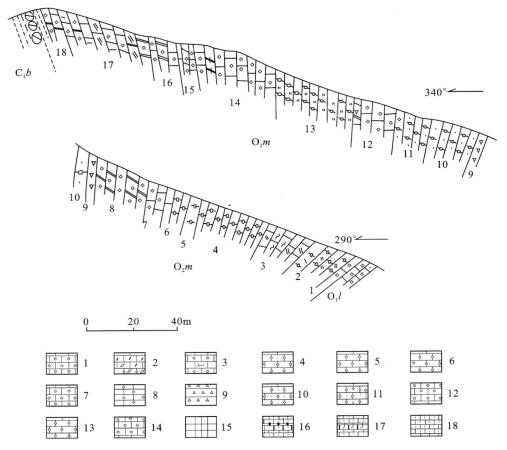

图 3-20　辽宁省大连市瓦房店市复州湾三棱山新元古界马家沟组剖面图

1.粉晶灰岩；2.含白云质泥晶灰岩；3.白云质灰岩、条带状白云质灰岩；4.泥晶灰岩；5.泥晶白云岩；6.泥晶灰岩；7.粉晶灰岩；8.白云岩夹灰岩；9.含石盐假晶盐溶角砾岩；10.亮晶砂屑灰岩；11.含燧石结核亮晶砂屑灰岩；12.粉晶灰岩、粉晶白云岩；13.泥晶灰岩；14.粉晶灰岩；15.灰岩夹白云岩；16.粉晶灰岩及粉晶白云岩；17.细晶含灰质白云岩夹纹层状白云岩；18.细粉晶白云岩；C_1b.本溪组；O_2m.马家沟组；O_1l.亮甲山组

图 3-21　辽宁省大连市瓦房店市复州湾三棱山新元古界马家沟组地貌

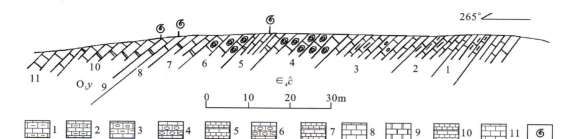

图 3-22　辽宁省大连市金普新区七顶山寒武纪—奥陶纪地层界线剖面图
(引用王敏成辽东半岛南部寒武系奥陶系界线 1990 资料)

1.泥质条带灰岩夹厚层灰岩；2.泥质条带灰岩夹薄层灰岩；3.泥质灰岩、竹叶状灰岩、生物碎屑灰岩；4.含巨型藻（大涡卷）白云质灰岩；5.泥质灰岩夹白云质灰岩；6.含巨型藻（涡卷）白云质灰岩；7.结晶白云质灰岩；8.泥质灰岩；9.结晶白云岩；10.结晶白云岩；11.结晶白云岩；⊙.生物化石；O_1y.冶里组；$\in_4\hat{c}$.炒米店组

图 3-23　辽宁省大连市金普新区七顶山寒武纪与奥陶纪地层界线

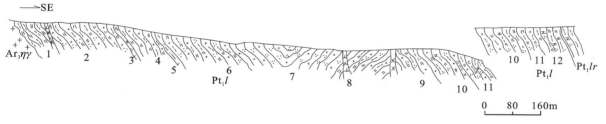

图 3-24　辽宁省辽阳市双塔岭古元古代辽河群浪子山（岩）组剖面

1.糜棱绢云白云母石英片岩；2.石英岩；3.斜长白云母石英片岩；4.含石榴白云母石英片岩；5.变粒岩及石英片岩；6.含石墨石榴斜长二长石英片岩；7.含石榴二云斜长片岩；8.石榴斜长二长石英片岩；9.黑云母石英片岩；10.含透闪白云母方解大理岩；11.斜长角闪岩；12.含石榴二云石英片岩；Pt_1lr.里尔峪岩组；Pt_1l.浪子山岩组；$Ar_3\eta\gamma$.新太古代连山关花岗岩

本溪地区地层发育齐全，有太古宇鞍山群，古元古界辽河群，新元古界细河群、震旦系及古生界寒武系、奥陶系、石炭系、二叠系，中生界三叠系、侏罗系、白垩系和新生界第四系。新元古界至中生界以本溪地区地理名称命名的组级正层型剖面有 14 个，其中最重要的是石炭系本溪组，南华系桥头组、康家组，均为国家级地质遗迹点。

(5)辽宁省本溪市溪湖区牛毛岭本溪组剖面(国家级)。

①创名及原始定义：赵亚曾 1926 年创名，原称本溪系。创名地点为本溪市新洞沟与蚂蚁村沟间（牛毛岭）。原始定义："本系位居奥陶纪石灰岩之上，共厚约九十余米，全部均为页岩、砂岩及石灰岩薄层所组成，不含煤层……，兹以 *spirifer mosquensis* 特别发达于本溪湖之故特名之曰本溪系……"1988

图 3-25 辽宁省鞍山市千山区浪子山(岩)组地质剖面

年以前所有研究者皆认为本溪组为李四光、赵亚曾创名。1989 年范国清以《本溪组创名考》确凿地论证了本溪组由赵亚曾命名。

②沿革：野田光雄(1938)、杨敬之(1960)、辽宁省区域地质调查队(1965)先后分别另改称本溪统、本溪群、本溪组。"地层清理"(1994)考虑到原本溪组在岩石学特征上二、三分分性明显，并便于大区对比，故保留下部的杂色砂页岩及底部铁铝质岩为本溪组，上部的灰岩与砂页岩沉积划入太原组。本书采用赵亚曾原始定义。

③现在定义：辽宁省岩石地层(1997)将上部灰岩透镜体开始划入太原组。下部铁铝层为湖田段，上部砂页岩为新洞沟段。该组平行不整合覆于奥陶系马家沟组之上，底部为平行不整合面上的风化壳，常见的为铁质、泥质物和灰岩砾石，局部形成山西式铁矿。本组下部含铁质(山西式铁矿)、泥质砾石层、G 层铝土矿层及灰色的砂页岩层为湖田段，上部紫色、黄绿色砂页岩为新洞沟段。

④层型：本溪组正层型剖面位于本溪市西 6km 新洞沟和蚂蚁村沟之间牛毛岭(123°43′40″E，41°19′55″N)，分布范围 5km²，包括新洞沟和蚂蚁树缓冲带面积约 1km²。此剖面自赵亚曾(1926)研究后，先后又经王钰等(1954)和辽宁省区域地质调查队(1975)补测，见图 3-26。

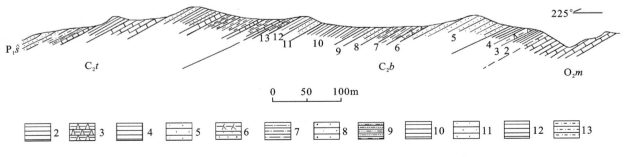

图 3-26 辽宁省本溪市溪湖区牛毛岭中石炭统本溪组剖面

2.页岩;3.铝土页岩;4.页岩;5.粗粒砂岩;6.铝土质页岩、粗砂岩;7.砂质页岩夹硬砂岩;8.细砂岩;9.细泥质砂岩;10.页岩;11.砂岩含薄煤层;12.页岩;13.砂质页岩及砂岩;O_2m.马家沟组;C_2b.本溪组;C_2t.太原组;

上覆地层：太原组浅灰色灰岩

——————— 整合接触 ———————

本溪组 C_2b

新洞沟段 C_2b^x 74.6m

13. 黄色砂质页岩及砂岩   4.4m

12. 灰青色页岩   4.4m

11. 中粒黄色砂岩含薄煤层	7.0m
10. 青黄色及砖红色页岩	16.0m
9. 黄色细泥质砂岩	2.0m
8. 细砂岩,上部黄色、下部紫色	6.4m
7. 黄色砂质页岩,夹硬砂岩薄层	8.0m
6. 上部铝土质页岩,下部粗砂岩	3.0m
5. 黄色粗粒砂岩,单层厚10~30cm	23.4m

湖田段 C_2b^h

4. 杂色页岩,以紫色为主,灰黄青等色次之	6.4m
3. G层铝土页岩	2.4m
2. 紫色页岩,易风化成碎片	5.8m

——————— 平行不整合 ———————

下伏地层:马家沟组灰色灰岩

⑤地质特征及区域变化:分为上、中、下3部分,上部主要为薄层页岩,夹灰岩,称复州湾段;中部岩石粒度较粗,为紫色-黄绿色砂岩、页岩,夹一薄层煤,称新洞沟段;下部岩石粒度较细,为泥岩、页岩,夹G层铝土页岩,称湖田段。剖面具韵律结构。顶界以出现第一层稳定灰岩的底面为标志,与太原组分界,二者呈整合接触。底界以奥陶系马家沟组灰岩之上的平行不整合面为界。

辽宁省地质矿产局科研所范国卿(1987)在本溪高台子G层铝土页岩上层采集到植物化石 *Sublepidodendron* 和鱼化石 *Holoptychius* sp.,*Dipterus* sp. 等。米家榕等(1990)系统地采集和研究了本溪组湖田段的植物化石,报道了新属新种,指出了其意义,其中有 *Sublepidodendron benxiense*,*S. tangshanense*,*Lepidostrobus grabaui*,*Stigmaria ficoides* 等。

根据上述生物组合特点,该组的地质时代为早石炭世—中石炭世。

本组近底部普遍有G层铝土页岩,在牛毛岭、山城子、太平沟、暖河子、葡萄架岭等地,G层铝土页岩之上有F层铝土页岩,两者相距分别为30m、25m、7m、9m、10m。本组下部夹薄煤层或碳质页岩,在太平沟煤层位于G层与F层铝土页岩间,煤层中含黄铁矿结核,已被采利用。在本溪柳塘沟、窑子岭、桓仁的葡萄架岭,本组顶部有一层石英岩质砾岩,砾石分选较好,呈圆形、长卵形,厚1~5m。

本组厚度在太子河地区东部较厚,桓仁葡萄架岭厚度达300余米,西部牛毛岭达80余米,沈阳林盛堡(钻孔资料)厚不足50m。

⑥地质剖面的自身价值评价。

典型性。 本溪组是我国华北—东北南部地区,早古生代奥陶纪中后期(440±15Ma)海水退却以后整体上升为陆,经过长期风化剥蚀,至中石炭世(350±10Ma)时才重新下降,继承早古生代凹陷盆地复接受的沉积地层。

牛毛岭中石炭世地层发育,上覆、下伏地层界线明显,层序韵律清楚,代表性很强。赵亚曾(1926)、李四光(1927)根据腕足类和蜓科化石,以本溪地理名来创名为本溪系,1965年改为本溪组,现通用于全国,具很高的代表性。

牛毛岭中石炭统本溪组,与国内华北—东北地区的同地史时期地层对比性很强,而且把华北地台的中石炭世的地台型地层都归属为本溪组,具国内典型性。

此外,可与朝鲜的中石炭世的红店统,日本中部飞弹山地区下石炭统的 *Fusulina* 带,*Fusulinella* 带,*Profusulinella* 带及秋田地区的 *Fusulinella* 带,*Profusulienella* 带相比,还可与俄罗斯地台的中石炭统巴什基尔组、莫斯科组相对比,美国中石炭统的英洛组与本溪组下部,拉派萨斯组和德斯莫组与本溪组上部相对比。

本溪组不仅国内教科书和文献资料中通用,而且可与国外同地史时代地层相对比,在国内外有较高的典型性。

稀有性,本溪地区的中石炭世地层厚度最大,地层发育完整,含标准化石最多,地层岩性及其韵律结构清楚地反映了接受沉积初期,地壳频繁振动的海盆边缘环境。这些特性在其他地区中石炭世地层剖面中是很少见的。

完整性,牛毛岭本溪组地层剖面,上覆、下伏地层的接触关系清楚,下部第一层紫色页岩到最上部第22层黄灰色砂质页岩之间无后期构造破坏,完整性好。

⑦保存现状:为本溪国家地质公园的一个景区,有专人保护。

⑧科学价值:牛毛岭中石炭统本溪组剖面的韵律性成层岩石就像一页页的地史册,其中丰富的动、植物化石、煤系、铝土矿及沉积物就像书中的"文字",描述了辽东太子河地区中石炭世地史时期的地壳运动、地质作用、古地理变迁、生物演化及沉积成矿作用。对本溪组自从1869年起德国人李希霍芬、A. Schenk、日本人 KoKunaga(1918)、矢部长克(1919)、早板一郎(1915,1922)、坂本峻雄(1926)做了许多研究,我国的李四光(1927)、赵亚曾(1926)、王钰(1954)等许多人也做了详细研究。本溪组是通用于华北地台的组级岩石地层单位,牛毛岭剖面是本溪组的典型标准剖面,具有重大的科学价值,而且是教学实习的最佳剖面。

⑨意义:具有重大科学价值和国际国内大区域地层对比意义,建组79年来历经赵亚曾、李四光、盛金章等知名大师、院士研究,早已闻名中外。蜓类是石炭纪最重要的化石门类。盛金章院士(1958)的名著,《辽宁太子河流域本溪统的蜓科》自发行起至今一直是国内生物地层划分之经典。79年来本溪组下部是否存在早石炭世地层曾长期争论,经范国清(1998)以植物大化石和孢子及花粉互为佐证,本溪组确实存在早石炭世地层,这是传统地层学研究的重大突破,改变了本溪地质历史的内容。本溪组剖面是具有重大科学价值的正层型剖面,具有自然性、典型性。太子河流域是本溪组的模式地区,是华北地台石炭系的标准地点。对于该剖面的研究,可以揭示整个华北地台石炭纪地质历史的演化特点和规律,见图3-27~图3-30。

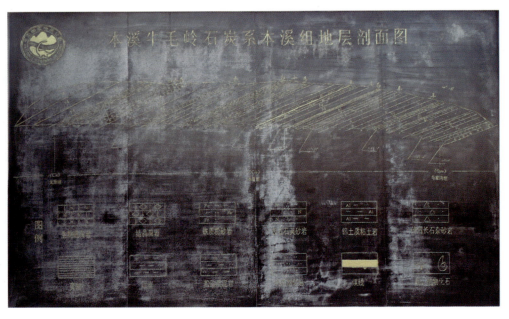

图3-27 辽宁省本溪市牛毛岭石炭系本溪组地层剖面图

图3-28 辽宁省本溪市牛毛岭石炭系本溪组地层创始人

图3-29 辽宁省本溪市牛毛岭中石炭统本溪组剖面全景图

图3-30 辽宁省本溪市溪湖区牛毛岭中石炭统本溪组细砂岩

(6)辽宁省本溪市平山区桥头组、康家组典型地层剖面(国家级)。

桥头组(Pt_3^2q)①创名及原始定义:青地乙治1928年创名,原称桥头石英岩。创名在本溪桥头。原始定义指本溪桥头附近出露的细河统上部一套地层,为层理比较清楚的石英岩与条带硅质板岩互层。

②沿革:王钰等(1954)改称桥头统。姜春潮(1953)首称桥头组。傅杰浦等(1957)扩大桥头组含义,将南芬组上部页岩纳入桥头组底部。马子骥(1964)称桥头段,辖于他命名的千金岭组之下。曾瑞骥等(1974)以歪头山组、胡家村组等之和代替桥头组,之后多数人采用原桥头石英岩含义,称桥头组。

③现在定义:指辽东地层分区太子河地层小区平行不整合或整合覆于南芬组之上,整合伏于康家组(或长岭子组)之下的一套灰色、灰白色、黄褐色石英砂岩夹黄绿色、灰黑色页岩及砂质页岩的岩石地层。

④层型:正层型剖面位于本溪市桥头镇桥头。主要岩性为灰白色、灰色中厚层细粒石英砂岩、含海绿石石英砂岩与黑色、黄绿色砂质页岩互层,底部以含黄绿色页岩碎屑的粗粒石英砂岩与南芬组平行不整合接触。岩层具缓斜交错层理、交错波状斜层理、波状层理、透镜状层理、波痕和干裂。该组底部观察到石英砂岩含黄灰色页岩的砾石,砾石直径约2cm,实为南芬组顶部的页岩,可以判断其间存在一个间断。本书将桥头组划归南华系,见图3-31、图3-32。

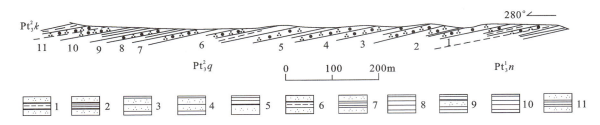

图3-31 辽宁省本溪市平山区桥头组剖面图

1.石英砂岩夹砂质页岩;2.石英砂岩夹砂质页岩;3.石英砂岩与砂质页岩互层;4.石英砂岩与页岩互层;5.石英砂岩及页岩;6.石英砂岩与页岩互层;7.石英砂岩夹砂质页岩;8.页岩;9.石英砂岩与页岩互层;10.页岩;11.石英砂岩夹页岩;Pt_3^1n.南芬组;Pt_3^2q.桥头组;Pt_3^2k.康家组

图3-32 辽宁省本溪市平山区桥头新元古界南华系桥头组地貌

⑤地质特征及区域变化:在本溪市桥头剖面上,该组主要岩性为灰白色、灰色细粒石英砂岩,含海绿石石英砂岩与页岩、砂质页岩互层,或黑色、黄绿色砂质页岩,顶部为灰白色厚层细粒石英砂岩夹黄绿色页岩及砂质页岩。本组厚度 129.10m。

本组产微古植物化石:*Microconcentrica induplicate*,*Marmgominuscula rugosa* Naum,*Pseudozonasphaera* cf. *Sinica* Sin et Liu,*Leiopsophosphaera apertus* Schep,*L. pelucidas* Schep,*Trachysphaeridium simplex* Sin,*Symsphaeridium* sp. ,*Trematosphaeridium* sp. ,*Taeniatum crassum* Sin et Liu,*Archaeofavosina* cf. *Simplex* Naum,*Zonosphaeridium minutum* Sin 等(邢裕盛、刘桂芝,1973)。

康家组($Pt_3^2 k$)①创名及原始定义:森岛正夫1940年创名。原称康家统,创名地在本溪桥头西康家堡子。钟富道1975年改称康家组。整合于桥头组之上。

②现在定义:指在本溪、辽阳一带出露,整合于桥头组之上,平行不整合伏于碱厂组下的一套下部为灰色、灰绿色页岩、钙质页岩夹细石英砂岩、粉砂岩及少量泥灰岩结核;中部为灰色薄层泥灰岩夹黄色页岩;上部为紫色、黄绿色页岩、钙质页岩夹紫色、黄绿色粉砂岩的岩石地层。

③正层型剖面为本溪桥头剖面。本组岩性稳定,可能受后期剥蚀的影响,各地厚度差异较大。在本溪桥头最厚,达 227.9m,见图3-33、图3-34。

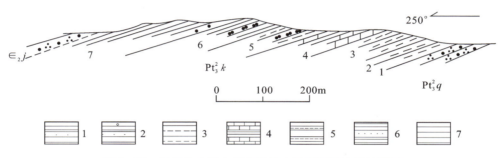

图3-33 辽宁省本溪市桥头新元古界康家组地层剖面图

1. 页岩夹粉砂岩及石英砂岩;2. 页岩夹石英砂岩;3. 钙质页岩;4. 泥灰岩夹页岩;5. 页岩夹粉砂岩及石英砂岩;6. 页岩夹粉砂岩;7. 页岩;$Pt_3^2 q$. 桥头组;$Pt_3^2 k$. 康家组;$\in_2 j$. 碱厂组

图3-34 辽宁省本溪市桥头新元古界康家组地貌

④地质特征及区域变化：在本溪市桥头剖面上，本组下部为灰色、灰绿色页岩、钙质页岩夹细粒石英砂岩、粉砂岩及少量泥灰岩结核；中部为灰色薄层泥灰岩夹黄绿色页岩、黄绿钙质页岩夹粉砂岩及石英砂岩；上部为紫色页岩夹粉砂岩；顶部为灰绿色页岩与紫色页岩层。与下伏地层桥头组呈整合接触。顶部以灰绿色页岩和紫色页岩互层与上覆碱厂组底部石英砂岩平行不整合接触。本组具较发育的波状层理、透镜状层理和干裂。仅分布于北部太子河地区，岩性稳定，具有典型性。本组厚度 40.5～227.9m。

本组产微古植物化石：*Margominuscula rugosa* Naum, *Microconcentrica induplicata* Liu et Sin, *Pseudoconosphaera* cf. *sinica* Sin et Liu, *Leiopsophaera apertus* Schep, *Trachysphaeridium simplex* Sin, *Synsphaeridium conglutinatum* Tim, *Trematosphaeridium* sp., *Taeniarum crassum* Sin et Liu, *Archaeofavosina* cf. *simplex* Naum, *Zonasphaeridium minutum* Sin 等（邢裕盛、刘桂芝，1973）。

本层型剖面具有重大的科学价值。

(7) 辽宁省本溪市平山区林家组典型地层剖面。其他以本溪地理名称命名的正层型剖面和代表性剖面有中三叠统林家组（T_2l），为省级。

小林贞一 1942 年创名于本溪林家崴子，始称林家层。王钰等（1954）称统，潘广（1959）称组，其时代各异。张武、董国义（1971—1982）确定时代为中三叠世。

主要分布于本溪市林家崴子以北地区，以平行不整合覆于红砬组之上，未见上覆地层。下部为黄绿色、灰白色砾岩、砂岩，交错层理发育，上部为黄绿色长石石英砂岩及紫色、黑色页岩。含较丰富的植物化石及孢粉、昆虫、鱼和轮藻等化石，厚 158.4m。与下伏地层为平行不整合接触关系。

正层型剖面为本溪林家崴子剖面，见图 3-35、图 3-36。

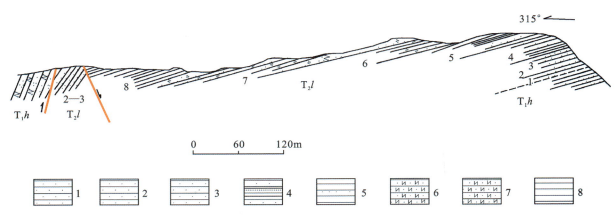

图 3-35 辽宁省本溪市平山区中三叠统林家组剖面图

1.砾岩；2.含砾石英砂岩；3.石英砂岩；4.石英砂岩夹粉砂岩；5.页岩；6.长石石英砂岩；7.长石石英砂岩；8.页岩；T_2l.林家组；T_1h.红砬组

(8) 辽宁省锦州市义县马神庙-宋八户义县组地层剖面（国家级）。辽宁省白垩系分布广泛，辽西地区较为发育，自下而上划分张家口组、沙河子组、义县组、九佛堂组、沙海组、冰沟组、阜新组、孙家湾组（泉头组）、大兴庄组。其中正层型剖面为义县马神庙-宋八户义县组剖面，为区域性标准地层剖面，为国家级。

①创名及原始定义：室井渡 1940 年创名，称义县火山岩系，创名地点在义县附近。北京地质学院（1960）首称义县组。辽宁省区域地质调查队（1960—1964）的吐呼噜组、金刚山组、建昌组均为义县组内的别称。

图 3-36 辽宁省本溪市平山区中三叠统林家组地貌

②分布：义县组（K_1y）主要分布于锦州-义县-阜新盆地、凌源-三十家子盆地、四官营子-三家子盆地、大城子盆地、梅勒营子-老爷庙及建昌盆地、朝阳盆地、胜利-大平房盆地、东官营子盆地等处。

③正层型：义县组正层型标准地层剖面开始于义县马神庙，经尖山子—砖城子—289.6高地—三百垄—朱家沟—349高地—274高地，结束于宋八户南公路桥下。岩性主要为灰紫色、灰绿色、灰褐色、灰黑色安山岩、玄武岩、粗安岩以及集块岩、角砾岩、凝灰岩等火山岩，间夹多层富含淡水动物及少量植物化石的灰白色凝灰质砂页岩。总厚度为720～5 604m。以平行不整合覆盖于张家口组灰黑色安山玢岩以上，其上与九佛堂组为平行不整合接触，见图3-37～图3-39。

④地质特征及区域变化：本组的岩性及厚度在各地变化较大，义县-锦州铁路以东，沿大凌河流域，以流纹岩和流纹质火山碎屑岩为主，有少量安山岩，上部为流纹质凝灰岩、凝灰质砂页岩，即被称为"金刚山层"，厚大于1 670m；在大凌河以北，沉积夹层减少，万佛堂一带，沉积夹层中含劣质油页岩及膨润土；在阜新-义县盆地的北部，阜新—清河门一带，为一套安山岩夹多层沉积岩和火山碎屑岩，厚大于800m；在紫都台盆地，岩性为安山岩、英安岩、火山角砾岩、凝灰岩，夹6～8层沉积岩，厚1 238m；在建昌盆地的谷家岭—上胡仙沟一带，岩性为玄武岩、安山岩、安粗岩、火山角砾岩，夹多层沉积岩，厚达4 000m；在喇嘛洞一带为安山岩、英安岩，夹粗面岩、安粗岩，同时夹5层沉积岩，其中最厚一层达782m，全组厚为3 275m；在凌源盆地的热水汤一带，岩性为安山岩、英安岩、流纹岩及火山碎屑岩，夹3层沉积岩，厚885m，在大新房子一带沉积夹层厚度大，最厚可达千米；在朝阳盆地的哈尔脑—波珍沟一带，本组下部为玄武岩，上部为安山岩，未见沉积岩夹层，厚度仅为713m。

该组含有丰富的动植物化石，鱼类：*Lycoptera muroii*；叶肢介：*Eosetheria sinensis* 等；爬行类：*Manchurochelys manchouensis*, *Yabeinosaurus tenuis* 等；昆虫类：*Ephemeropsis* sp. *Pseudosamarura*, *Karataviella pontoforma* 等；双壳类：*Ferganococha quadrata*, *Sphaerium jeholense* 等；介形类：*Cypridea* spp. *Mongolianella palmosa* 等。20世纪90年代在本组中有惊世的重大科学发现：早期古鸟类、早期被子植物、长毛或具羽毛的恐龙、原始哺乳类的化石，这些化石的发现取得了突破性的研究发展（侯连海等，1995—2002；孙革等，2000—2004）。

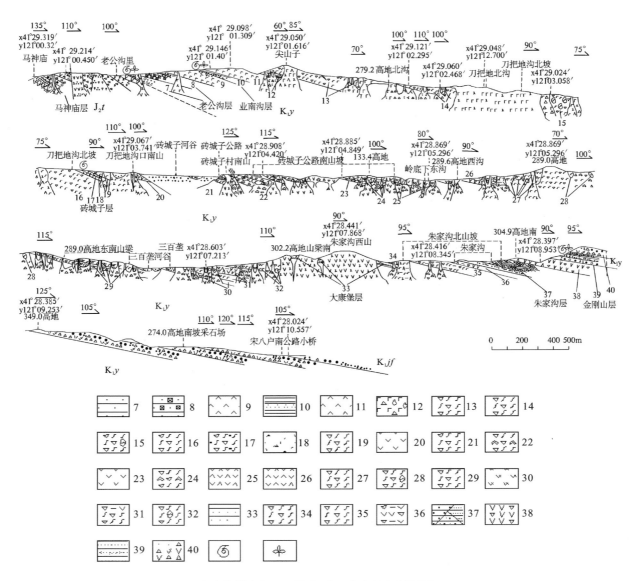

图 3-37　辽宁省锦州市义县马神庙-宋八户义县组剖面图(据王五力,2004)

7.杂砂岩、含砾粗砂岩、安山质角砾凝灰岩及泥质粉砂岩;8.凝灰岩、凝灰质细粒杂砂岩;9.玄武岩;10.细砂、粉砂岩、页岩、细砂岩及沉凝灰岩;11.玄武岩;12.安山岩、安山质集块熔岩;13.玄武安山岩、粉砂岩夹泥灰岩残留体;14.玄武安山岩;15.玄武安山岩;16.玄武安山岩;17.玄武安山岩;18.凝灰岩及泥灰岩;19.玄武安山岩;20.辉石安山岩;21.玄武安山岩;22.玄武安山岩;23.安山岩;24.含橄榄石安山岩;25.含橄榄石安山岩;26.含橄榄石安山岩;27.安山岩;28.玄武安山岩残留体;29.含橄榄玄武安山岩及玄武安山岩;30.英安岩;31.含橄榄石辉石安山岩;32.玄武岩;33.凝灰质含砾砂岩;34.含辉石玄武安山岩;35.含辉石玄武安山岩;36.含橄榄石辉石安山岩;37.砂岩与细砂岩互层;38.含橄榄石安山、安山岩;39.凝灰岩粉砂岩、泥页岩夹薄层沉凝灰岩、钙质粉砂岩、粉砂质泥灰岩;40.火山角砾岩及砂岩;⑤.鱼化石;✿.叶肢介;J_2t.髫髻山组;K_1y.义县组;K_1jf.九佛堂组

　　王东方(1981)对义县组底部安山岩、玄武岩全岩 K-Ar 年龄值测试为 $136.9±3.95Ma$,Rb-Sr 年龄值 $142.5±4Ma$;刁乃昌等(1983)K-Ar 年龄值测试为 $117～104.7Ma$;辽宁省地质局区域地质调查队(1985)测流纹岩 Rb-Sr 年龄为 $125.3Ma$。

图 3-38 辽宁省锦州市义县宋八户中生界义县组地貌

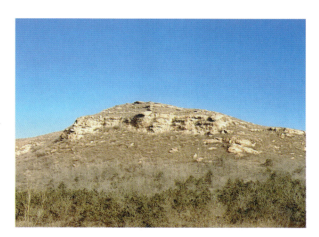

图 3-39 辽宁省锦州市义县金刚山中生界义县组地貌

⑤地质剖面的自身价值评价:辽西地区的晚中生代陆相火山岩-沉积地层极为发育,也是东亚地区热河生物群最重要的发源地之一。该剖面的研究确定了热河生物群的生态环境,气候环境为亚热带—暖温带,半干旱—半潮湿,有季节变化;地理环境为具有植物分带性的斜坡、丘陵、平地、湿地、湖泊5种不同生态环境。

近年来由于在辽西地区先后发现以"中华龙鸟"为代表的小型兽脚类恐龙、以"孔子鸟"为代表的原始鸟类及以"古果属"为代表的早期被子植物等珍稀化石,奠定了辽西地区火山-沉积标准地层的国际化地位。辽西地区义县组地层出露广泛、发育全,动植物化石十分丰富,主要有鱼类、鸟类、昆虫类、爬行类和植物类,距今约1.5亿～1.2亿年。已出土的代表性化石为世界罕见,在其他地区中生代地层中很少见此类珍贵化石资源。该剖面在研究地质发展史、古生物及气候的演变过程方面,具有重要的科研价值,同时亦可作为地质教学实习基地。

(9)辽宁省铁岭市铁岭县殷屯组典型剖面(国家级)。殷屯组($Pt_3^2 y$)正层型剖面,位于辽宁省铁岭市铁岭县种畜场殷屯村北山。李学鲁(1963)创名。主要分布在沈阳以北铁岭以南的地域内,其中以殷屯附近发育最佳。出露面积约8km²,为东西向或北东东向,不整合于北沟组或更老地层之上。下部为紫色砾岩;上部为紫色板岩的地层序列,未见直接的上覆地层。下伏地层为灰绿色板岩,二者关系为角度不整合,下伏地层为蓟县系虎头岭组,见图3-40、图3-41。

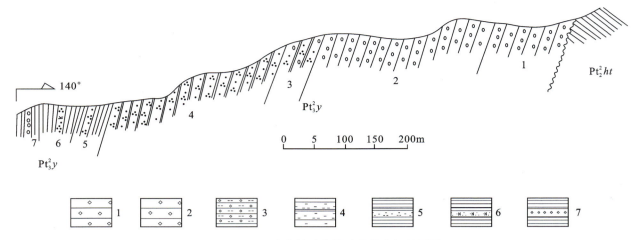

图 3-40　辽宁省铁岭市铁岭县殷屯组剖面图

1.石英岩质砾岩；2.石英岩质砾岩；3.含砾石英砂岩；4.石英砂岩；5.板岩夹石英砂岩；6.泥质板岩夹长石石英砂岩；7.泥质粉砂质板岩夹砾岩；Pt_2^2ht.虎头岭组；Pt_3^2y.殷屯组

图 3-41　辽宁省铁岭市铁岭县新元古界殷屯组地貌

在该组迄今尚未发现任何生物化石，仅见其砾石有压坑、钉字擦痕，曾怀疑为冰碛砾石，王长青（1986）认为该组为冰川沉积物，其上部块状杂砾岩冰川沉积物特征明显，为一套陆相-陆地冰川相沉积，将其置于新元古界，又根据杜汝霖（1975）认为冀东景儿峪组下部砾石为冰碛层，汎河地层小区无青白口系，认为殷屯组占据其位置，相当于中国晚前寒武纪冰川的下冰碛层，属长安冰期。辽宁省区域地质志（1989）将殷屯组暂置于震旦系。本书认为确实有冰碛沉积的特征，将其置于南华系比较符合实际，见图 3-42。

王日伦（1980）提出中国上前寒武系的第一个冰期为长安冰期，推定发生在 800～760Ma 间，尹崇玉等（2007）提出长安组位于南沱组之下，相当于莲沱组下部，其下界时代为 780Ma，与王日伦等的推断是一致的。按中国地层表的划分，殷屯组属于南华系。

本组（未见顶）厚度大于 176.76m。

殷屯组在华北板块演化史中具有重要的构造意义，砾岩的存在往往引起地质工作者的格外关注，因为它在研究构造运动方面常常具有特殊的意义。殷屯组以及与之对比的地层的底部砾岩不仅指示了华北板块的主体抬升的特征，而且在一定的意义上可作为板块的第一个盖层沉积，它标志着华北板块的演化趋于成熟，胶辽、燕辽 2 个地体进一步拼合为统一的联合地体。

图 3-42　辽宁省铁岭市铁岭县殷屯组复成分冰碛砾岩

另外，殷屯组还具有区域地层对比意义，并为其时代归属提供证据。

(10) 辽宁省大连市金普新区金石滩萨布哈(古盐坪)沉积构造地质事件剖面(世界级)。该遗迹点为世界级。现位于金普新区金石滩街道大连滨海国家级地质公园，该遗迹点对研究地质沉积构造环境有很高的科学价值，同时又具有很高的观赏性，是集地学科普、地质研究及旅游观赏性于一体的地质遗迹景观，其中最具代表性的便是举世闻名的龟背石和萨布哈(古盐坪)褶皱变形。

龟背石，沉积地层为大林子组($\in_1 d$)。因岩石表面有龟裂状网纹、酷似龟背而得名，它记录了地质历史上发生的一次重大事件。龟背石成为大连地区频繁海陆作用的证据，在地质学上意义重大。这种龟背石据说全球仅两块，另一块在加拿大，但仅是这块的 1/3 大小。20 世纪 90 年代，原美国国家科学院地学部主任柯劳德教授来大连考察时，曾发出了"天下第一奇石"的惊叹。从此，"世界上最大、最美的龟背石在中国大连金石滩"这一说法便开始在世界地学界广泛传播开来。评价等级为世界级，见图 3-43。

关于这块奇石的成因，目前地质学界有两种解释：一种观点认为是 5.4 亿年前后沉积的泥质沉积物(黄绿色)、粉砂岩(红色)，在干燥气候条件下露出水面受暴晒、干裂，干涸的裂缝又被后来的沉积物(绿色)充填所致；另一种观点(乔秀夫教授观点)认为是岩石在半塑性状态下，由于地震作用产生垂直层面的裂隙，饱含水的泥沙流向裂隙运移，随着震动的加剧，泥沙脉不断生长，使两端岩层弯曲、断裂，在层面上表现为形似干裂的网格状裂隙。这是湖相页岩中的成岩裂缝与泄水脉的叠加构造，是一种软沉积变形。从科普的角度解释，是潟湖环境沉积的页岩，在浅水条件下黏土质胶体脱水收缩出裂缝，又在饱水情况下绿色泥岩脉岩裂缝贯入直达顶层。这些绿色泥岩脉就是泄水脉，它们在剖面上平行、平面上连接，这是龟背石新解。

图 3-43 辽宁省大连市金石滩龟背石(泥裂)

萨布哈(阿拉伯语,指潮上盐坪):位于潮坪沉积物之上,形成于潮上带大潮淹没的盐沼环境。大林子期萨布哈亚相沉积以灰黄色、紫红色砂质微晶白云岩,微晶灰岩为主,次为薄层钙质中粗粒石英砂岩夹石膏、溶崩角砾岩。具水平层理,时见低角度交错层理,出现大量石膏肠状构造。石膏已被地下水溶解,其岩石貌似砂岩。主层顶面石盐假晶密布,晶体边长 1～3cm,有时呈集合体产出。常见雨痕及泥裂等暴露标志,见图 3-44。

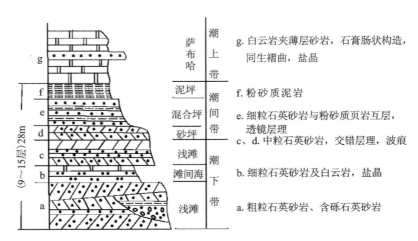

图 3-44 辽宁省大连市金州大林子组碎屑岩潮坪沉积序列

根据乔秀夫(1997)的研究,大林子组上部是一个萨布哈环境,岩层间夹有膏盐层及钙结壳等,泥质岩中具震积岩,由3个单元组成:A单元为液化角砾层;B单元为液化卷曲褶皱层;C单元为泄水脉、水塑性褶皱、水塑性微断层,三位一体成为萨布哈环境中震积岩序列的主要部分。这个震积岩序列有2个,它们之间沉积物较薄,基本未被侵蚀,故2次地震的间隙期较短,或者可说是一次大地震过程中的前震和主震,前震积岩薄,而主震积岩较厚。

在葛屯期末短暂隆升后,地壳复又坳陷,在葛屯期海盆基础上,扩展到金州地区,海侵方向由西向东,早期在局限台地潮坪带环境沉积了砂岩-页岩建造,晚期气候炎热,海盆处于封闭-半封闭状态,构成萨布哈环境,接受镁质及钙质碳酸盐、红色砂泥质沉积,含石盐假晶。

大林子组沉积初期,地壳波动式运动频繁,潮坪相中的微相交替出现,此时沉积物的供给速率大于盆地沉降速率,致使出现未风化改造的成熟度较低的石英杂砂岩及长石石英砂岩;后期地壳趋于稳定,陆源陆屑供给量减少,形成干旱气候下潮上蒸发碳酸盐岩沉积。海岸萨布哈形成于海潮线上,偶尔被海水淹没的潮上盐沼环境,以大量出现盐类矿物(石膏、石盐等)、干裂构造、帐篷构造、石膏的盘肠构造以及红层沉积为特征。古盐坪沉积的重要特征是石膏盘肠构造和石盐假晶。石膏盘肠构造是萨布哈相序的主体,限于单层内的膏岩层的揉皱是一种同生软沉积构造,是石膏在成岩过程中失水发生体积变化所形成的无定向变形。

同时,大林子组正层型剖面,下部岩性为黄绿色泥岩、黄绿色夹紫色砂质泥岩;上部为紫色夹杂色泥晶白云岩夹长石石英杂砂岩、泥晶灰岩,本组厚度90.51m。大连市最具代表性的寒武纪地层剖面,发育如此标准完美的潮上带萨布哈(古盐坪)沉积序列实为国内外少见,为地质科研者研究海岸萨布哈地貌提供了良好的场所。加之岩层后来因海蚀作用形成陡峭的彩色岩壁,具有极高的观赏价值和地质科普、基础地质教学和地学研究价值,评价等级为世界级,见图3-45、图3-46。

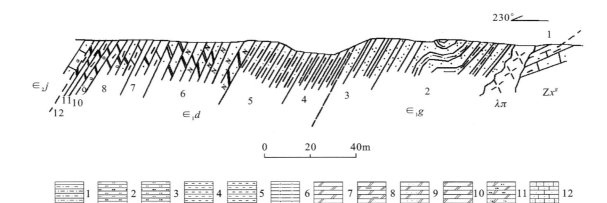

图3-45 辽宁省大连市金普新区金石滩葛屯组、大林子组剖面图

1.页岩夹含粉砂质泥岩;2.含砂质页岩与石英砂岩及硅质胶结微细粒石英砂岩互层;3.石英砂岩夹页岩;4.泥岩;5.砂质泥岩;6.含砂、铁泥晶白云岩夹杂长石石英杂砂岩;7.含砂粘土质硅质条带泥晶白云岩;8.泥质白云岩夹长石砂岩;9.含长石细粉晶白云质灰岩;10.含粘土质泥晶白云岩;11.泥晶灰岩夹石英砂岩;12.含砂粘土质泥晶灰质白云岩;Pt_3^3x.兴民村组;$\lambda\pi$.流纹斑岩;$\in_1g$.葛屯组;$\in_1d$.大林子组;$\in_2j$.碱厂组

2. 岩石剖面类

辽宁省侵入岩十分发育,出露面积约42 420km²,约占全省总面积的29%,区内的侵入岩岩体主要由中生代时期的岩浆作用形成。如燕山期侵入形成的规模宏大的花岗岩体、闪长岩体,既具有很高的观赏性,也在岩浆活动、成矿学方面具有很高的研究价值。

图 3-46　辽宁省大连市金普新区金石滩寒武系葛屯组、大林子组典型剖面(古盐坪沉积构造)

根据本次调查结果,筛选具有一定价值的典型岩石剖面有 2 条,其中侵入岩剖面 1 条(世界级)、变质岩剖面 1 条(国家级)。

1)侵入岩剖面

辽宁省鞍山市千山区白家坟地区古太古代花岗岩岩体(世界级)。辽宁省鞍山地区始太古代—中太古代变质岩系属于古陆核的组成部分(Wu et al,1998),具有漫长连续的地质演化历史。它包括始太古代(3.8Ga)白家坟奥长花岗岩、花岗质片麻岩、东山杂岩和石英闪长岩、深沟寺条带状奥长花岗岩,古太古代(3.3Ga)陈台沟花岗岩,中太古代(3.2Ga～2.8Ga)的铁架山花岗岩。是亚洲地区始太古代—新太古代岩石出露最全的地区。变质时代不详,伍家善、耿元生等(1998)认为中太古代有一期变质作用,变质作用类型为中温区域变质作用,变质程度为角闪岩相。

白家坟古太古代花岗岩为中国最古老的硅铝壳岩石,大地构造位置隶属于华北陆块鞍山太古宙古陆核,是中国最古老的陆核,西以郯庐断裂与下辽河断坳盆地分界,北与太子河坳陷毗邻,东、南与辽吉裂谷相接,形成年代 3 804±5Ma。出露于鞍山市东 8km 的梨化峪村南白家坟沟,走向为北西-南东向,呈长条状,大约长 700m,宽 50m,出露面积约 0.035km²。白家坟奥长花岗质片麻岩与东西两侧的陈台沟花岗质片麻岩均为明显的构造接触,该变质侵入岩应为古陆核的产物。

该岩体主要由奥长花岗质片麻岩和二长花岗质片麻岩组成,副矿物罕见,主要为磷灰石、锆石和钛铁矿。大部分锆石为细粒,淡黄色或者淡紫色,棱柱状晶体,表面具有轻微的磨圆边,也有一些锆石为粗粒,淡蓝色,具有复杂的晶体表面和内部结构,部分锆石具规则的密集环带构造。

东山杂岩位于立山奥长花岗质片麻岩和铁架山花岗质片麻岩之间,出露于鞍山市东山风景区古老岩带内,呈近东西向展布,走向延长 1 000m 以上,最大出露宽度为 10～15m,见图 3-47。在杂岩带内已发现 3.8Ga 的变质石英闪长质岩石、3.8Ga 的条带状奥长花岗岩、3.7Ga 的条带状奥长花岗岩（刘敦一等，1992；宋彪等，1996）。

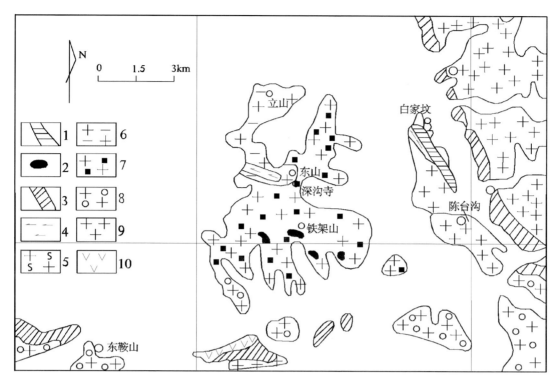

图 3-47 鞍山地区地质简图

1. 3.1Ga 陈台沟表壳岩；2. 小于 3.0Ga 铁架山花岗岩中的表壳岩；3. 2.5Ga 鞍山群；4. 3.8Ga 奥长花岗岩；5. 3.3Ga 陈台沟花岗岩；6. 3.1Ga 立山奥长花岗岩；7. 3.0Ga 铁架山花岗岩；8. 3.0Ga 东鞍山花岗岩；9. 2.5Ga 齐大山钾质花岗岩；10. 超基性岩（时代不明）

在东山风景区出露 3.81Ga 的条带状片麻岩，作为巨大的包体出现，存在于 3.14Ga 的立山奥长花岗岩之中，并被与立山奥长花岗岩同源的岩脉切割，表明这些岩石的形成时代早于 3.14Ga。这些片麻岩具有中细粒变晶结构，条带状或层状构造，条带状构造以白色和灰色交替出现为特征，其宽度通常小于 3cm，带状构造走向 310°～340°，与古老岩带走向一致，倾向多为北东向，可见小规模的紧闭褶皱，使局部产状存在很大变化。白色的部分由粗粒微斜长石、石英和斜长石组成，深灰色的部分由细粒斜长石、石英、微斜长石和黑云母组成，斜长石普遍发生绢云母化。

深沟寺杂岩出露于鞍山地区东山和白家坟杂岩之间，出露范围小于或等于 1km²，为年轻的花岗岩中的包体，露头点为长 50m、高 10m 的一个剖面。岩石类型有细粒奥长花岗岩、条带状奥长花岗岩、片麻状二长花岗岩。条带状奥长花岗质片麻岩 SHRIMP U-Pb 锆石年龄为 3773 ± 6Ma（万渝生等，2010）；条带状奥长花岗岩年龄为 3777 ± 613Ma（刘敦一等，2007，2008）。矿物成分为黑云母、长石、石英和绿帘石，见图 3-48。

铁架山花岗质片麻岩出露于鞍山市东部的立山、陈台沟以西、铁架山等地，包括铁架山、立山和东鞍山 3 个花岗岩体，出露面积约 60km²，构成一个古老的花岗岩穹隆，岩体边部伟晶岩脉发育。在铁架山花岗岩体西部边缘立山一带，见有角闪质岩石及黑云变粒岩包体。包体的排列方向大体与花岗岩片麻理产状一致，片麻理走向总体呈环形，向岩体外侧倾，呈穹隆状（伍家善等，1998）。仅在东部梨花峪—陈台沟一带，见有该岩体与层状变质岩系呈韧性剪切带相接触。锆石 SHRIMP 同位素年龄为

2 992±10Ma、2 983±10Ma(万渝生等,2007)。根据宏观调查及显微构造分析,铁架山花岗岩至少经历了 3 次塑性构造变形,这 3 次构造变形的层次逐渐变浅。

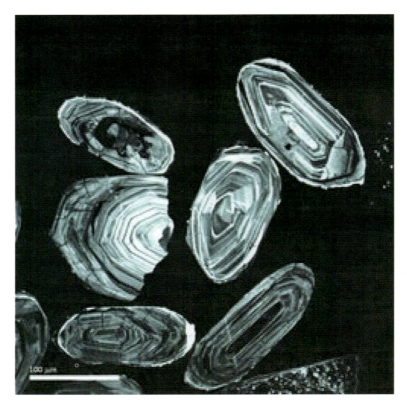

图 3-48　显微镜下观看到的 38 亿年岩石中的锆石

白家坟地区古太古代花岗岩体是世界最古老岩体之一,该类岩体在全世界目前仅发现 4 处,相对于格陵兰岛、加拿大西北部、南极东部等地,鞍山市是一个可以随时进行考察的地方。同时鞍山市是全世界唯一一处拥有从 38 亿年前到 25 亿年前各个阶段古老岩石的地区,是研究太古宙地壳形成与演化的经典地区。它包括从 38 亿年前到 25 亿年前各个阶段的古老岩石,其中涉及到的具体年代有 38 亿年前、37 亿年前、36 亿年前、34.5 亿年前、33 亿年前、31 亿年前、30 亿年前、27 亿年前、25 亿年前等,非常系统。记录连续的地质体都存在,且类型、成因十分复杂,相互间存在不同的成因联系,使我们可从总体上把握太古宙地壳形成演化历史。鞍山市为华北克拉通乃至全球地壳演化的缩影,提供基于同一地区研究建立太古宙构造年代格架的可能,是中国太古宙研究立典的首选地区和全球早前寒武纪研究的天然实验室。

该遗迹点是中国最古老的岩石,也是世界最古老的岩体之一,这些古老的岩石出露区犹如地球形成初期时段地层岩石结构的博物馆,各地层叠加接近于完美的教科书图表,这在全球是独一无二的,提供了地质史上太古宙时期地质连续演化的证据,对早期地壳形成、演化的研究具有十分重要的意义和极高的科学研究价值,因此评定为世界级,见图 3-49。

2)变质岩剖面

辽宁省变质岩系主要分布于柴达木-华北板块东部,自太古宙至中生代均发生过不同性质的变质作用,形成不同成因的变质岩系。其中以区域变质岩分布最广,局部叠加动力变质,出露面积达 31 678km^2,约占全省面积的 21.6%。变质时代有太古宙、古元古代、中元古代、古生代和中生代,代表了不同时期构造运动的产物。本次筛选 1 处具有代表性的遗迹。

图 3-49　辽宁省鞍山市千山区白家坟地区古太古代花岗岩体

辽宁省大连市金普新区太古宙糜棱岩岩石剖面（国家级）。剖面位于辽宁省大连市金普新区中长街道中长村（大和尚山），现为太古苑糜棱岩地质遗迹保护区，归属大连市滨海国家地质公园大黑山景区，保护区面积 1.1km²。大地构造位置为城子坦-庄河太古宙基底隆起带，空间上呈北东向展布，由变质表壳岩和变质深成岩组成。在推覆剪切力的作用下形成糜棱岩，是大连地区最古老的岩石和地层。

最初定义为 30 亿～28 亿年前的太古宙糜棱岩，据《辽宁省区域地质志》(2017)揭示，该区变质岩为新太古代石英闪长质片麻岩（$Ar_3gn^{\delta o}$）和二长花岗质片麻岩（$Ar_3gn^{\eta\gamma}$），经动力变质作用形成，变质作用类型为中高温区域变质作用，变质程度为低压角闪岩相。燕山期叠加有动力变质作用，部分形成糜棱岩系，构成北东东向韧性剪切带，有多个长约 8～10m 的褶皱变形，红色与灰色相间。该岩体是辽东半岛南部最古老的岩石，在漫长的地壳演化过程中，经历了多期次的构造运动，发生了复杂的变质变形，形成了紧密褶皱、同斜褶皱、鞘褶皱、拉伸线理、云母鱼、旋转残斑等一系列典型的地质构造景观，代表华北板块北缘印支—燕山造山旋回的主要形迹。

该遗迹点也是辽南变质核杂岩之一的金州变质核杂岩，与间山变质核杂岩形成时代均为早白垩世，是在同一伸展背景下，在不同地区形成的构造形迹，也是华北克拉通（或岩石圈）破坏的重要标志（朱日祥等，2011；刘俊来等，2006；王涛等，2011，2012），见图 3-50。

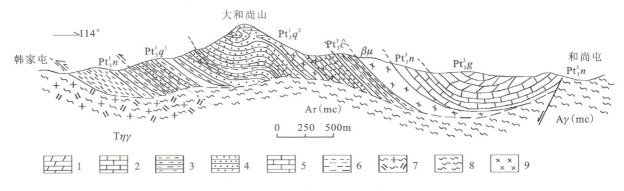

图 3-50　辽南变质核杂岩构造综合剖面示意图（据杨中柱，1996）

1. 白云岩；2. 大理岩；3. 板岩；4. 石英岩；5. 糜棱岩化大理岩；6. 构造片岩；7. 糜棱岩化二长花岗岩；8. 糜棱岩；9. 基底拆离面；Pt_3^1g. 甘井子组；Pt_3^1n. 南关岭组；$Pt_3^1\hat{c}$. 长岭子组；Pt_3^1q. 桥头组；$T\eta\gamma$. 三叠纪二长花岗岩；$Ar(mc)$. 糜棱岩化的核部片麻杂岩；$\beta\mu$. 辉绿岩

变质核杂岩构造形迹主要特点为伸展滑脱，伸展滑脱构造系统原地系统为新太古代变质深成岩，滑覆系统为新元古代细河群，以发育席状韧性剪切带为标志。席状韧性剪切带位于基底与盖层之间，韧性剪切带出露长度大于120km，宽1～5km，原始产状近于水平。主滑脱面位于基底与盖层之间，位于金州大和尚山西北麓，界面上为南芬组的方解质糜棱岩，界面之下为由太古宙白云质片麻岩变质而成的长英质糜棱岩，沿主滑脱面，地层不同程度不均匀缺失。次级顺层韧性滑脱面（简称次滑脱面）发育于岩性差异明显的地层单位及岩性层界面处，在较大尺度上具有不均匀透入性。本区内最主要的次滑脱面发生于南芬组与长岭子组的顶、底面，即软、硬岩层界面的软岩层一侧。滑脱带内变形常较两侧增强，可见分异脉体在递进变形中褶皱，次滑脱面对被它分割的地层变形起限制作用。

剪切带构造岩为糜棱岩，以基底与盖层间的主滑脱面为参照面可分为基底上部层次糜棱岩系与盖层下部层次糜棱岩系。基底上部层次糜棱岩由糜棱岩带与糜棱岩化带组成，空间上紧接主滑脱面，是剪切带的主体，垂直厚度可达700～1 500m，糜棱岩呈条纹状与眼球状构造。盖层下部层次糜棱岩可划分为糜棱岩带与糜棱岩化带，糜棱岩带与基底顶部糜棱岩带以主滑脱面相接，褶皱很发育；糜棱岩化带主要发育于桥头组二段，由糜棱岩化石英岩构成，见图3-51。许志琴等（1991）认为细河群与太古宇之间滑脱界面为收缩应变，伸展机制仅限于后期韧性-脆性低角度正断层体系。

图3-51　辽宁省大连市金州区太古宙糜棱岩岩体

大黑山区内的断裂构造和褶皱构造类型复杂多样，是集科研、教学价值于一体的理想基地，近十几年来，在研究环太平洋大陆边缘活动带特征时，国内外著名地质学家都将本区作为考察地点，也被第三十届国际地质大会确定为重点考察区，因此该点评价等级为国家级。

大黑山属长白山系，千山余脉，主峰海拔663.1m，为大连市近郊最高峰（图3-52）。主体呈南北走向，上部山势陡峭，多为裸岩，山上岩性为南华系桥头组的石英岩，岩石节理裂隙发育，因石英岩非常坚硬，抗风化能力强，因而岩石的棱角不易风化，但是由于剪切作用，靠近"X"形剪节理的部分风化速度快，便产生沿着节理和断层垂直向下的崩塌，形成小型的石林，因石英砂岩发育有两组垂直的节理裂隙，经风化崩塌形成了一根根大小不一、错落有序的小石柱，还有一种是垂直节理与水平节理组成的棋盘格式构造，在大黑山上也很发育。

3. 构造剖面

辽宁省位于柴达木-华北板块东部，南部属柴达木-华北板块东段的华北陆块，北部属华北北缘古生代坳陷带。华北陆块区构造形变样式复杂多样，具有多期次演化特点，经历了太古宙、古元古代、中新元古代、晚二叠世—中三叠世、晚三叠世—早白垩世5个变形时期。华北北缘古生代坳陷带堆积了巨厚的层状变质岩系，历经加里东旋回、海西旋回多期次变质变形，构造复杂，主要为中深层次韧性变形。各个构造阶段都形成了许多地质遗迹资源，大区域断裂构造广泛发育，由辽东中晚燕山旋回变形

图 3-52　辽宁省大连市金州区大黑山(大和尚山)褶皱变形

作用形成。褶皱变形构造则主要分布在大连地区，由印支晚期收缩机制下的变形作用形成。本次筛选出 4 处具有代表性的地质遗迹点，均为褶皱与变形亚类，其中 3 处为国家级，1 处为省级。

（1）辽宁省大连市金普新区龙王庙褶皱与变形（国家级）。该剖面位于大连市金普新区南部滨海路，龙王庙所在的山崖（西边靠海处），是中国地质学上有名的"龙王庙地质构造"（图 3-53）。

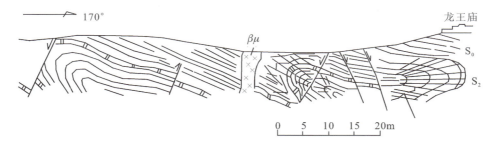

图 3-53　辽宁省大连市金普新区龙王庙寒武系大林子组平卧褶皱及同斜褶皱示意图

该褶皱为东西向，是西伯利亚向华北板块俯冲作用的远程效应，隶属古亚洲域对其影响的范畴，属印支晚期（晚三叠世）变形的产物。为金州以西褶皱推覆构造，发育在太古宙鞍山群与上前寒武系之间，呈向南凸的弧形展布，属于金州-大连区韧性滑脱-褶皱推覆构造。金州-大连区上前寒武系为华北板块第一沉积盖层，其沿下伏的古老结晶基底不整合面发生韧性滑脱运动，沿柔性层发生层间滑动，形成了韧性滑脱构造带和韧性褶皱推覆构造。龙王庙大林子组平卧褶皱属于一种特殊类型的褶皱，包括复杂多变的地质运动形成倒转褶皱、平卧褶皱、线性同斜及拉伸正断层，分布于结晶基底和沉积盖层中。结晶基底与沉积盖层接触带附近的平卧褶皱是识别韧性剪切带的标志之一，盖层中推覆体构造使岩层褶皱逆冲增厚，在推覆结束时向相反方向转化，则拉伸变薄、断裂，形成今天看到的奇观。该遗迹点集海蚀地貌及褶皱构造地貌于一体，是海岸边特有的地貌。

形成该褶皱的岩性为寒武系大林子组粉砂岩，由于干旱炎热的萨布哈环境，强烈的氧化作用而导致岩石形成以红黄色为主的绚丽色彩。其上建有龙王庙，地质景观与人文景观相互融合，评价等级为国家级，见图3-54。

图3-54　辽宁省大连市金州区龙王庙寒武系大林子组褶皱与变形地貌

（2）辽宁省大连市中山区棒棰岛窗棂、石香肠构造。该遗迹位于大连市棒棰岛（图3-55），形成于南华系桥头组（Pt_3^2q，约8亿年前），岩性为石英砂岩。窗棂构造是岩石受到顺层挤压缩短时，较厚的硬石英岩层层面上铸成波状背形，软的板岩则在背形之间发生紧闭的褶皱楔入，在外观上呈现出一系列圆柱体或波伏起伏的浑圆棂柱。窗棂构造在外观上和波痕构造有相似之处，但它们有所不同。波痕是一种沉积构造，在岩石形成前就存在了，只出现在岩石的表面，非常平滑、有规律；而窗棂构造是在岩石形成后，由于构造挤压作用形成的，它弯曲了整个岩层，断续、凌乱，见图3-56。

石香肠构造属于大型线理，多存在于强烈变形的岩石中，由于岩层卷曲、肿缩、破裂、碾滚而形成，它们都因其外在形态而得名，都发生在软硬相间的岩层中，棒棰岛的板岩和石英岩互层，具备其形成的基本条件。岩层受到垂直层面的挤压后，较软的板岩会被压扁并顺着层面向两侧作塑性流动，虽然形状发生改变，但并没有断裂。夹在其中较硬的石英岩不容易塑性变形而被拉断，板岩变形过程中分泌出的物质填充到石英岩断裂形成的缝隙中，或由板岩流入呈褶皱楔入。裂开的石英岩块并列排列，看上去就像一串香肠，香肠断面呈矩形、菱形、藕结形等，见图3-57。

图3-55　辽宁省大连市中山区棒棰岛远眺

图 3-56 辽宁省大连市中山区棒棰岛褶皱与窗棂构造(南华系桥头组)

图 3-57 辽宁省大连市中山区海之韵窗棂构造与棒棰岛石香肠构造(南华系桥头组)

棒棰岛的小构造群非常典型,它是印支运动时期伴随大黑山大型水平韧性滑脱构造的形成,而在新元古界南华系碎屑岩中产生的次级构造。如此典型集中的多种构造形态非常少见,具备很高的地学科普和旅游观赏价值。

此外,老虎滩湾是一处近南北向平移断层断盘北移时留下的海湾,老虎滩则因为老虎洞而得名,老虎洞是一个沿着向东倾伏的背斜核部先压后张的断裂。在老虎滩的半拉山、老虎滩鱼港的东岸都可见断盘北移的断层景观。老虎滩海滩也普遍发育棂构造,棂构造的主棂上还有次级棂柱,并可以见到两期构造的叠加棂柱,形成于南华系桥头组(Pt_3^2q),岩性为石英砂岩,见图3-58。

图3-58　辽宁省大连市老虎滩湾南华系桥头组褶皱与窗棂构造

该遗迹对于研究基岩海岸动力地貌特征具有重要的地学意义,对于研究全新世构造运动、全新世海平面变化等具有重要的科研科普价值,评价等级为省级。

(3)辽宁省大连市金普新区金石滩震积岩(国家级)。古地震作为研究活动断裂的一部分,具有极其重要的意义,首先它延长了地震的记录时间;其次,古地震是证明断裂活动特征的因素之一,是进行断裂分段、活动强度对比、动力学研究等不可或缺的重要内容。

震积岩包括原地系统和异地系统,原地系统自下而上分为液化泥晶脉(A),液化变形形成的震褶岩、震裂岩(震裂破碎)、震塌岩(碳酸盐岩层内的不协调块体)(B),液化作用即将结束与停止后形成的阶梯状断层和地裂缝(C);异地系统包括海啸引起的海(波)浪丘状层和碳酸盐浊蚀层(D、E)。

金石滩震积岩在大连市金石滩,为6.5亿年前震旦系兴民村组(Pt_3^3x)干岛灰岩段中上部的地震遗迹,即下震积岩和2个上震积岩(中间由叠层石礁层分隔)。该地震活动期序列保存完整(A、B、C、D、E),为本区新元古代第三个地震活动期。在岩石未固结以前,由于地震的强烈震动,半凝固的沉积物发生液化作用(喷泥、冒水)而形成了众多弯曲的、近于直立的液化脉,它所表现的最典型的特征就是灰岩中密集而紊乱分布的方解石细脉,这些层内构造均是与地震活动有关联的事件记录。它真实记录了6.5亿年之前的远古地震,表现的标志特征是非常完善和典型的,是国内外对比的重要层位。在北中国板块东部的震旦系中,北起吉林省南部,经辽东半岛(金石滩)、山东中部、南至苏皖北部,均有地震时间记录,这个以现代郯庐带断层部分为界的震旦系地震带可称为古郯庐断裂带,距今有7亿年的历史。

金石滩震积岩以其特殊性及罕见性已成为我国岩石圈结构及其动力学机制领域的重要研究基地。地震活跃期体现了地史时期地震活动的周期性,保存了大量的地震时间记录,因此在一定的古构造带中,根据地层中保存的地震时间记录,可进行大区域的碳酸盐岩地层对比。作为地球深部物质组成信息的载体,对研究揭示地球岩石圈结构和地球深部物质组成,了解地球的形成演化规律,进行大区域的碳酸盐岩地层对比,以及本区地壳的稳定性、地壳结构组成、地震特征及规律、地质构造格局、地质灾害的防治、能源、矿产资源以及水资源的开发利用等具有重要的科研价值和深远的理论意义,见图3-59。

图 3-59　辽宁省大连市金石滩震积岩

运用地质地貌的特征来认识判别构造运动的特征，一般持续的时间大约在上万年，而对于千年左右的构造运动则无法进行准确的判断。地震是局部断裂活动的结果，同时运用古地震活动图像来研究全新世以来区域构造运动的方法，可以弥补地质地貌方法的不足，为现代地壳运动研究开辟了一条新的途径。

金石滩震积岩具成因地层学意义，因其在大连滨海国家地质公园内，得到了很好的保护，评价等级为国家级。

(4)辽宁省大连市中山区白云山庄莲花状构造(国家级)。在大连市白云山庄景区，有 1 朵永开不败的巨大"莲花"，这就是 1956 年著名地质学家李四光发现并命名的我国第 1 个莲花状构造。莲花状构造的形成，是由于它所在的地区遭受到了水平旋扭运动的结果。围绕着白云山庄的东南山地，有几条新月形和环形的深沟，把它周围的山地切割成重重叠叠的环形山岭。构成山地和沟谷的是坚硬的南华系石英岩，石英岩层的山地一般走向北东 60°~70°，倾向北西，倾角很缓，岩层的层理明显。深谷中的石英岩破碎强烈，证明深谷是断层破碎经风化侵蚀造成的。每一条环形深沟都是由垂直的环形横冲断层构成，在这些环形横冲断层的两旁，经常发现分支断裂，这些分支断裂和作为主干断裂的环形断层结合起来便构成"入"字形构造。在深沟的两侧岩层中，也经常出现小型帚状构造和拖拽现象。这些地质现象表明，构成白云山庄莲花状构造的环形断层是近于垂直的扭性断层，并且对每一个旋扭面来说，靠近中央高地方面，即内旋方面是反时针的扭动，而离开中央高地较远的方面，即外旋方面是顺时针扭动。这一莲花状构造的形成，是由于西侧台子山南北向扭性大断层错动，引起白云山庄一带岩层沿大断层相对向南动，导致白云山庄地区发生了顺时针旋扭运动。

一般在莲花状构造的附近都存在扭性大断层，由大断层的相对运动派生出莲花状构造。这种情况就像链条和齿轮的关系，链条带动着齿轮旋转。在莲花状构造的中心都有一个不扭动的砥柱，而其他地区都绕着这个砥柱进行水平的扭动。组成莲花状构造的一圈一圈的弧形构造形迹，反映出大致是同心圆状、似莲花瓣状，在断裂面上常出现大量水平或倾斜的擦痕，它的两旁往往有拖拽的褶皱、节理、劈理或叶理等低序次构造形迹。莲花状构造的核心地块多偏于同心圆状弧形构造形迹的一侧，而且从核心部位的砥柱往外存在一个梗子，这是与其他旋扭构造有着显著区别的特点。这朵永开不败的"莲花"为研究大地构造提供了良好的科研场所，具有重要的科研价值，评价等级为国家级，见图 3-60、图 3-61。

图3-60　辽宁省大连市中山区白云山庄莲花状构造区域地貌景观

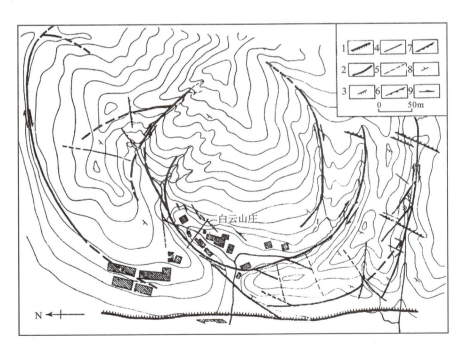

图3-61　辽宁省大连市中山区白云山庄莲花状构造地质简图(引自李四光,1957年)
1.正断层兼平移断层;2.弧形扭断层及入字型断裂面;3.轴近水平的旋扭断面;4.正断层;5.推测断层;6.仰冲断层;7.新华夏系冲断面;8.岩层走向及倾向;9.岩层相对扭动的方向

4. 重要化石产地

化石是古代动植物遗体或遗迹经过长期的地质作用而形成的，它们是保存在岩层中各个地史时期的生物遗体和遗迹，是大自然留给人类最宝贵的财富。它既能为人们研究地球生命起源和演化提供重要的物证，也能帮助人们更加了解古地理、古气候特征，同时不同种类化石的存在也为地质时代的区分提供了有效证据。

辽宁省是我国化石资源大省，化石总量居全国首位，迄今已发现的化石近30个门类，1万多个物种，产地遍布辽宁省各地，见图3-62。辽宁省也是我国地质古生物历史记录最早的省份，鞍山市古老的岩石年龄已有38亿年，弓长岭鞍山群发现的化石也有25亿多年。因此，辽宁省古生物地质遗迹具有时代跨度大、空间分布广的特点。但是，《古生物化石保护条例》强调的重点保护古生物地质遗迹点则集中分布在辽西地区和辽西中生代地层中，尤其是著名的热河生物群、燕辽生物群和阜新生物群的分布地区。因此，辽宁省古生物地质遗迹又有重点比较集中的特点，主要集中在辽西地区。这充分表明当时生物繁茂，同时生物死亡后又能较迅速被埋藏，经地质作用后又没有被破坏，从而演变成化石，显然与这里的生物生存环境和埋藏环境是分不开的。

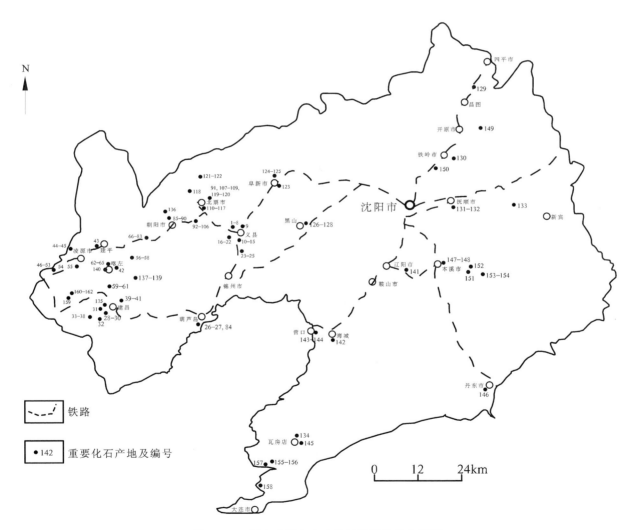

图3-62 辽宁省重点古生物地质遗迹分布简图

当时气候温暖潮湿,既繁育高大的乔木又孕育低矮的草本植物,在这适宜的环境中,各类植物非常繁盛。而大量的裸子植物及裸子植物向被子植物过渡类型的买麻藤类以及被子植物和大量的昆虫等出现,给杂食的恐龙类、鸟类提供了赖以生存的食物来源,各类动物也很繁盛。后由于整个中生代时期,间歇性的火山喷发造成大量火山灰遮云蔽日,各种有毒气体导致了局部气候和环境的周期性恶化,致使生物周期性的集体死亡,大量火山灰的迅速回降使得生物遗体得以快速掩埋,经过了漫长的地质作用形成了各种丰富精美的动植物化石。

辽宁省现已建立了古生物地质遗迹类自然保护区,见图3-63。

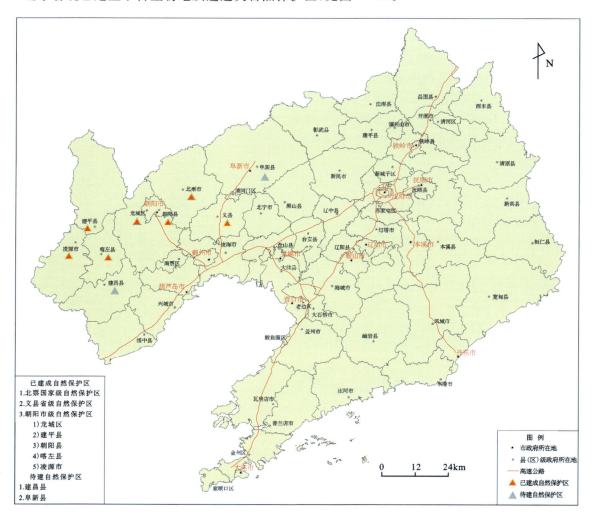

图3-63 辽宁省古生物地质遗迹类自然保护区分布示意图

根据辽宁省古生物地质遗迹分布规律,我们调查了18个重点古生物地质遗迹点,其中属于热河生物群8个,燕辽生物群1个,阜新生物群1个,此外还包括辽南和辽东地区的几个著名的第四系古生物地质遗迹点,以及4个古人类遗址。在实际调查的基础上,结合收集的辽宁省化石资源调查成果资料,对以上重要古生物地质遗迹的空间分布规律进行了总结,重点是辽西热河生物群和燕辽生物群古生物地质遗迹。根据本次调查成果,经过专家分析与鉴评,最终确定重要化石产地类地质遗迹12处,其中古人类化石产地4处,古生物群化石产地2处,古植物化石产地1处,古动物化石产地5处。在12处地质遗迹点中,世界级地质遗迹2处,国家级地质遗迹3处,省级地质遗迹7处,见表3-3。

表 3-3 辽宁省重要化石产地地质遗迹统计表

亚类	序号	遗迹点名称	评价级别
古人类化石产地	1	辽宁省鞍山市海城市小孤山古人类化石产地	省级
	2	辽宁省本溪市本溪县庙后山古人类化石产地	省级
	3	辽宁省营口市大石桥金牛山古人类化石产地	省级
	4	辽宁省喀左县鸽子洞古人类化石产地	省级
古生物群化石产地	1	辽宁省辽西地区燕辽生物群古生物群化石产地	世界级
	2	辽宁省辽西地区热河生物群古生物群化石产地	世界级
古植物化石产地	1	辽宁省大连市金普新区玫瑰园震旦纪叠层石化石产地	国家级
古动物化石产地	1	辽宁省大连市甘井子区茶叶沟古脊椎动物群化石产地	省级
	2	辽宁省大连市甘井子区震旦纪水母动物群古动物化石产地	省级
	3	辽宁省大连市金普新区金石滩寒武纪三叶虫古动物化石产地	国家级
	4	辽宁省大连市金普新区骆驼石古杯化石古动物化石产地	省级
	5	辽宁省大连市金普新区骆驼山第四纪古动物化石产地	国家级

1）古人类化石产地

（1）辽宁省鞍山市海城市小孤山古人类化石产地，位于鞍山市海城市孤山镇孤山村青云山南麓的山崖下，海城河右岸，地处辽东山地丘陵地带，是天然石洞，当地人称为仙人洞。洞口宽敞，洞穴保存完整，洞口朝向南偏西 25°，高 3.2m，宽 6.5m，纵深 23m。山体基岩由前震旦系白云质大理岩、云母片岩、闪长岩等多种岩石组成，地层堆积厚度 6.2m，动物化石和文化遗物出自角砾岩夹黄色粉砂质黏土层中。洞中挖掘出旧石器时代晚期与新石器时代文化遗址和遗物，打制出的石器已发现万余件，骨鱼叉、骨装饰品等在国内外极为罕见。哺乳动物化石已发现有 38 个属种，主要成员是典型的猛犸象-披毛犀动物群属种。地质时代为更新世晚期，年代测定为距今约 5 万年，与北京周口店山顶洞人文化相似。

1975 年 2 月 4 日，考古工作者在这里发现了一些动物化石和石器。1980 年 11 月至 1983 年 7 月正式发掘，发现大批动物化石和大量灰烬，整个洞穴堆积，像一部厚厚的立体档案。1993 年 7 月 26 日至 8 月 10 日，进行了第 3 次发掘，亦有少量古生物化石和石器出土。基本查清该遗址文化层分布状况，为该遗址的综合性科学研究提供了重要资料。

小孤山遗址是目前国内保存最完整的古人类遗址之一，文化内涵极其丰富，在 2001 年被确定为全国重点文物保护单位，具有极高的科学研究价值，评价等级为省级，见图 3-64～图 3-66。

图 3-64 辽宁省鞍山市海城市小孤山遗址洞口

图 3-65 辽宁省鞍山市海城小孤山遗址远景

图 3-66 辽宁省鞍山市海城小孤山遗址近景

(2)辽宁省本溪市本溪县庙后山古人类化石产地,位于本溪县田师傅镇山城子村庙后山,属辽东丘陵山地。洞穴高度相当于洞穴前汤河的第三级阶地,山体基岩由奥陶系马家沟组厚层灰岩组成。1978—1983年先后进行4次挖掘,洞穴内发现大量第四纪哺乳动物化石、打制石器、骨器、用火遗迹和古人类化石,古人类化石包括犬齿、右侧上臼齿、下臼齿各1枚和1段股骨化石。其中右侧上臼齿属老年个体,从体质形态特征和出土层位观察,定为直立人阶段,其他几枚牙齿属于早期智人化石。动物化石包括喜马拉雅旱獭、达呼尔鼠兔、中华貉、普氏河马、河套大角鹿、普氏羚羊、安氏中华河狸、三门马、梅氏犀、杨氏狗、似剑齿虎、仲骨鹿、李氏野猪、硕猕猴等,基本上是华北中更新世典型动物种属,也有少量早更新世甚至第三纪残余种,与周口店第1号地点中下部相似,见图3-67、图3-68。

2012年7月开始新一轮考古发掘,截至2016年7月已经发掘出土石器110件及一定数量的刃类、尖类骨器,还出土了食虫类啮齿动物化石及大量大型动物的碎骨。

该遗址最近经同位素测年法测定为距今50万~5万年,地质时代为中更新世中晚期,这是迄今我国东北地区已知最早的古人类化石地点,也是我国纬度最北的旧石器时代早期遗址。

图 3-67 辽宁省本溪市本溪县庙后山遗址近景

图 3-68　辽宁省本溪市本溪县庙后山动物化石

2006年该遗址被列为全国重点文物保护单位,并归属本溪国家地质公园。庙后山古人类化石的发现,对研究早期人类的分布、体质特征和迁移发展等具有重要的科研价值,而肿骨鹿和三门马等动物化石的出土,则具有划时代的考古意义,评价等级为省级。

(3)辽宁省营口市大石桥市金牛山古人类化石产地,位于辽宁省营口市大石桥市南 8km 的永安镇西田村一个孤立的山丘上,东距渤海湾 20km,是一座由大石桥组白云质灰岩及泥质板岩和云母片岩夹菱镁矿等多种岩石组成的孤立山丘,海拔 69.3m,面积为 0.308km²。为中国东北地区最早旧石器时代古人类遗址,包括 4 个化石地点(编号 A、B、C、D)。

1974—1978 年曾在这里先后进行了 4 次考古发掘,发现了丰富的动物化石,人类用火遗迹——烧骨、烧土和炭屑以及少数打制石器。1986—1988 年,北京大学考古系旧石器时代考古实习队和辽宁省文物考古研究所联合对 A 点进行了 3 次发掘。1984 年 9 月,在 A 点洞穴第 6 层,发现了一批人类化石和用火遗迹,化石有较完整的头骨(缺下颌骨)、脊椎骨、肋骨、筋骨、尺骨、腕骨等共 50 余件,属于一个成年的男性个体,年龄为三十岁至四十岁之间,脑量为 1 390ml,命名为金牛山人,地质时代为中更新世晚期。金牛山发现的这批化石资料之完整,在中国尚属首次。

与金牛山古人类共存的动物化石十分丰富,较重要的包括有变种狼、中国貘、三门马、梅氏犀、肿骨大角鹿、巨河狸、最后斑鬣狗、中华猫、葛氏斑鹿、恰克图转角羚羊、莫氏田鼠和硕猕猴等共 8 目 50 余种,其地质年代属于中更新世至晚更新世早期,距今约 31 万~16 万年。

C 点是一洞穴堆积,位于山的西北坡,1974—1975 年进行了发掘,可分 6 层。在下部地层(第 4 层以下)中,发现有石制品、用火遗迹和大量哺乳动物化石。金牛山出土的石制品用脉石英制成,石核较少,石片较多,以锤击法和砸击法打制。石器有刮削器和尖状器,前者数量多,石器的打片方法、加工方法或类型都与北京人相似。在地层中发现有厚约 30cm 的灰烬层,其上还有两处圆形的灰堆,说明当时人类已具有管理火的能力。灰烬层与灰堆内有大量的烧骨和烧石,烧骨中有较多的兔类、啮齿类和鹿类的肢骨,这些动物都是当时人们狩猎的主要对象。

金牛山人的发现,是继周口店北京猿人之后我国北方旧石器时代古人类研究又一重大发现,对研究古人类的发展、深化,人类的起源、分布及古地理、古气候等具有极高的科学价值,已经得到保护,1988 年被列为全国重点文物保护单位,评价等级为省级,见图 3-69～图 3-71。

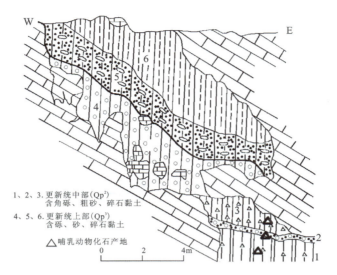

图 3-69 辽宁省营口市大石桥市金牛山洞穴堆积剖面示意图

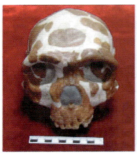

图 3-70 辽宁省营口市大石桥市金牛山人头骨出土现场、头骨及头部复原图

图 3-71 辽宁省营口市大石桥市金牛山遗址

（4）辽宁省喀左县鸽子洞古人类化石产地，位于喀喇沁左翼蒙古族自治县水泉乡瓦房村的西汤山南侧大凌河边两级50余米高的悬崖陡壁上，鸽子洞是处于第二级悬壁上的天然洞穴，因成群的鸽子居洞中而得名。该洞穴是一处旧石器时代文化遗址，1973年、1975年考古工作者对鸽子洞进行发掘，发掘出一批石制品、动物化石，发现用火痕迹，见图3-72。

图3-72　辽宁省喀左县鸽子洞遗址

洞穴由奥陶系灰岩和侏罗系紫红色砂页岩组成，由于地下水溶蚀作用，使这一带灰岩生成袋形和垂直竖井式洞穴，洞内有许多大小不等、形状各异的溶洞。考古工作者将其分为上、中、下3洞，其中下洞又分为A洞和B洞，A洞是鸽子洞人居住的遗址。鸽子洞呈岩厦结构，洞口向东，宽1.8m，洞内纵长15m，最高处18m，最里面有20m² 的"内室"，洞内宽敞明亮，蔽风遮雨。洞前是宽阔的大凌河，河东岸山低坡缓，构成大凌河二级阶地，多灌木丛林，是鸽子洞古人类的狩猎场所。

洞内堆积可分6层，文化遗物主要集中在第2层与第3层，厚达3.2～4.5m。鸽子洞文化层中发现少量人骨化石，从骨骼形态观察和测量情况看，与智人阶段的人类化石相当。鸽子洞出土的文化遗物较为丰富，两次发掘出石制品280余件，制作技术较高，工具的类型、规格、修理石器的方法，与以北京猿人为主体的文化内涵有相继承的关系，说明鸽子洞是北京猿人向东北地区发展的重要一支。与石制品共出的哺乳动物化石共26个种属，说明鸽子洞人类生存环境是处于晚更新世期间的寒冷冰期阶段，见图3-73。

 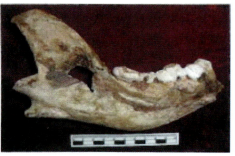

图3-73　辽宁省喀左县鸽子洞发现的上裂齿与下颌骨

鸽子洞应是我国旧石器时代中期遗址中最晚的一处,也是东北地区唯一的一处,地质时代相当于晚更新世中期,距今7万~5万年。鸽子洞遗物代表我国东北地区石器时代中期一个重要文化类型,也是迄今辽西大凌河流域最早的古人类居住址,具有重要的科学价值,1979年被列为省级文物保护单位。遗址与自然景观融为一体,具有观赏性,评价等级为省级,见图3-74。

图3-74 辽宁省喀左县鸽子洞遗址远景

2)古生物群化石产地

(1)辽宁省辽西地区燕辽生物群古生物群化石产地(世界级),冀北-辽西(燕-辽)的早—中侏罗世时期,气候温暖湿润、河湖密布、森林茂密,留存至今的动植物化石十分丰富。洪友崇(1983)命名了燕辽昆虫群,任东(1995)将其含义扩大为燕辽动物群,孙革等(2011)将辽西及其邻区冀北、内蒙古自治区宁城县等地的侏罗纪生物群统称为侏罗纪燕辽生物群。燕辽生物群距今1.9亿~1.5亿年,与辽西地区的侏罗系遥相呼应,其中主要以中侏罗世地层为主。

辽西凡是有中侏罗世地层的地区都发现过燕辽生物群,主要地层为海房沟组(J_2h)、髫髻山组(J_2t)。最发育的地点为葫芦岛市建昌县玲珑塔大西山,其次是葫芦岛市连山区三角城、朝阳北票羊草沟等地区。其中建昌县玲珑塔大西山地区发现的化石最多、保存最好、属种最全,是燕辽生物群的典型代表地区。

从早侏罗世兴隆期开始到中侏罗世髫髻山期(兰旗期)至少有4期火山喷发,其中有3~4次间歇。在间歇期气候温暖湿润,适合动植物的生长发育,因此出现丰富的无脊椎动物和脊椎动物,有带羽毛的恐龙、徐氏曙光鸟,也出现了一些哺乳动物。同时植物也比较繁盛,开始出现被子植物。

动物化石包括无脊椎动物如双壳类、腹足类、介形类、叶肢介类、昆虫类;脊椎动物如鱼类、爬行类、恐龙类、鸟类以及两栖类、哺乳类等。双壳类有 Shanxiconcha clinouata Liu(斜卵陕西蚌)、Ferganoconcha cf. sibirica(西伯利亚费尔干蚌);腹足类有 Viviparus sp(未定种田螺);双壳类和腹足类在地质历史上演化缓慢,上述属种多延入晚侏罗世—白垩纪。

介形类化石非常丰富,主要以速足目(Podocopida)中的达尔文介(Darwinula)为主,其次有 Timiriasevia(季米里亚介)、Djungarica(准葛尔介)、Mongolianella(蒙古介)等,其中以 Darwinula 为主,如 Darwinula linglongtaensis sp. nov.(玲珑塔达尔文介)为代表多达15种之多,组成以 D. sarytirmenensisi - D. impudica - T. gracilis 为主的组合,该组合以原地埋藏类群为主,代表浅水湖泊水域环境,时代为中侏罗世。

叶肢介化石主要为 *Euestheina*（真叶肢介），如 *E. ziliujingensis*（直流井真叶肢介）、*E. jngyuanensis*（靖远真叶肢介），王思恩（2014）经深入研究，将上述化石定名为 *Tinzhuestheria janchangensis*（建昌天祝叶肢介），地质年代均为中侏罗世。

燕辽生物群的昆虫化石异常丰富，昆虫类化石主要有 *Amnifleckia* sp. 和 *Angustiphlebia* sp.（中文属名待译），另有 *Mesorphidia* sp.，该属与王五力（1987）所定的 *Sinoinocella liaoxiensis*（辽西中国盲蛉）的形态特征相似，由于王五力的定名尚未推广，故暂用前者。其地质年代为中侏罗世，层位为海房沟组、髫髻山组，见图 3-75。

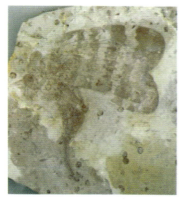

图 3-75　辽宁省辽西地区燕辽生物群昆虫化石

古脊椎动物化石十分发育，由恐龙、翼龙、鸟类、哺乳类、龟鳖类、鱼类组成。

鱼类有 Palaeonicodei（fam. et. gen. indet.）古鳕鱼亚目和 Ptycholepeidei（fam. et. gen. indet.）褶鳞鱼亚目，鱼类显示比较原始。地质年代为中侏罗世。

爬行类中有龟鳖亚纲的新疆龟（*Xinjiangchelys*），该龟首次发现于新疆，时代为中—晚侏罗世（距今 1.5 亿年）。孙革（2011）《30 亿年来的辽宁古生物》仅报道燕辽生物群代表有 *Xinjiangchelys*，而没有说明产地和层位，且化石保存不完整。2014 年采集到的该类化石有准确化石产地（建昌玲珑塔大西山）和层位（建昌玲珑塔大西山髫髻山组），该化石为辽宁省地质勘察院王敏成等采集并经周长付博士鉴定的 *Xinjiangchelys* 带后肢和边缘板的标本，是目前最完整的龟化石标本。

初龙形次亚纲化石为沈阳师范大学采集，并经周长付博士鉴定的赫氏近鸟龙（*Anchiornis huxleyi*. xu et al），为世界最早的带羽毛恐龙。2014 年辽宁建昌古生物调查时，辽宁地质勘查院也采集到了该化石，徐星（2009）初定该属就说该化石与鸟类有亲缘关系。在大西山髫髻山组（J_2t）发现的赫氏近鸟龙保存完好,研究价值极高。徐星(2011)在建昌大西山发现郑氏晓廷龙,长有羽毛,与德国始祖鸟相似,提出"始祖鸟不是鸟,而是恐龙",同时提出建昌发现的徐氏曙光鸟(*Auronis ui* Godefroit et al.)是迄今世界最早的鸟。目前难以肯定该化石是恐龙还是鸟。王敏成在建昌古生物调查时根据化石特征看有恐龙的特征,为尾椎骨发育,多达20多节,鸟类没有这个特征。恐龙尾椎骨发育有3个作用:①恐龙奔跑过程需要平衡,它是平衡器;②恐龙与同类或其他动物有争斗,它可以作为武器;③恐龙如果休息停留,尾和后肢可以作三支顶立坐式停留。另外从颈椎发育达10节以上看,也是恐龙的特征,便于转动头部,便于取食。像鸟的特征是前后肢具爪状趾;胸骨发育并向前圆凸。徐氏曙光鸟能否取代德国始祖鸟为世界上最早、最原始鸟的地位应值得商榷,所以对燕辽生物群的研究意义是非常重要的。

翼龙类化石在大西山曾发现10个属种,以玲珑塔达尔文翼龙 *Darwinapterus linglongtagensis* 为代表,均为滑翔的恐龙类,时代为中侏罗世。

哺乳类有(*Juramaia sinesis* luo)(中华侏罗兽)、*Rugaosodon eurasiaticus* yan. et al.(欧亚皱纹齿兽),前者被称为"来自中国的侏罗纪母亲",是世界上最早的哺乳动物。

植物化石是燕辽生物群中最主要的门类,数量十分丰富,迄今已发现30余属50种,主要有 *Coniopters hymenoylloides* (Bronsniart) seward(膜蕨型椎叶蕨), *Ginkgo obrutschewi*(奥勃鲁契夫银杏)等。最重要的是 *Yanliaoia sinensis* pan(中华燕辽杉),它是中侏罗世植物的典型代表。中国著名古植物学家潘广(1997)在葫芦岛市连山区三角城发现 *Ptenocaya sinopten* pan(中华枫杨),在1990年发现并报道马甲子属及辽西枣属,它们均为开花的被子植物,其产出层位为中侏罗统海房沟组,这比孙革在热河生物群发现的辽宁古果早15年,化石年代也提早了2千万年,因此说燕辽生物群是被子植物起源的生物群,时限为1.6亿年前,见图3-76。

图3-76 辽宁省辽西地区燕辽生物群植物化石

建昌县玲珑塔大西山髫髻山组,赋存典型中侏罗世生物群代表,该地区位于辽西中生代金(金岭寺)-羊(羊山)盆地的南缘,该盆地长轴约180km(北东-南西),短轴约45km,(北西-南东),盆地的北缘是著名的、典型的热河生物群地质遗迹区(北票四合屯、尖山子、黄半截沟、陆家屯),南北2个生物群遗迹区同为一个盆地内,地区是相通的,生物群是相连的,前者地质年代为中侏罗世,时限为1.6亿年,后者地质年代为早白垩世,时限为1.4亿~1.2亿年。前者有带羽毛的恐龙(近鸟龙)和正在研究的徐氏曙光鸟,后者有真正的鸟类(以孔子鸟为代表);前者有被子植物中华枫杨和马甲子、辽西枣,后者有被子植物辽宁古果和中华古果。这些实际资料,完全证实燕辽生物群和热河生物群是传承的。

赫氏近鸟龙(Anchiornis huxleyi)在建昌玲珑塔大西山的中侏罗统髫髻山组中发现,其研究成果发表于2009年10月1日出版的英国《自然》杂志,引起了国际学术界的高度关注。赫氏近鸟飞羽相对小,羽轴纤细,羽片对称,尖端钝圆,更奇特的是其趾爪以外的趾骨上都被有羽毛,足羽被认为代表着鸟类演化过程中的一种原始状态。赫氏近鸟也具有"4个翅膀",进一步支持了恐龙演化曾经过"4翼阶段"的假说,为鸟类起源于兽脚类恐龙假说提供了有力的证据,见图3-77。

图3-77 赫氏近鸟龙化石及其复原图
(a)赫氏近鸟龙化石;(b)赫氏近鸟龙复原图(Xing et al)

燕辽生物群具有超高的科学研究价值，其产生的经济与社会价值是不可估量的。其中的化石都是自然形成的，保留着原始古生物体态特点，为世界罕见，大西山-松树底中侏罗世化石具备典型性、稀有性、自然和原始性。该地质遗迹区为世界级地质遗迹区，见图3-78。

图3-78　燕辽生物群化石核心产地——辽宁省建昌县玲珑塔大西山

（2）辽宁省辽西地区热河生物群古生物群化石产地（世界级），1932年葛利普（Grabau A.U）将辽西凌源县附近（原属热河省）发现的含化石地层命名为热河系，1962年顾知微把辽西地区含狼鳍鱼（Lycoptera）岩系称为热河群，并将以含狼鳍鱼-东方叶肢介-三尾拟蜉蝣为代表的化石群称为热河生物群（严格说为热河动物群，加上植物化石才圆满）。

近20几年对热河生物群的研究取得了突破性的进展，在辽宁省朝阳市、北票市、凌源市、锦州市义县、葫芦岛市建昌县等地，先后发现鸟类、翼龙、离龙、两栖动物、龟鳖类、哺乳类等动物化石，引起国内外专家学者的高度关注和重视，同时丰富了热河生物群的研究内容，揭示热河生物群组成的多样性。

热河生物群的演化包括大北沟期（早期萌发阶段）、义县期（中期辐射演化阶段）、九佛堂期（晚期萎缩消亡阶段）3个阶段。

热河生物群从义县期（狭义的义县组，只是现在义县组的早期；广义的义县组包括义县组、金刚山组、建昌组）到九佛堂期，最少有5次火山喷发，5次间歇。在间歇期，气候温暖湿润，大量的脊椎、无脊椎动物及植物繁盛，同时出现了被子植物，如中华古果、辽宁古果等。义县期几乎包括了目前已发现的热河生物群的所有门类，是热河生物群发展的高峰期和快速辐射期。以孔子鸟、中华龙鸟、中华狼鳍鱼、东方叶肢介、辽宁女星介生物组合为代表。分布范围以燕辽地区为中心，扩展至以中国北方为主体的东亚地区。

热河生物群在辽宁省的主要分布地点有北票四合屯、尖山子、黄半截沟、朝阳波罗赤、胜利（梅勒营子）、凌源范杖子、大王杖子、建昌喇嘛洞喇嘛沟、肖台子、上五家子、下五家子、要路沟、义县宋八户—马神庙一带。产出的地层为下白垩统义县组、九佛堂组；辽西凡有这两个组的地方，都有热河生物群化石产出，而上述多个产地是典型的热河生物群的地质遗迹范围。义县组至少有4个化石层，依次为尖山子化石层、上园化石层、大康化石层、金刚山化石层。

由于义县组火山喷发多为凝灰质，且频繁喷发速度快，这些动植物在突发灾变事件中突然遇险，非正常集体死亡，尸体经过短距离的水体（湖面）悬浮搬运，快速沉积于半深湖、深湖净水还原环境，并被大量火山灰（尘）快速埋藏，使得化石得以完整、集中的保存，形成了热河生物群的特征。

无脊椎动物腹足类、双壳类、叶肢介类和昆虫类等近 10 个门类，昆虫的种属大量发现，如义县组的钩形褶柱螺-维季姆前贝加尔螺（Ptychostylus harpaeformis - probicalia uitmensis），纺垂形始褶裂螺—辽西田螺（Eozaptychius fusoides - Viviparus liaoxiensis）为代表的腹足类组合化石，九佛堂组为土龙山肩螺-皮家沟膀胱螺（Campeloma tulongshanensis - physa pijiagouensis）为代表的腹足类组合化石；双壳类以凌源额尔古纳蚌-热河球螺（Argunieia lingyuanersis - sphaeriunjeholense）为义县组的代表化石，九佛堂组以九佛堂蒙阴蚌-长中村蚌（Mengyinana jiufutangensis - Nakamuranaia elongata）为代表的化石；介形类化石主要以女星介（Crpridea）为代表的化石，义县组-九佛堂共计 5 个组合带；叶肢介主要为东方叶肢介的 5 个种组合（Eoestheria）；昆虫类以三尾拟蜉蝣-多宝中国蜓（Ephemeropsis triselis - sinveschnidia concellosa）组合为代表的化石。

脊椎动物化石相当丰富，热河生物群的代表化石为狼鳍鱼（Lycoptera）多个种，另有原白鲟（Protopsephurs）多个种；恐龙为中华龙鸟及原始祖鸟（Protarchaeopterya）、尾羽龙（Caudipteryx）、北票龙（Beipiaosaunis）、中国鸟龙（Sinovnithosauns）；翼龙类以辽宁翼龙（Liaoningopterus）为代表。鸟类化石十分丰富，迄今已发现 23 属 26 种，代表鸟类历史上第一次大规模的辐射演化，其演化过程为原始基干鸟类—反鸟类—今鸟类，其代表为孔子鸟（Confuciusornis）、长城鸟（Cangchengornis）、锦州鸟（Jinzhouornis）、热河鸟（Jeholornis）等；反鸟类有大平房鸟（Dapingangornis）、长翼鸟（Longpienyx）、长喙鸟（Longirostravis）、华夏鸟（Cafhayornis）；今鸟类有辽宁鸟（Liaoningornis）、松岭鸟（Songlingornis）、燕鸟（Yanornis）、义县鸟（Yixianornis）等。

热河生物群植物化石十分丰富，目前已发现的至少有 50 余属 100 余种，主要包括蕨类、本内苏铁类、茨康类、银杏类、松柏类以及买麻藤类等。既有高大的乔木，又孕育低矮的植物，其中硅化木化石随处可见。植物的大量繁盛为杂食的恐龙类、鸟类提供赖以生存必不可少的食物来源和理想环境。其中较重要的化石为奇异夏家街蕨（Xiajiajieramirabila）、薄氏辽宁枝（Liaoningocladus boii）、刚毛茨康叶（Czekanowiskia setacea）、美丽威廉姆逊（Willanmsonia bella）、热河似查米亚（Rehecamites）、北票果（Beipiaoa）、热河裂鳞果（Schizolepis jehoensis）等。更重要的是热河生物群内发现了早期被子植物化石，首现于 1998 年，在朝阳的北票上园距今 1.45 亿年的地层中，发现了迄今为止世界上最早的花——辽宁古果（Archaefructus liaoningensis），为被子植物的果枝化石，其种子被果实包藏，可以被确认为可靠的被子植物，被称为"第一朵花"。它的发现代表了最古老的被子植物的出现，它较以往国际公认的最早被子植物出现的时期要早 1 500 万年以上！其后是中华古果（Archaefructus sinesis）、十字里海果（Hycantha decussale）、李氏果（Leefructus），分别被称为"第二朵花""第三朵花""第四朵花"，其层位为义县组，时限为距今 1.25 亿年的早白垩世中期。

热河生物群是闻名中外的生物群，是一个世界级古生物宝库，而辽西中生代地层堪称是热河生物群演化的百科全书。其内容相当丰富，化石极为完美，是研究鸟类、恐龙类、哺乳类的基地，是鸟、龙的大花园，是早期被子植物的摇篮。这些众多的远古生灵的遗骸，数量之丰富、保存之精美、研究价值之巨大，在世界上独一无二。它们不仅忠实地记录地球生命演化史上的一个非常重要的阶段，而且告诉人们在距今 1.5 亿年到 1 亿年左右地球所发生的天翻地覆的变化。研究表明，热河生物群至少涵盖了鸟类、哺乳类和被子植物的起源与演化这 3 个重要的科学问题。通过古生物学家长期艰苦的努力，这些问题的神秘面纱正在慢慢被揭开。

热河生物群是在较短时间内，快速辐射演化发展起来的。辽西地区大量化石的发现，真实地记录白垩纪陆相生物的一次重大辐射演化事件。公元 79 年，意大利维苏威火山（Mount Vesuvius）的强烈喷发毁灭了有几百年历史的庞贝城（Pompeii）。当 1748 年人们重新发现这个古城时，那里的人、物、动物已经被永远地固结在厚厚的火山灰中。热河生物群的集群死亡,也同样与火山喷发有关。于是,有的学者把热河生物群化石富集的辽西地区喻为"中生代的庞贝城",就是因为那里记录着距今1亿多年前的热河生物群的兴衰历史。

以该生物群的实际内容建起多个世界级的古生物博物馆。1996年以来,已有美、英、德、法、日等几十个国家的千余名古生物学家前来参观考察,国内的专家也已达几千人次。辽西地区已成为全球古生物研究的中心,是世界的化石宝库。美国著名古鸟类专家耶鲁大学教授奥斯特隆(John Ostrom)考察过北票四合屯化石产地后,称赞这些沉积和这些化石,不仅是中国的财富,也是世界的财富。

辽西地区俨然成为化石王国,因此辽西义县组、九佛堂组分布的地方地质遗迹级别极高,其中北票四合屯、尖山子、黄半截沟、朝阳上河首、义县金刚山、建昌喇嘛洞、要路沟等地与之相应的地质遗迹应均为世界级地质遗迹区(点)。在这个世界级化石宝库中,生物群呈水、陆、空爆发性辐射演化,不同类群和同一类群中原始和进步的种类共生。周期性的火山喷发导致生物周期性的大量死亡可能不仅仅是灾难,而有可能更利于促进生物快速的辐射演化。因此,对这一生物群的发生、发展、灭绝、复苏和辐射,与古地理、古气候,以及与火山频繁喷发制约关系的深入研究,可为进一步揭开东亚中生代晚期以来的环境变化规律,提供宝贵的科学依据,见图3-79～图3-87。

图3-79　朝阳鸟化石世界地质公园内的原地剖面

图3-80　北票四合屯化石产地原址

图3-81　辽宁省凌源市大王杖子鱼化石产地

图3-82　辽宁省朝阳市波罗赤下湾子化石产地

由于义县组火山喷发多为凝灰质，且频繁喷发速度快，这些动植物在突发灾变事件中突然遇险，非正常集体死亡，尸体经过短距离的水体（湖面）悬浮搬运，快速沉积于半深湖、深湖净水还原环境，并被大量火山灰（尘）快速埋藏，使得化石得以完整、集中的保存，形成了热河生物群的特征。

无脊椎动物腹足类、双壳类、叶肢介类和昆虫类等近10个门类，昆虫的种属大量发现，如义县组的钩形褶柱螺-维季姆前贝加尔螺（*Ptychostylus harpaeformis - probicalia uitmensis*），纺垂形始褶裂螺—辽西田螺（*Eozaptychius fusoides - Viviparus liaoxiensis*）为代表的腹足类组合化石，九佛堂组为土龙山肩螺-皮家沟膀胱螺（*Campeloma tulongshanensis - physa pijiagouensis*）为代表的腹足类组合化石；双壳类以凌源额尔古纳蚌-热河球螺（*Argunieia lingyuanersis - sphaeriunjeholense*）为义县组的代表化石，九佛堂组以九佛堂蒙阴蚌-长中村蚌（*Mengyinana jiufutangensis - Nakamuranaia elongata*）为代表的化石；介形类化石主要以女星介（*Crpridea*）为代表的化石，义县组-九佛堂共计5个组合带；叶肢介主要为东方叶肢介的5个种组合（*Eoestheria*）；昆虫类以三尾拟蜉蝣-多宝中国蜓（*Ephemeropsis triselis - sinveschnidia concellosa*）组合为代表的化石。

脊椎动物化石相当丰富，热河生物群的代表化石为狼鳍鱼（*Lycoptera*）多个种，另有原白鲟（*Protopsephurs*）多个种；恐龙为中华龙鸟及原始祖鸟（*Protarchaeopterya*）、尾羽龙（*Caudipteryx*）、北票龙（*Beipiaosaunis*）、中国鸟龙（*Sinovnithosauns*）；翼龙类以辽宁翼龙（*Liaoningopterus*）为代表。鸟类化石十分丰富，迄今已发现23属26种，代表鸟类历史上第一次大规模的辐射演化，其演化过程为原始基干鸟类—反鸟类—今鸟类，其代表为孔子鸟（*Confuciusornis*）、长城鸟（*Cangchengornis*）、锦州鸟（*Jinzhouornis*）、热河鸟（*Jeholornis*）等；反鸟类有大平房鸟（*Dapingangornis*）、长翼鸟（*Longpienyx*）、长喙鸟（*Longirostravis*）、华夏鸟（*Cafhayornis*）；今鸟类有辽宁鸟（*Liaoningornis*）、松岭鸟（*Songlingornis*）、燕鸟（*Yanornis*）、义县鸟（*Yixianornis*）等。

热河生物群植物化石十分丰富，目前已发现的至少有50余属100余种，主要包括蕨类、本内苏铁类、茨康类、银杏类、松柏类以及买麻藤类等。既有高大的乔木，又孕育低矮的植物，其中硅化木化石随处可见。植物的大量繁盛为杂食的恐龙类、鸟类提供赖以生存必不可少的食物来源和理想环境。其中较重要的化石为奇异夏家街蕨（*Xiajiajieramirabila*）、薄氏辽宁枝（*Liaoningocladus boii*）、刚毛茨康叶（*Czekanowiskia setacea*）、美丽威廉姆逊（*Willanmsonia bella*）、热河似查米亚（*Rehecamites*）、北票果（*Beipiaoa*）、热河裂鳞果（*Schizolepis jehoensis*）等。更重要的是热河生物群内发现了早期被子植物化石，首现于1998年，在朝阳的北票上园距今1.45亿年的地层中，发现了迄今为止世界上最早的花——辽宁古果（*Archaefructus liaoningensis*），为被子植物的果枝化石，其种子被果实包藏，可以被确认为可靠的被子植物，被称为"第一朵花"。它的发现代表了最古老的被子植物的出现，它较以往国际公认的最早被子植物出现的时期要早1 500万年以上！其后是中华古果（*Archaefructus sinesis*）、十字里海果（*Hycantha decussale*）、李氏果（*Leefructus*），分别被称为"第二朵花""第三朵花""第四朵花"，其层位为义县组，时限为距今1.25亿年的早白垩世中期。

热河生物群是闻名中外的生物群，是一个世界级古生物宝库，而辽西中生代地层堪称是热河生物群演化的百科全书。其内容相当丰富，化石极为完美，是研究鸟类、恐龙类、哺乳类的基地，是鸟、龙的大花园，是早期被子植物的摇篮。这些众多的远古生灵的遗骸，数量之丰富、保存之精美、研究价值之巨大，在世界上独一无二。它们不仅忠实地记录地球生命演化史上的一个非常重要的阶段，而且告诉人们在距今1.5亿年到1亿年左右地球所发生的天翻地覆的变化。研究表明，热河生物群至少涵盖了鸟类、哺乳类和被子植物的起源与演化这3个重要的科学问题。通过古生物学家长期艰苦的努力，这些问题的神秘面纱正在慢慢被揭开。

热河生物群是在较短时间内，快速辐射演化发展起来的。辽西地区大量化石的发现，真实地记录白垩纪陆相生物的一次重大辐射演化事件。公元79年，意大利维苏威火山（Mount Vesuvius）的强烈喷发毁灭了有几百年历史的庞贝城（Pompeii）。当1748年人们重新发现这个古城时，那里的人、物、动物已经被永远地固结在厚厚的火山灰中。热河生物群的集群死亡,也同样与火山喷发有关。于是,有的学者把热河生物群化石富集的辽西地区喻为"中生代的庞贝城",就是因为那里记录着距今1亿多年前的热河生物群的兴衰历史。

以该生物群的实际内容建起多个世界级的古生物博物馆。1996年以来,已有美、英、德、法、日等几十个国家的千余名古生物学家前来参观考察,国内的专家也已达几千人次。辽西地区已成为全球古生物研究的中心,是世界的化石宝库。美国著名古鸟类专家耶鲁大学教授奥斯特隆(John Ostrom)考察过北票四合屯化石产地后,称赞这些沉积和这些化石,不仅是中国的财富,也是世界的财富。

辽西地区俨然成为化石王国,因此辽西义县组、九佛堂组分布的地方地质遗迹级别极高,其中北票四合屯、尖山子、黄半截沟、朝阳上河首、义县金刚山、建昌喇嘛洞、要路沟等地与之相应的地质遗迹应均为世界级地质遗迹区(点)。在这个世界级化石宝库中,生物群呈水、陆、空爆发性辐射演化,不同类群和同一类群中原始和进步的种类共生。周期性的火山喷发导致生物周期性的大量死亡可能不仅仅是灾难,而有可能更利于促进生物快速的辐射演化。因此,对这一生物群的发生、发展、灭绝、复苏和辐射,与古地理、古气候,以及与火山频繁喷发制约关系的深入研究,可为进一步揭开东亚中生代晚期以来的环境变化规律,提供宝贵的科学依据,见图3-79~图3-87。

图3-79 朝阳鸟化石世界地质公园内的原地剖面

图3-80 北票四合屯化石产地原址

图3-81 辽宁省凌源市大王杖子鱼化石产地

图3-82 辽宁省朝阳市波罗赤下湾子化石产地

第三章　地质遗迹调查

图 3-83　朝阳鸟化石世界地质公园内部保存的中华龙鸟化石

图 3-84　圣贤孔子鸟

圣贤孔子鸟
产地：中国辽宁省北票市
时代及层位：早白垩世义县组

产地：中国辽宁省朝阳市波罗赤镇
时代及层位：早白垩世九佛堂组
学名由来：属名Boluoci为该鸟化石产地名，种名zhengi为纪念已故的中国鸟类学家郑作新院士
基本特征：为小型反鸟类鸟，嘴前端钩曲，胸骨已具有龙骨突，但不发育，跗骨三个趾骨滑车高度比较接近，趾爪强烈钩曲，末端尖锐，爪长超过其他趾节长，尾综骨长，可能以树栖生活为主，习性较为凶猛

图 3-85　郑氏波罗赤鸟

图 3-86　热河生物群的代表物种
1. 东方叶肢介；2. 三尾拟浮游；3. 狼鳍鱼

3) 古植物化石产地

辽宁省大连市金普新区玫瑰园震旦纪叠层石化石产地（国家级），该遗迹点现保存于大连市金普新区金石滩国家地质公园中的玫瑰园景区内，受到了保护，因叠层石呈紫色，形状又酷似朵朵盛开的玫瑰，因此当地命名为玫瑰石。

化石产出层位为震旦系十三里台组（$Pt_3^3 s$）紫色、红色叠层灰岩中，叠层石以巨厚层状紫红色礁体出现，形态复杂，一般较大，多数具有特征壁鞘，柱体无檐，分叉复杂，微构造以不规则带状、断续带状、凝块状为主，粒状、团粒状显微构造。主要代表分子为 *Clavaphyton bellum*，*Gymnosolen* cf.，*Bacalia* cf. *rara* 等。

图 3-87　辽宁古果

震旦纪正是海洋无脊椎生物大爆发的前夜，藻类达到鼎盛，当时的海洋内，到处都是藻礁或藻席。当时叠层石的生长环境极为多样，从海滨潮间带（海水涨落潮时，高潮线和低潮线之间的部分）至潮下带（低潮线以下的部分），从海洋至淡水湖泊都有分布。叠层石是在某些特定环境中由于生物的活动连同各种物理、化学作用所造成。一方面是具黏液质的微小的单细胞藻类活动，主要为蓝藻和绿藻的复杂组合，其间混有少量细菌和真菌；另一方面由沉积颗粒、藻类捕获（藻类捕捉的食物）和黏结沉积颗粒而形成。藻层和矿物交互沉积形成一层叠一层或一层套一层的生物沉积构造。它不是单一的物种群体，而是小的生物群落。叠层石的基本结构单元为基本层，基本层互相叠合或套合形成柱体，由叠层石柱体不断增长或分叉形成叠层石体。基本层由暗层和亮层两部分组成。亮层由结晶粗大的碳酸盐类矿物组成。暗层的基本成分有 3 个：一是由藻类生命活动黏附的碳酸盐矿物集合成的泥晶斑点或团块；二是藻类进行光合作用时释放气体形成空泡腔；三是藻类化石本身。基本层亮层和暗层的形成周期，是藻类生命活动和物理沉积交替进行的结果。它所显示的是月周期还是年周期目前还没有定论。

玫瑰园的叠层石对地质专家研究大连地区地质时期（震旦纪）的沉积作用和考证古地理环境，都起到了重要的作用。经过距今 4.4 亿～4 亿年的志留纪后，叠层石开始衰落，目前只有澳大利亚、中美洲、中东等地的一些人迹罕至的海湾和湖河中才有少量的现代叠层石存在。现在的环境之所以不能形成叠层石有 3 个因素：首先是地理环境的变化，在泥盆纪以后，地表海变小，没有了稳定的生成环境；其次是生存环境的变化，由于鱼类数量的增多，藻类位于食物链的末端，成为鱼类等生物的食物，数量减少，不容易形成大量的化石；最后是人为因素，人类在海边的活动，影响了海边的环境，使单细胞的藻类不容易生存。正是由于现在叠层石的稀少，增加了它的研究价值。同时由于玫瑰园叠层石形态的特殊，极大地增加了叠层石的观赏价值，更有利于地学科普活动的开展。人民大会堂辽宁厅即用了十三里台组的叠层石大理石，俗称"东北红"。本遗迹点评价等级为国家级，见图 3-88。

4) 古动物化石产地

（1）辽宁省大连市甘井子区茶叶沟古脊椎动物群古动物化石产地，该洞穴堆积由王敏成于 1986 年发现，位于大连市甘井子区革镇堡镇茶叶沟村北山洞穴内，洞口海拔标高 50m。茶叶沟村北山是一座高不足百米，北东至南西延伸的低丘。洞口朝阳，洞穴东西走向，推测洞长 50m，由于采石已遭到破坏，现仅存长 4m，高 2.5m。化石点南 200m 处为山间小盆地，化石点北 200m 为渤海。洞穴围岩为甘井子组白云质灰岩（$Pt_3^3 g$），岩石具可溶性，裂隙发育。温湿的气候条件和丰富的地下水等因素促使洞穴逐渐形成，并在晚更新世时期沉积了黏土和砾石层。碳酸盐水溶液沉淀物充填其中，使其固结成块状。并见有石灰华，呈菊花状，黏土呈棕红色、黄色混杂于砾石中。砾石多为灰色、灰白色灰岩、白云岩,质软,呈粉末状,似焙烧过的石灰,脊椎动物化石就产在这种堆积物中,堆积物最大厚度1.5m。经王敏成等(1991)研究确定古脊椎动物化石6属6种,构成一个古脊椎动物群。与北京山顶洞人遗址动物群特征相似,时代为晚更新世,见图3-89。

图3-88 辽宁省大连市金石滩国家地质公园玫瑰园叠层石化石

图3-89 辽宁省大连市甘井子区茶叶沟古脊椎动物群化石产地

茶叶沟古脊椎动物群的发现具有重要意义。该脊椎动物群明显地反映了华北脊椎动物群和东北脊椎动物群的过渡性质,它的发现和研究,无疑为辽东半岛,特别是大连地区第四纪地层的划分和对比提供了资料,为华北、东北至朝鲜半岛和日本列岛第四纪哺乳动物与鸟类的迁徙及气候变化等问题的研究提供了重要资料。洞穴中发现人工打击过的骸骨,是人类用刃器(至少应是石刀、石斧)打击而成,说明当时的大连古人类已经开始使用工具捕获动物。从堆积物中发现类似焙烧过的白色灰岩,很可能表明当时人类已经用火了。茶叶沟洞穴生物群特点可与本溪庙后山、营口金牛山、海城小孤山、东沟前阳、瓦房店古龙山及辽西鸽子洞等洞穴堆积相对比。第四纪晚更新世,大连地区的自然条件远远好于辽宁西部和东北部,气候温暖,植物茂盛,动物繁多,地质条件也很优越,石灰岩溶洞较多,是古人类的良好居所。大连地区很可能是东北地区古人类南迁北移的重要地域,是古人类由古中国向古朝鲜、古日本迁移的链桥和通道。

遗址目前处于无人管理状态,随时可能遭受破坏。

(2) 辽宁省大连市甘井子区震旦纪水母动物群古动物化石产地,位于大连市甘井子区南关岭街道棋盘磨村兴民村组地层中,兴民村组中部黄褐色、灰褐色页岩地层当中,有2个层位,上层厚2cm,下层厚3cm,中间相隔50cm。另外在羊圈子也有发现,厚3m,在杨屯也有发现,且个体小,形状多样。据王敏成(1990—1991)研究,水母类化石有 Cyclmedusa qipanmoensis(棋盘磨环轮水母)、Ellipsomedsa liaonanensis(辽南椭形水母)、Quadratimedasa liaoningensis(辽宁方形水母)等。兴民村组中的这类化石归入水螅目埃库里水母科内,命名为大连水母动物群,大致相当于澳大利亚的埃迪卡拉动物群。水母动物群化石的发现进一步证明了大连地区震旦系的存在,并可与苏联文德期地层和澳大利亚南部维尔盆地群对比,为我国震旦系在地层表中成为国际性的地层单元提供了有力的化石证据,具有重要的地层意义,见图3-90。

图3-90 辽宁省大连市甘井子区棋盘磨环轮水母动物群化石产地

该化石产地邻近海边,因旅游开发及城市发展建设,化石产地遭受很大的破坏,现仍处于无人管理状态。随着大连市滨海公路的进一步建设,该化石产地有消失的可能。

(3) 辽宁省大连市金普新区金石滩寒武纪三叶虫古动物化石产地(国家级)。大连地区寒武系三叶虫化石丰富,种类繁多。大连市金普新区金石滩寒武纪三叶虫化石产地位于大连市金普新区金石滩街道庙上村,主要产自寒武系馒头组猪肝色页岩中。寒武纪早期三叶虫以中华莱氏虫(Redlichia chinensis)、椭圆头虫科(Ellipsocephalidae)、褶颊虫科(Ptychopariidae)为主,特点主要表现在头鞍长、眼叶长而弯、头鞍沟多而显、胸节多而深,尾小节少。保存头、胸、尾较全的具有观赏性,常被当地居民偷采出售。寒武纪中期三叶虫类型猛增,褶颊虫科(Ptychopariidae)最为繁盛,其次为刺球接子科(Spinagnostidae)、叉尾虫(Dorypygidae)科;寒武纪晚期三叶虫主要有德氏虫科(Damesellidae)、双刺头虫科(Diceratocephalidae)等,见图3-91。

辽宁寒武纪地层和化石很早就受到国内外古生物学家的重视,三叶虫动物群可作为寒武纪地层划分、对比证据,对划分地层有重要意义。该化石产地遗迹点评价等级为国家级,见图3-92。

(4) 辽宁省大连市金普新区骆驼石古杯化石古动物化石产地,位于大连市金普新区七顶山街道陆海村骆驼石浴场内,产出层位为寒武系碱厂组($\in_1 j$)砂屑灰岩。

图 3-91 辽宁省大连市金普新区金石滩寒武纪三叶虫古动物化石

图 3-92 辽宁省大连市金普新区金石滩寒武纪三叶虫古动物化石产地

古杯是距今6亿～5亿年的寒武纪时期生长于海洋中的造礁生物,古杯化石具有重要的研究意义。由古杯保存状态及其与砂屑灰岩共生情况,可判断这些古杯化石系异地搬运来的。岩性主要为下古生界下寒武统碱厂组砂屑灰岩,因波浪对基岩进行冲蚀和溶蚀,并以其所携带的物质又对海岸进行磨蚀,对海岸进行长期的破坏和改造作用,形成了两块高约5m,宽约8m,形似骆驼的天然礁石,化石就赋存于该天然礁石中。该产地为华北板块寒武纪唯一产古杯化石的地区,这一发现对研究古杯化石古动物的起源、早寒武世地层划分对比,以及恢复大连地区早寒武世的古地理、古气候具有重要的意义,并为寻找油气资源提供了新的信息,见图3-93。

图3-93　辽宁省大连市金普新区骆驼石古杯化石古动物化石产地

经研究为天河板古杯化石(*Archaeocyathus tianhebanensis*),这一发现填补了华北地层区早寒武世生物种类的空白。该化石产地现在被开发成浴场,骆驼石形态优美,供游客参观,因此受到了了的保护。

(5)辽宁省大连市金普新区骆驼山第四纪古动物化石产地(国家级),位于辽宁省大连市金普新区复州湾镇王家屯村东边的骆驼山西坡上。为近年新发现的第四纪动物化石产地,采集了大量化石,包括此前从未在大连市发现过的纳玛象、巨颏虎、中国硕鬣狗等,并在化石骨骼上发现了疑似人工砍砸的痕迹。据此认为,该化石点具有重要的科研意义。大连自然博物馆及中国科学院古脊椎动物与古人类研究所将该溶洞命名为金远洞,目前仍在开挖。

骆驼山为南北走向的孤山,南北长约1000m,东西宽约300m,东、北面紧靠渤海复州湾,西面为山间凹陷盆地,南面为区内最高山——三棱山。主要由奥陶系马家沟组灰岩组成,褶皱、节理等构造发育,在温暖地质时期,地表水、地下水沿节理面、褶皱破碎处溶蚀灰岩地层后,形成众多溶洞。金远洞位于辽东半岛的西南部,与北京周口店猿人洞在纬度上基本一致,它们之间的直线距离约400km,是连接华北地区、朝鲜半岛以及日本列岛的过渡带地区,见图3-94、图3-95。

骆驼山化石产自骆驼山西坡洞穴中。洞穴堆积规模世界少见,堆积物厚40m,洞底宽128m,洞顶面积600m^2,储存了70万年来生物、气候、环境等方面的丰富信息,为研究我国北方古生物起源、发展、演化过程和生态系统演替提供了可靠的信息与证据。

图 3-94　辽宁省大连市金普新区骆驼山远眺

图 3-95　辽宁省大连市金普新区骆驼山金远洞

2013年至今,已发掘清理出60余种鱼类、龟鳖类、鸟类、哺乳类古动物的骨骼化石万余件,包括猕猴、中国硕鬣狗、意外巨颏虎、纳玛象、梅氏犀、三门马、李氏野猪、居氏大河狸等。其地质时代应属于第四纪更新世中期,距今约100万~30万年。该古动物化石产地遗迹点评价等级为国家级,见图3-96。

Megantereon inexpectatus
（意外巨颏虎上犬齿）

Palaeoloxodon namadicus
（纳玛象第三右下乳齿）

图 3-96　辽宁省大连市金普新区骆驼山第四纪古动物化石

5. 重要岩矿石产地

辽宁省是我国开展地质矿产工作最早的省份之一,省域内的地层、构造、岩浆活动和变质作用等地质特征有利于成矿,矿产资源十分丰富,发现和开发历史十分悠久。其中铁、煤、石油、金刚石、玉石、菱镁矿、硼、滑石等在全国处于重要地位,如大连金刚石矿,为全国最大的金刚石产地;抚顺红透山铜矿是东北地区最大的铜矿;鞍本地区的"鞍山式"铁矿是我国最重要的铁矿床,是世界重要的铁矿类型。研究这些矿产资源的成因、矿业的开采过程,对地质科研与找矿勘探有着重要的意义,并且大连金刚石矿坑和抚顺西露天矿坑更具有非常高的观赏性。

辽宁重要岩矿石产地类地质遗迹有16处,其中典型矿床露头13处,采矿遗址2处,陨石坑1处。这16处中有11处为国家级,5处为省级,见表3-4。

表3-4 重要岩矿石产地类地质遗迹统计表

亚类	序号	遗迹点名称	评价级别
典型矿床露头	1	辽宁省大连市金普新区瓦房店市金刚石矿产地	国家级
	2	辽宁省大连市甘井子区石灰石矿产地	省级
	3	辽宁省鞍本地区新太古代"鞍山式"铁矿产地	国家级
	4	辽宁省海城市-大石桥菱镁矿产地	国家级
	5	辽宁省鞍山市海城市范家堡子滑石矿产地	国家级
	6	辽宁省鞍山市岫岩县岫玉矿产地	国家级
	7	辽宁省抚顺市清源县红透山铜锌矿产地	国家级
	8	辽宁省丹东市振安区五龙金矿产地	省级
	9	辽宁省丹东市宽甸县杨木杆子硼矿产地	国家级
	10	辽宁省营口市大石桥市后仙峪硼镁矿及营口玉矿产地	国家级
	11	辽宁省阜新市阜蒙县玛瑙矿产地	省级
	12	辽宁省铁岭市铁岭县柴河铅锌矿	省级
	13	辽宁省朝阳市朝阳县瓦房子锰矿	省级
采矿遗址	1	辽宁省阜新市太平区海州露天遗址	国家级
	2	辽宁省抚顺市抚顺煤田西露天矿矿坑采矿遗迹	国家级
陨石坑及陨石体	1	辽宁省鞍山市岫岩县岫岩陨石坑	国家级

1)典型矿床露头

(1)辽宁省大连市金普新区瓦房店市金刚石矿产地(国家级),为我国重要的金刚石矿产地,在世界金刚石开发史上亦占有重要地位,是中国发现最早的原生金刚石矿之一,其颗粒之大、品位之高,均居全国首位,素有"中国钻石之乡"的美称,见图3-97。

瓦房店金伯利岩区分布在普兰店市以北,松树镇以南,瓦房店市以西,长兴岛以东地区,大地构造位于华北陆块之大连-复州凹陷。区内地层主要为青白口系南芬组与南华系桥头组,二者整合接触。南芬组以页岩为主夹粉砂岩,分布在50号岩管西南部,桥头组以厚层石英砂岩为主夹薄层粉砂岩,在矿区广泛出露,矿区出露的岩浆岩主要为辉绿岩。

矿区长32km,宽30km,矿床以岩管和岩脉呈带出现,岩管数超20个,岩脉80多条,共108个岩

图 3-97　辽宁省大连市金普新区瓦房店原生金刚石

体组成，空间上有成群成带展布的特点，根据岩体排列组合划分为 5 个金伯利岩带。金伯利岩体形态有脉状和管状两类，脉状金伯利岩主要受北东东向、近东西向密集节理带、破碎带、断层控制，脉长一般 60～1 000m，宽 0.2～0.7m，最宽可达 14m，成为膨大体，脉间互相平行，产状稳定。管状金伯利岩有椭圆形、枝状、舌状和不规则状，长轴多为北东东—近东西向，岩管规模大小不一，最大的为 0.12hm²，其形态变化与围岩性质、控矿构造有关。

该矿床成因为岩浆型，即金伯利岩管、岩脉中金刚石在上地幔高温高压条件下生成，后由金伯利岩浆从上地幔带到地壳表部爆发而成。火山相、火山通道相为目前所见到的金伯利岩管，由金伯利角砾岩、凝灰角砾岩、含围岩碎屑金伯利岩、板状金伯利岩组成；根部相为目前所见到的金伯利岩脉或其膨大体，由单一的斑状金伯利岩、细粒状金伯利岩组成。金伯利岩主要造岩矿物有橄榄石、金云母，副矿物有金刚石、镁铝榴石、铬尖晶石、钛铁矿等，蚀变矿物有金云母、蛇纹石、方解石等。金伯利岩围岩最年轻的为晚寒武世灰岩，而在早侏罗世的砾岩中已形成古砂金刚石矿，说明其形成年代为晚寒武世—早侏罗世之间，同位素年龄测试资料表明形成时代在 4.63 亿～3.41 亿年，为奥陶纪—志留纪，属加里东构造旋回的产物。

瓦房店金刚石矿有 30 号、42 号、50 号等岩管，其中 50 号岩管位于瓦房店市炮台街道干河村头道沟村南 800m。该岩管于 1976 年 12 月勘探报告，探明储量 376.93 万 ct，含金刚石较富，平均含量 1.54ct/m³，最高达 6.27ct/m³。岩管产出于瓦房店金伯利岩矿田的头道沟矿区，该矿区面积 40km²。矿区为一近等轴平缓开阔向斜，岩管产出于新元古界青白口系南芬组粉砂岩、页岩中。矿区构造以断裂为主，近东西向和北东向断裂控制着岩管的产出及形态。岩管岩石类型有两大类：块状金伯利岩、碎屑状金伯利岩。50 号岩管以角砾状金伯利岩为主，含镁铝榴石较多，并富含同源捕房体。金伯利岩穿插包裹关系生成顺序：斑状金伯利岩、斑状富金云母金伯利岩、含围岩角砾斑状金云母金伯利岩、金伯利凝灰角砾岩、角砾状金云母金伯利岩，均富含镁铝榴石。金刚石共生矿物共有 50 多种，主要有含铬镁铝榴石、铬尖晶石、钛铁矿。岩管中金刚石以晶形完好、无色透明、光泽璀璨而闻名于世，晶形以八面体、十二面体和两者聚晶为主，晶型宽正度为 70% 以上，颜色以无色透明为主，其次为黄色，绝大部分金刚石为透明晶体，属强金刚光泽，包体含量 20%～30%，几乎全部为石墨包体。总之 50 号岩管以品位高、金刚石质量好闻名遐迩，享誉世界。本遗迹点评价等级为国家级。

50 号岩管进行了大规模开采，形成的露天采坑深度 130m（标高 +240～+110m），呈椭圆形，长约 300m，宽约 130m，面积 36 000m²，采坑位于瓦房店市炮台街道干河村头道沟一带，保存完好，矿坑下部近直立，坑内积水呈蓝绿色，规模雄伟壮观，已成为典型的金刚石采矿遗迹。代表当时世界先进采矿科技水平，可为世界矿业发展史提供重要证据，见图 3-98。

图 3-98　辽宁省大连市金普新区瓦房店金刚石矿 50 号岩管采矿遗迹

(2) 辽宁省大连市甘井子区石灰石矿产地。辽宁石灰石资源丰富,大连地区的新元古界震旦系营城子组灰岩是辽宁省最主要的灰岩资源产地,储量大,质量好,是重要的炼钢熔剂和水泥用灰岩的原料产地,占全省灰岩储量的 43%。

大连市石灰石矿位于大连市甘井子区,矿区处于新老市区结合部,毗邻东北快速路、轻轨三号线,邻进泉水住宅区,并位于飞机航道下。始建于 1929 年,占地面积 370 万 m^2,矿层厚度 400m,是辽宁省最大、最重要的石灰石矿床。属优质大型灰岩矿床,是鞍山钢铁集团的熔剂灰岩供应基地。

大地构造位于华北陆块之大连-复州凹陷,矿区地层以新元古界震旦系营城子组灰色、灰黑色中厚层夹薄层灰岩为主,近顶部有灰色灰质页岩,中下部灰岩较纯,为石灰、水泥、炼钢熔剂及化工用优质石灰石原料。含矿层 4 个,一矿层为中厚层灰岩及含泥质灰岩,厚约 60m,下部为灰—深灰色灰岩,质纯,上部为灰—绿灰色泥质灰岩,其中夹有薄层灰—紫色泥质岩,向上渐变为中厚层灰岩;二矿层为灰—蓝灰色中厚层蠕虫状碎屑灰岩,厚 60m;三矿层为深灰色厚—中厚层夹薄层灰岩,碎屑假鳞状结构,厚 50m;四矿层为灰色、褐色泥质灰岩夹中厚层灰色块状灰岩。

各矿层矿石均为碳酸盐类型,结构、矿物成分相近,矿石一般为碎屑隐晶质结构,矿物成分主要由含量 80%～90%、粒径 0.001～0.05mm 的方解石组成。其主要化学成分:SiO_2 0.7%～4.92%,Fe_2O_3 0.31%～0.61%,CaO 48.8%～52.82%。经过 70 多年的开采,已经被挖出长 2 000m、宽 800m、深 50～100m,上口面积达 138 万余平方米的巨大矿坑,仅在 1976 年至 2000 年上半年的深部开采中,已采矿石 1 亿多吨。该石灰石矿产地遗迹点评价等级为省级,见图 3-99。

(3) 辽宁省鞍本地区新太古代"鞍山式"铁矿产地(国家级)。辽宁省黑色金属矿产以铁矿为主,而辽宁省铁矿储量占全国总储量的 1/4,居全国首位。其中"鞍山式"铁矿储量最大,占全省总储量的 96%。产于鞍山、本溪地区的条带状磁铁石英岩——即"鞍山式"铁矿,是最重要的铁矿类型,有 7 个重点大矿山:弓长岭、南芬、齐大山、东鞍山、大孤山、歪头山、眼前山,另外还有许多小矿山。

鞍本地区是"鞍山式"铁矿的命名地及主要产地,"鞍山式"铁矿是我国最重要的铁矿床,是世界重

图 3-99　辽宁省大连市甘井子区石灰石矿产地

要的铁矿类型。鞍本地区也是我国最重要的沉积变质铁矿产地之一,该区已探明的铁矿资源储量约占全国同类型铁矿已探明资源储量的 40%。鞍本地区位于华北陆块,辽东坳陷带,横跨太子河坳陷、鞍山古陆核两个四级构造单元。区内出露有鞍山群 5 个岩组,自下而上包括石棚子岩组、通什村岩组、茨沟岩组、大峪沟岩组和樱桃园岩组,其中茨沟岩组和樱桃园岩组为本区最重要的含铁层位,区内分布的 9 个资源储量超过 10 亿 t 的超大型铁矿床,有 6 个分布在樱桃园岩组之中,3 个分布在茨沟岩组之中,超大型铁矿的密度之大是非常罕见的。其形成时间在距今 27 亿~25 亿年左右,为新太古代中晚期,与国外前寒武纪含铁建造(BIF)形成的年代基本一致。

据已收集资料,该区超大型铁矿床分布在东西长约 85km、南北宽约 25km 的带状区域内,如果去除人为划分矿床范围的因素,一些超大型铁矿床的资源储量大于 30 亿 t,这些超大型铁矿床的矿体多数为厚大板状体,少数为多层状矿体。

铁矿成因类型可划分为两种:第一种类型是出露于东鞍山、西鞍山、齐大山-胡家庙子、本溪大台沟地区的铁矿,属于陆源碎屑沉积的铁矿,铁矿成因可能与海底火山喷气作用有关;第二种类型为中基性火山岩建造中的铁矿,该种成因类型的铁矿包括辽阳弓长岭铁矿,本溪南芬、歪头山、思山岭和欢喜岭铁矿,抚顺小莱河、傲牛、罗卜坎等铁矿,铁矿的成矿作用与海底火山喷气和喷浆作用有关。成矿所需的铁与硅质是由地幔喷气或喷浆作用提供的,进入海水后形成铁硅质化学沉积岩,硅铁质岩经区域变形变质作用改造,形成条带状硅铁建造(BIF)型铁矿,通称"鞍山式"铁矿。"鞍山式"铁矿属于海相火山-沉积变质型铁矿床,铁矿赋存于太古宇鞍山群下混合岩层中,下混合岩层由角闪岩层、含铁层、硅质岩层组成,其上为混合岩层。

根据 2008 年辽宁省矿产储量表(黑色金属矿产)等资料,区内分布有 32 个资源量大于百万吨的铁矿床,依据产出位置可将这些矿床分为 2 个矿集区:一是鞍山矿集区,二是本溪矿集区。各个超大型矿床间距离近的只有 10 余千米,远的也不超过 30km,这在我国铁矿矿集区中是非常独特的。鞍山矿集区包括鞍山附近的 2 条铁矿带以及南部的小岭子铁矿、大安口铁矿等矿床,其中东西矿带西起西鞍山铁矿,东到眼前山铁矿,包括西鞍山、东鞍山、黑石砬子、大孤山、眼前山铁矿等矿床;南北带北起齐大山铁矿,南至西大背铁矿,包括齐大山、胡家庙子、祁家沟、张家湾、西大背、陈台沟等矿床。2 条矿带合计已探明的铁矿资源量大于 80 亿 t,2 条矿带之外的铁矿除小岭子铁矿为大型矿床外,其余均为中小型铁矿床,见图 3-100。

本溪矿集区北起歪头山铁矿,南至锉草沟铁矿,西起弓长岭铁矿,东至小阳沟铁矿。这个矿集区的矿床略显分散,但资源量巨大,弓长岭铁矿、大台沟铁矿、思山岭铁矿、南芬铁矿这 4 个矿床已探明的资源量就超过 100 亿 t。除这 4 个矿床外,北部还分布有北台铁矿、贾家堡子铁矿、棉花堡子铁矿和歪头山铁矿等大型矿床,见图 3-101~图 3-104。

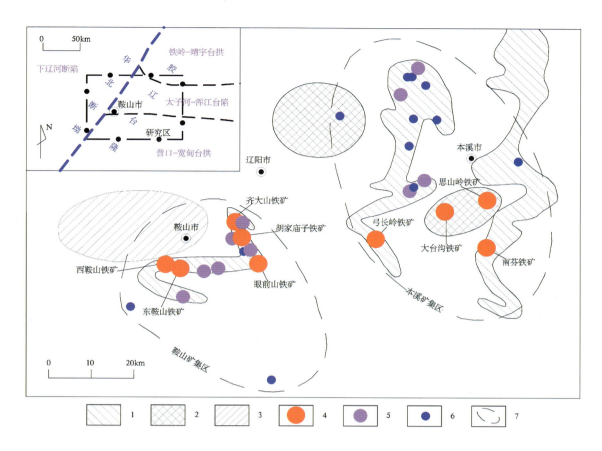

图 3-100 辽宁省鞍本地区"鞍山式"铁矿床分布图
1. 鞍山岩群分布区;2. 隐伏鞍山岩群分布区;3. 推测隐伏鞍山群分布区;
4. 超大型铁矿床;5. 大型铁矿床;6. 中型铁矿床;7. 铁矿矿集区范围

图 3-101 辽宁省本溪市南芬铁矿矿区景观

图 3-102　辽宁省鞍山市胡家庙子铁矿矿区景观

图 3-103　辽宁省鞍山市大孤山铁矿矿区景观

图 3-104　辽宁省鞍山市齐大山铁矿矿区景观

本溪市南芬、歪头山、思山岭、欢喜岭地区、弓长岭地区和抚顺地区太古宙表壳岩组合，属于中基性、超基性火山岩夹硅铁质岩沉积建造，为同一时期火山喷发沉积的产物，相当于含铁建造中下部层位组合，形成时代在新太古代中晚期。

东、西鞍山，齐大山-胡家庙子，本溪大台沟地区太古宙表壳岩组合属于海相细碎屑夹石英硅铁质岩沉积建造，为含铁建造上部层位组合，形成时代在新太古代晚期。

鞍本地区分布的大、中型铁矿形态一般呈带状（东、西鞍山，齐大山，弓长岭等铁矿床）、透镜状、囊状（大台沟、思山岭等铁矿床）产出，与围岩大部分呈韧性构造接触，依据构造变形特征分析，含铁建造均表现出紧闭背斜和向斜构造的特点（大台沟、思山岭等铁矿床），说明大部分巨厚层状铁矿床的形成受后期褶皱构造控制。

"鞍山式"铁矿科研价值、经济价值巨大，其产地遗迹点评价等级为国家级。

（4）辽宁省海城市-大石桥菱镁矿产地（国家级）。我国菱镁矿资源的大部分集中于辽宁省，保有储量占全国85％、世界25％。已知有特大型矿床4处、大型矿床4处、中型矿床2处。辽宁省菱镁矿以规模大、储量丰富、矿石质量好、适宜露天开采享誉国内外。

辽宁省海城市—大石桥—辽阳市大安口一带是辽宁省最重要的菱镁矿成矿带，位于华北陆块、辽东坳陷带、营口-宽甸隆起西端，英洛-草河口-太平哨复向斜北翼。

区内广泛出露古元古界辽河群、太古宇鞍山群茨沟岩组。古元古界辽河群：浪子山岩组、里尔峪岩组、高家峪岩组、大石桥岩组、盖县岩组。其中大石桥岩组三段白云质大理岩为菱镁矿赋矿层位。区域地层基本为向南东倾斜的单斜构造，层间断裂和北北东—北东向断裂较发育。岩浆岩主要分布在区域北部，有太古宙微斜花岗岩（γ_1^2），大面积侵入鞍山群，使其分散出露；其次有晚侏罗世花岗岩（$\gamma_5^{2(3)}$）——石硼峪岩体，呈岩株状侵入于新太古代微斜花岗岩、鞍山群茨沟岩组及辽河群浪子山岩组-大石桥岩组二岩段中。

矿床系低温或变质含镁热液交代和改造白云岩而成。矿化白云岩岩层断续延长40km。矿体呈透镜状、似层状，与岩层走向一致，矿体与围岩界线不明显，矿体中还包有白云岩残块。围岩中常见有菱镁矿化、硅化、白云岩化、蛇纹石化和滑石化等蚀变现象。矿石由以结晶的菱镁矿为主组成，呈白色、粉红色或灰色、黑白色条带，共生矿物有白云石、滑石、蛇纹石和方解石。滑石呈不规则脉状或团块状产出，白云石呈致密团块，为交代残余物，方解石呈囊状体。矿石含氧化镁很高，在46％以上，二氧化硅、氧化钙含量低微。其中，小圣水寺、青山怀、高庄-平二房矿区，探明储量约8亿t，为超大型菱镁矿矿床。该菱镁矿产地遗迹点评价等级为国家级，见图3-105、图3-106。

图3-105　辽宁省海城市-大石桥菱镁矿产地（大石桥矿区）

（5）辽宁省鞍山市海城市范家堡子滑石矿产地（国家级）。辽宁省的滑石矿无论储量或质量均居全国第2，已探明特大型矿床1处、大型矿床1处、中型矿床8处、小型矿床6处、矿点41处。

范家堡子滑石矿属特大型矿床，是我国三大滑石矿出口生产基地之一，位于海城市东南方24km马风镇范家堡子村。矿区区域构造位置处于英洛-草河口-太平哨复向斜北翼西段，铧子峪-范家堡子

图 3-106　辽宁省海城市-大石桥菱镁矿产地（海城矿区）

倒转背斜南东翼,大石桥-范家堡子滑石成矿带中。区内褶皱、断裂构造发育。侵入岩较发育,从太古宙—中生代侵入岩均有分布。岩浆活动不强烈,只出露一些基性—酸性的脉岩,有煌斑岩(χ)、石英斑岩($\lambda\pi$)、辉绿岩($\beta\mu$)和闪长玢岩($\delta\chi$),多展布在金家堡子和下房身矿段,沿南北向和北东向断层展布,对矿床起破坏作用。变质作用强烈,古元古界辽河群各地层岩石均受到不同程度变质作用。

滑石矿共划分 4 个矿体,赋存于古元古界辽河群大石桥组三段含石英白云石大理岩、含石英菱镁矿大理岩中。

矿床成因类型为变质热液交代型,矿体走向近东西,总体产状呈一倒转向斜构造。二号断层以东矿体向北倾,以西矿体向南倾,产状基本与围岩一致。矿体形态复杂,呈大小不等的层状、似层状、扁豆状、透镜状产出。矿石多为白色、粉色、灰色,多呈块状,少部分为片状,个别部位受后期构造挤压呈碎片状或粉状。其主要矿体有 6 个,其中 1 号,2 号,3 号矿体最大,产状与围岩一致。矿体长 300～600m,厚 24～40m。矿石矿物主要为滑石,脉石矿物以菱镁矿为主,还有少量石英、斜绿泥石、白云石等。矿石化学成分：SiO_2 62.35%,MgO 32.26%,CaO 0.17%,滑石含量 60% 左右。截至 1990 年底,探明储量 3 808 万 t,为质量优异的大型滑石矿床。该滑石矿产地遗迹点评价等级为国家级,见图 3-107。

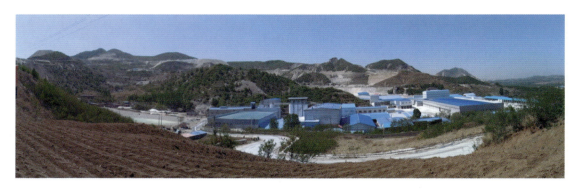

图 3-107　辽宁省鞍山市海城市范家堡子滑石矿产地（海城艾海滑石矿公司）

(6)辽宁省鞍山市岫岩县岫玉矿产地（国家级）,是辽宁省主要的玉石产地之一,也是国内重要的玉石产地之一,矿物学名称为蛇纹石玉,民间俗称岫玉,已知产地 10 余处,其中岫岩北瓦沟玉石矿为大型矿床,是国内该类玉石矿中规模最大者,已探明储量 195 万 t。

岫玉开采历史悠久,早在明、清时期就已为民间艺人所认识,并采掘利用。岫玉以色泽鲜艳、质地细腻、硬度适中被认为是上好的玉雕原料,雕出的工艺品以其光洁柔润、晶莹剔透而享誉国内外,同时在外贸和国际间艺术交流等方面,都具有重要的地位。

岫玉全部产于古元古界辽河群大石桥组三段富镁碳酸盐岩层中,或与滑石、菱镁矿密切共生,或单独存在。

矿床较集中地分布在岫岩大卫屯—北瓦沟一带，玉石矿体大小不一，形状为不规则的透镜状、团块状、巢状产出，呈矿体群出现。矿石自然类型为蛇纹石软玉、透闪石软玉、绿泥石软玉三大类，蛇纹石软玉最重要，岫玉即指该类型，又分为绿玉、墨玉、花玉，尤以绿玉最好。

玉石具有较稳定的含矿层位，其化学成分及产状反映其原岩为富镁硅质岩，这种硅质岩具有胶凝特点，岫玉中尚保留有原始沉积组构和沉积韵律构造，以及玉石矿与围岩地层一同遭受古元古代区域变形作用改造等特征，说明玉石矿是由富镁硅质岩经区域变质作用和变质热液交代作用而成，属变质成矿系列。

北瓦沟玉石矿位于岫岩县西北，为细玉沟-王家堡子复向斜南翼，由白云石大理岩夹透闪岩、透闪透辉岩、透辉透闪斜长变粒岩、黑云二长变粒岩等组成，厚339~750m。近矿围岩为蛇纹石化白云石大理岩、镁橄榄岩。已发现矿体36个，矿体形态复杂，其中最大者长175m，厚1.26~34.08m，呈大透镜形态产出，其余数米到数十米，为扁豆状、透镜状，断续呈矿体群产出，矿体产状与围岩地层基本一致，为60°∠40°~55°。其主要矿物成分为蛇纹石，有叶蛇纹石、鳞片蛇纹石、纤维蛇纹石3种。脉石矿物有菱镁矿、白云石、水镁石、滑石、硅镁石、透闪石、透辉石等。矿石具细粒纤维鳞片变晶结构、交代残余结构、致密块状结构，其次为网格变晶结构、束状变晶结构等。蛇纹石软玉摩氏硬度为4.8~5.5，呈白色，透光度2.5%~14%。玉石颜色主要为不同绿色，少数为灰色、黄色、杂色等。色泽晶莹美观，质地细腻，为工艺美术雕刻原料。1961年在岫岩北瓦沟东场子露头采矿场发现的玉石，体积为100.68m³，密度为2.59t/m³，总重量为260.76t，堪称世界之最。本岫玉矿产地遗迹点评价等级为国家级，见图3-108、图3-109。

图3-108　辽宁省鞍山市岫岩县岫玉矿产地（岫玉矿产区）

（7）辽宁省抚顺市清源县红透山铜锌矿产地（国家级），位于辽宁省抚顺市清源满族自治县红透山镇，距离清源县城45km，距离沈吉铁路苍石站7km，辽宁有色金属地质勘探公司101队于1958年发现。该矿床是东北地区最大的铜锌矿床，也是辽宁省目前铜的主要生产矿山。矿床位于浑河断裂的北侧，铁岭-靖宇台拱、摩离红凸起南缘。出露岩层均属太古宇鞍山群通什村岩组红透山岩段和混合花岗岩，矿体赋存在由花岗片麻岩及角闪片麻岩等薄层互层岩组构成的含矿岩系内，上盘围岩主要为矽线石黑云母片麻岩，下盘围岩主要为黑云母片麻岩。横穿矿体的有辉绿岩脉和断层，矿体主要受层间裂隙和交叉裂隙控制。

矿区为北东向的复式褶皱构造带，变质岩系的片理发育。断裂构造大多具有挤压剪切的特征，与褶皱一起形成十分复杂的构造环境，成为被改造后的矿体主要的控矿构造。

图 3-109　岫玉矿玉石制品"黄白老玉手镯"

区内岩浆岩种类较多,有辉绿岩、橄榄辉长岩、石灰辉绿岩、石英辉绿岩、煌斑岩、闪长斑岩和花岗斑岩、花岗岩等。

共发现矿体、矿染及矿化带 28 个,工业矿体 7 个。一般矿脉基本与片麻理、层间裂隙一致,呈似层状、不规则脉状,局部为透镜状、扁豆状。主矿体形态复杂,规模最大,储量占全区 90% 以上,矿体延长 590m,一般厚度为 10~20m,最厚达 79.4m,最薄 0.7m,延深大于 1 200m,矿体有分支复合、尖灭再现等现象,膨大、收缩也较明显。矿床类型为黄铁矿型脉状铜锌矿床。矿石属致密块状硫化矿石;矿石矿物原生金属硫化物主要有黄铜矿、黄铁矿、磁黄铁矿、闪锌矿,次要矿物为磁铁矿、银金矿等,属多金属矿床,主要成矿元素有 Cu、Zn、S,Cu 平均品位 16.9%,Zn 26.9%,S 20.77%。伴生元素有 Au、Ag、Se、Ga、Co 等,均有较高的综合利用价值。围岩蚀变主要为透闪石化、硅化、堇青石化,其次是绢云母化、绿泥石化、碳酸盐化等。近矿围岩蚀变为透闪石化和绢云母化-硅化。本铜锌矿产地遗迹点评价等级为国家级,见图 3-110。

图 3-110　辽宁省抚顺市清源县红透山铜锌矿产地

(8)辽宁省丹东市振安区五龙金矿产地。辽宁省是我国主要产金省份之一,迄今已发现金矿产地 435 处,其中大型金矿床 3 处(五龙、排山楼、猫岭金矿),中型金矿床 7 处,小型金矿床 20 处,金矿点 305 处。

丹东市五龙背地区是辽东地区著名的金矿化集中区之一,区内产有五龙、四道沟大型金矿床以及众多小型金矿床及金矿点。五龙金矿位于丹东市西北部,鸭绿江边,矿床于1917年开采,是辽宁省也是我国著名的金矿产区之一,有100多年开采历史,矿区面积50km²,矿床由黑沟、东丹岭、五龙本区、高家沟、歪脖子沟、油盘沟等矿段组成,累计探明储量为49.842t。

五龙背地区的金矿床均产于燕山期三股流花岗闪长岩岩体边缘,其中五龙金矿床为典型的含金石英脉型岩浆热液型金矿床。大地构造单元为华北陆块、胶东古陆块、辽吉古元古代裂谷、营口-宽甸隆起四级构造单元的东部地段,鸭绿江金(铜)成矿带的西南地段,成矿时代为中生代(燕山期)。

五龙金矿床以含金石英脉型金矿为主,位于鸭绿江岩石断裂圈的西侧,含金的石英脉严格受北北东向、北东向和北西向断裂构造控制,沿断裂充填,以脉状和透镜状为主,矿体长80~1 000m,宽1~450m,延伸100~600m,共见大小含金石英脉254条,有工业价值的50条。矿石矿物成分简单,金的硫化物只占8%,以硫铁矿和磁铁矿为主,含少量辉铋矿、自然银、黄铜矿、闪锌矿和方铅矿;脉石矿物主要是石英。该矿区Au平均品位为$7.91×10^{-6}$。

矿床分布在遭受北东向鸭绿江韧性剪切到糜棱岩化的重熔型印支期片麻状黑云母花岗岩中,矿体的直接围岩是片麻状糜棱岩化黑云母花岗岩,糜棱岩化程度高者,则含金量高。经过多次深部构造-热液作用,使深部含金岩系发生重熔,辽河群分散的金发生活化、迁移,在韧性剪切带与脆性构造裂隙中沉淀成矿。其有4个成矿阶段:第一阶段,形成大量石英脉,金矿化极微弱;第二阶段,在第一阶段基础上使主体石英脉产生2组剪切裂隙,金矿化沿裂隙充填,为金矿主要成矿阶段之一;第三阶段,构造活动减弱,石英细脉极发育,是多金属硫化物生成期,金矿化十分活跃;第四阶段,成矿尾声,主要形成方解石脉。本金矿产地遗迹点评价等级为省级,见图3-111、图3-112。

图3-111　辽宁省丹东市五龙金矿矿区景观

图3-112　辽宁省丹东市五龙金矿金矿石标本

(9)辽宁省丹东市宽甸县杨木杆子硼矿产地(国家级)。辽宁省硼矿资源丰富,探明储量占全国储量64%,主要分布在营口—凤城—宽甸一带,属内生硼矿。

杨木杆子硼矿位于丹东市宽甸县东74km处,属大西岔镇管辖,矿区位于古元古代混合花岗岩穹隆的南侧,黑瞎子-杨木杆子向斜构造的南侧,硼矿体在含硼层中呈透镜状,并存在尖灭再现现象。岩性主要由辽河群里尔峪岩组组成,岩性为均质混合岩、黑云变粒岩、电气石变粒岩及斜长角闪岩、大理岩。地层走向北西西,倾向10°~20°,倾角50°~75°。目前发现的矿体即赋存于该褶皱构造内,为一中型硼镁石型硼矿。矿体走向南东,倾向北东,倾角70°~80°,直接赋矿岩石为蛇纹岩、蛇纹石化大理岩,矿体顶板出现有热水沉积的电英岩。

矿床构造简单,为一单斜层。地表可见2个矿体;1号矿体长325m,顶板岩石为黑云变粒岩,底板西段为电气石变粒岩,东段为斜长角闪岩;2号矿体顶板为斜长角闪岩,底板为电气石变粒岩;深部有3层盲矿体。

硼矿石主要由纤维硼镁石、板状硼镁石及蛇纹石、白云石等组成。常见变余沉积及变质、交代等组构。杨木杆子硼矿为混合岩化矽卡岩型矿床,为受变质的与深源火山活动有关的热水沉积矿床,同时存在的蒸发气候条件提高了硼富集成矿的效率。矿石为灰白色,矿石结构有纤维变晶结构、半自形晶粒状结构、交代残余结构。矿石构造有花斑状构造、团块状构造、条带状构造、网脉状构造。矿石矿物以纤维硼镁石和板状硼镁石为主,脉石矿物有蛇纹石、白云石、菱镁矿、金云母、水镁石等。矿石类型为蛇纹石-硼镁石型。矿石中主要化学成分为 B_2O_3,最高品位 34.97％,平均品位 11.36％。本硼矿产地遗迹点评价等级为国家级,见图 3-113、图 3-114。

图 3-113　辽宁省丹东市宽甸县杨木杆子硼矿产地

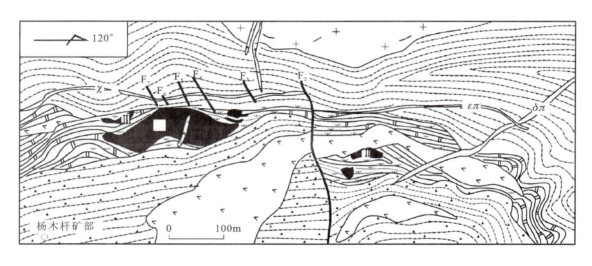

图 3-114　辽宁省丹东市宽甸县杨木杆子硼矿地质简图
1. 黑云母二长变粒岩夹薄层角闪石电气石钾长变粒岩;2. 电气石钾长石变粒岩夹薄层黑云母变粒岩、电英岩;3. 蛇纹石化白云质大理岩;4. 硼矿体及编号;5. 斜长角闪岩;6. 片麻状花岗岩;7. 电气石伟晶岩;8. 角闪石伟晶岩;9. 煌斑岩;10. 正长斑岩;11. 闪长玢岩;12. 断层

(10)辽宁省营口市大石桥市后仙峪硼镁矿及营口玉矿产地(国家级)。大石桥硼矿带是我国主要的硼矿产业基地,硼矿被列为国家开发的重点项目,大石桥市硼矿储量在全国占有重要地位,其中已探明的硼矿储量 500 万 t,居全国第二位,位于大石桥市黄土岭镇后仙峪村。大地构造位置处于华北陆块、辽东新元古代—古生代坳陷带、辽吉裂谷,虎皮峪-红石砬子复背斜西端,虎皮峪倒转背斜南翼。

出露地层为辽河群里尔峪组（$Pt_1 lr$），岩性为黑云变粒岩、透闪石化浅粒岩、镁质大理岩、富电气石变粒岩、黑云母电气石变粒岩、黑云母片麻岩，岩石遭受强烈混合岩化作用，地表为混合花岗岩覆盖，矿体赋存于镁质大理岩内。矿区为一轴向130°~135°的翻转向斜。北东向、北西向断裂发育，部分断裂破坏矿体。矿区内岩浆岩主要为古元古代花岗杂岩（混合岩）（γ_2^2），分布于向斜两翼。中酸性脉岩发育，尤以闪长玢岩、闪斜煌斑岩最为发育，脉体规模大，呈岩墙状贯穿全矿区，见图3-115~图3-118。

图3-115 辽宁省营口市大石桥市后仙峪硼镁矿采矿平硐

图3-116 辽宁省营口市大石桥市后仙峪硼镁矿区影像图

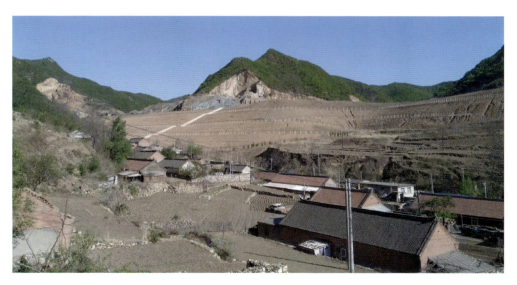

图3-117 经过矿山恢复治理后的辽宁省营口市大石桥市后仙峪硼镁矿矿区全景

据地表出露分为刘家台、鲁家沟、东王山、张家沟、冯家堡-马架子5个矿化带。鲁家沟矿化带出露形态为W形，全长1 580m，呈似层状，出露宽窄不一，产状基本与围岩层理一致，走向北东70°~75°，倾角30°。该矿化带内有6个矿体，其中以5号矿体最大，地表出露全长369m，最宽处85m，平均宽29m；次为3号矿体，地表出露全长202m，平均宽21.5m，控制斜深200m。东王山矿化带出露长150m，平均宽15m，走向北东30°~45°，倾向北东，倾角30°；张家沟矿化带出露长1 000m，宽20m，产状不明，长轴方向近于南北。

图 3-118　辽宁省营口市大石桥市后仙峪地表出露的煌斑岩

矿床矿石矿物有燧安石、板状及纤维状硼镁石、硼镁铁矿和极少量的钛硼镁铁矿。脉石矿物有镁橄榄石、斜硅镁石、粒硅镁石、透闪石、电气石、透辉石、蛇纹石、磁铁矿及少量黄铁矿、磁黄铁矿、水镁石等。矿石主要为自形半自形粒状、柱状结构及纤维状结构，构造形态主要有团块状、条带状、角砾状等。矿石化学成分为 B_2O_3 14.91%，MgO 42.75%，SiO_2 23%，CaO 1.28%，见图 3-119。

图 3-119　辽宁省营口市大石桥市后仙峪硼镁矿石和镁橄榄岩（硼矿）

营口玉以产自营口市而命名，是硼矿开采的副产品，是一种蛇纹石质玉。营口玉玉石类型多样，有特色，块度大，储量也较大。根据外观特征和矿物组成，可划分 4 个类型：翠绿玉、墨绿玉、青铜玉和云翠玉。

营口玉是一种放射性元素含量极低的玉石，其放射性元素含量远低于国家有关标准，与人体接触完全无害于健康。营口玉含有众多有益于人体健康的微量元素，可以直接作用于人体皮肤表面。营口玉具有一定的远红外发射性能，青铜玉、云翠玉玉石远红外发射性能较强，可以直接作为远红外辐射材料使用。在改变环境因素（如受热、辐射、湿润）条件下，营口玉能产生不同数量的对人体有益的空气负离子，特别是带有磁性的材料更加明显。

营口玉样品的微量元素含量检测结果表明，营口玉中含有 V、Cr、Mn、Co、Ni、Cu 以及 Fe（在营口玉中作为常量元素出现）7 种有益于人体健康的元素，占人体所需微量元素的 80%。不含其他有害元素，如 Hg、As 等，其他有害元素含量远低于国家限量标准。

营口玉与著名的蛇纹石玉产地岫岩属于同一大地构造位置，产出的蛇纹石玉既有相似性，同时又各具特色。

营口玉赋存于古元古界辽河群最下部地层里尔峪组下部岩系中。里尔峪组原岩沉积以火山岩质为主,后经区域热变质和动力变质等变质作用,成为镁橄榄岩和蛇纹石玉(营口玉)。岫岩县北瓦沟蛇纹石玉(岫岩玉)赋存于大石桥组中,大石桥组则处于辽河群的较上层位,其中碳酸盐质大理石更为发育。这就使得两地的蛇纹石玉表现出一定的差异,见图3-120～图3-122。

图3-120　辽宁省营口市大石桥市后仙峪所产世界上最大的营口玉原石

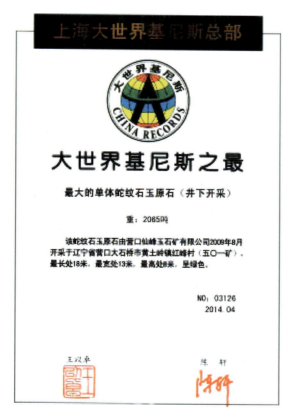

图3-121　最大的单体蛇纹石玉原石基尼斯证书

图 3-122　营口翠绿玉雕刻件

营口玉中的翠绿玉和墨绿玉与岫岩玉相似，由于含铁量相对较高，一般含 FeO 大于 2%，颜色偏深。而岫岩玉含铁量一般小于 2%，颜色偏浅。

该硼矿是辽宁省著名硼矿，硼矿为变质型镁硼酸盐矿床，主要经历了沉积变质和热液蚀变 2 个阶段，是我国所特有的硼矿成因类型。大石桥地区镁橄榄岩作为硼矿的基质岩石，同时也是我国重要的大石桥菱镁矿床的基质岩石，是世界上罕见的地质特征。因此镁橄榄岩成因及其与镁硼酸盐矿床和菱镁矿床之间成因关系的研究，具有重要的理论意义和找矿意义。营口玉矿个体最大分别达 2 100t 和 600t，具有很高的成矿学研究和教学科普价值。里尔峪组含硼地层剖面具有很好的找矿意义，地层下部为里尔峪组含硼岩系，上覆地层为混合花岗岩地层，也是国内外极少见的找矿成功的矿床。

1963 年建立矿山开采，硼矿已经接近枯竭，但营口玉矿仍在开采中，并已于 2016 年建立了营口后仙峪省级地质公园，该公园具有地层学、变质地质学、构造学、矿石学和宝石学的科普与教学意义。本硼镁矿及营口玉产地遗迹点评价等级为国家级。

(11) 辽宁省阜新市阜蒙县玛瑙矿产地，是中国玛瑙主要产地之一。目前，已探明的远景储量在 200 万 t～500 万 t 之间。主要分布在阜新地区东、西、北线矿脉上。东线矿脉以阜蒙县的苍土乡为起点，向东延伸，经十家子镇、彰武县的五峰乡等乡镇，延伸至毗邻的法库县、康平县一带，以盛产球状玛瑙为主；西线矿脉由阜蒙县的七家子乡起延伸到紫都台乡、化石戈乡至北票市一带，以盛产块状玛瑙为主；北线矿脉由阜蒙县的大五家子乡为起点，经福兴地乡、平安地乡等，延伸到内蒙古自治区库伦旗一带，以盛产球状河磨玛瑙为主，见图 3-123。

阜新玛瑙以储量大、品种多、颜色全、纹理美、质地优、料形奇六大特点闻名于世，见图 3-124。其中，产自老河土乡甄家窝堡村的红玛瑙和梅力板村的水草玛瑙极为珍贵。水草玛瑙是玛瑙中夹杂有绿色或其他颜色的杂草状物质的玛瑙，如苔藓者称苔藓玛瑙，如水草者称水草玛瑙，如羽毛者称羽毛玛瑙。其内部景观别致，天然形成的纹理犹如河塘中飘荡的水草，婀娜多姿，蜿蜒缠绕。水草玛瑙颜色有红色、绿色、紫色、黄色、褐色等，见图 3-125、图 3-126。产自苍土镇的黑红花、白红花玛瑙，产自泡子镇的马兰花紫玛瑙（又称二道河子紫晶），产自七家子乡的五彩玛瑙，产自五峰镇的缠丝玛瑙等都在国内久负盛名。2003 年在阜蒙县七家子乡的磨骆山上发现一块高 2.72m、宽 5.098m、厚 4.691m，重达 61.0902t 的块状玛瑙，获得吉尼斯世界纪录。阜新玛瑙与抚顺琥珀、本溪辽砚、岫岩岫玉并称为"辽宁四宝"。

图 3-123　阜新市十家子镇玛瑙产地现状
（资源已经采完）

图 3-124　阜新玛瑙原石

图 3-125　阜新水草玛瑙工艺品

图 3-126　阜新水草玛瑙手镯

(12)辽宁省铁岭市铁岭县柴河铅锌矿(关门山铅锌矿)位于铁岭市开原市靠山镇与铁岭县大甸子镇交界处,交通方便,矿区内古采矿遗迹清晰可见,是典型的具后生成因的层控矿床,矿区位于华北板块北缘与华北陆块接壤地带的柴河复向斜的南翼部分。太古宙表壳岩和 TTG 岩系组成了本区的古老结晶基底,其上沉积了与之呈角度不整合的中元古代长城系碎屑岩、碳酸盐岩及蓟县系砂屑白云岩,中生代白垩纪砂砾岩及页岩。出露地层主要为太古宇鞍山群的混合岩类,长城系关门山组白云岩是构成本区成矿围岩的主要地层,岩石以碳酸盐岩为主,碎屑岩次之;白垩系为紫色和草绿色砂岩、砾岩或粉砂岩。其中高于庄组第五岩性段条带状藻白云岩为主要容矿层位,生成环境为半封闭海湾内碳酸盐岩台地相的生物化学岩。地层为一呈北东走向的单斜构造及叠加其上的次级褶皱,被后期生成的北东向和北西向断裂切割,有的褶皱轴部被辉绿岩侵入。柴河铅锌矿有 2 个矿段,共有铅锌矿体125 个,主要矿体 25 个,矿石品位高,累计探明储量铅 147 805t,锌 391 537t,分别赋存于小西沟向斜与关门山背斜中,集中了矿床储量的 90%,主要矿体赋存于标高 -285～-25m 的空间内。

矿区构造以断裂构造为主,对柴河铅锌矿具有重要的控制作用。根据断裂走向主要可以分为 3组,第一组为形成于元古宙时期,基本上与裂谷同时代发育的东西向断裂;第二组为主要形成于中生代的在东北地区广泛发育的北东向断裂;第三组为与第二组形成时期大抵相同可能略晚些的北西向断裂。从本区来看,第一组断裂沟通深部与浅部断裂构造,起着"承上启下"的作用,第二组总体上控制了矿体的区域性走向展布特征,第三组则具体控制了矿体的空间赋存和矿体的形态、产状。总体来看,东西向断列(还包括一些南北向断裂构造)控制了成矿物质的地质特征。矿区内小褶皱发育,与断裂大致呈等距离分布,各组断裂相互切割呈棋盘格状。

矿区南部和西部出露的岩浆岩主要有辉绿闪长岩、辉绿玢岩等,呈岩株、岩脉、岩床状产出,辉绿岩受不同程度蚀变。该矿床为层控热液裂隙充填交代矿床,矿体呈不规则的透镜状盲矿体,不规则的似层状、扁豆状、串球状等。矿体走向北东75°～80°,向南倾斜。金属硫化物主要为方铅矿、闪锌矿、黄铁矿等；脉石矿物有白云石和石英,伴生元素有Cd、Hg、Ag,含量较高,具有极高的工业价值。经过多年强化开采,资源已采掘殆尽,被迫闭坑,见图3-127。

图3-127 辽宁省铁岭市铁岭县柴河铅锌矿

(13)辽宁省朝阳市朝阳县瓦房子锰矿。辽宁省锰矿资源比较丰富,开发较早,锰矿有4种类型,即热液型、矽卡岩型、浅海沉积型和沉积变质型。浅海沉积型锰矿工业意义较大,热液型锰矿规模小,但品位高,二者构成省内锰矿的主要来源。省内锰矿有大型矿床1处、小型矿床4处、矿点7处。

瓦房子锰矿位于朝阳市西南62km,瓦房子镇团山子村,为辽宁省内主要锰矿产地,探明储量为2 079.2万t,远景储量1 994.8万t,为大型锰矿床,属浅海相沉积型矿床,分布明显受到地层条件和岩相古地理条件控制。生成于海侵期间,还原盆地的边缘,其含矿建造类型属海相碳酸盐岩含锰建造。

矿区大地构造位置处于华北陆块、燕山中新元古代裂隙带、辽西中生代上叠盆地带、朝阳中生代叠加盆地中,瓦房子复背斜东翼,瓦房子向斜北东缘,区域复式褶曲构造发育。矿区内有由蓟县系与寒武系构成的2个向斜构造,轴向北东30°～40°。矿区分南区和北区,二者之间被北东向大断层分开。矿区出露地层有中、新元古界蓟县系的雾迷山组、洪水庄组、铁岭组,下古生界寒武系,中生界白垩系和新生界第四系。

锰矿产于蓟县系中的铁岭组含锰岩段,含锰岩系自下而上为灰白色中厚层燧石条带含锰白云岩、褐紫色薄层含锰灰岩、扁豆状锰矿体、灰白色及褐灰色薄层灰岩,厚42m,底部为含石英砂粒的竹叶状碎屑石灰岩,该灰岩之上为赋存锰矿的粉砂质页岩-粉砂岩层,有2个锰矿含矿层。锰矿体呈矿饼群赋存在含锰岩系内,矿层延长较远,层位稳定,为主要矿层,矿体产状与赋矿岩层相一致。矿石自然类型有原生氧化锰、碳酸锰、轻微变质的褐锰矿及次生氧化锰。矿石锰含量一般10%～14%,富矿石含量在27%以上,富矿体分布在鸡关山区及局子区,瓦房子锰矿现正在开发利用中,见图3-128。

2)采矿遗迹

(1)辽宁省阜新市太平区海州露天矿遗址(国家级),是国家"一五"计划(1953—1957年)期间斥巨资建造的大型露天煤矿,是当时亚洲最大的露天煤矿,也是新中国第一座大型机械化、电气化露天煤矿,其电镐作业场面先后成为1954年B2邮票和1960年五元人民币图案,同时北京世纪坛300m甬道石壁上刻有海州露天矿诞生日。1953年到2003年,海州露天矿累计为国家生产煤炭2.1亿t,被誉为

图 3-128　辽宁省朝阳市朝阳县瓦房子锰矿

新中国工业化历程上的"金钉子"。以海州露天煤矿为代表的矿山遗址见证着中国现代工业百年发展史，经历人工挖掘—半机械化—机械化—电气化—自动化—数字化。这里有日本产蒸汽机车，二战时期捷克式电机车，苏联进口的第一台电镐等工业遗产文物，还有新中国制造的第一台和最后一台蒸汽机车。在一百多年的开采历程中，海州露天矿创造了无数个中国乃至世界上的"第一"，堪称中国现代工业的活化石。

2005 年 6 月，海州露天矿由于煤炭资源枯竭正式宣布闭坑破产，因采煤留下了一个长 4km、宽 2km、垂直深度 320m 的巨大矿坑，最低点海拔－175m，是可步行到达的最低点（图 3-129）。2005 年，建成全国首批国家矿山公园，分为世界工业遗产核心区、蒸汽机车博物馆和观光线、国际矿山旅游特区和国家矿山体育公园四大板块上百个景点，是在露天采矿遗址上建设的世界工业遗产旅游项目，集旅游、考察、科普于一体的工业遗产旅游资源，也是全国第一个资源枯竭型城市转型试点。

图 3-129　海州露天矿遗址景观

海州露天矿距阜新市中心3km处,总面积30km²。阜新煤田属断陷型盆地,地处华北陆块、燕山中新元古代裂隙带、建平晚古生代陆缘岩浆弧。海州露天矿的煤炭生成于中生代,大规模的地质变迁形成了许许多多的动、植物化石标本,称为阜新生物群。海州露天煤矿有28个界平盘和8个作业平盘,平盘边缘裸露断面清晰地显示地质结构特点,是许多地质院校的实习点。

含煤地层为中生界白垩系九佛堂组和阜新组,九佛堂组岩性为粉砂质页岩、页岩、粉砂岩及砂岩,夹砾岩及油页岩和煤,厚206.3～2 685.1m。属淡水湖相沉积建造。煤种主要为长焰煤和气煤。

同时海州露天矿也是阜新组(K_1f)剖面的建组地,王竹泉、黄汲清(1929)创名,称阜新煤系,创名地点在阜新一带,北京地质学院(1960)改称阜新组。分布于义县、阜新、黑山、法库、昌图西部等地,为整合于沙海组之上,以灰白色砂岩、砾岩为主,夹深灰色泥岩、碳质页岩和多层煤的一套含煤地层,其上被孙家湾组不整合或平行不整合覆盖,含动、植物化石。阜新组自下而上分3个岩性段:一段以砂岩、页岩为主,夹砾岩。含有下部煤层群(高德层),厚50～450m;二段以砂岩、砂砾岩为主,含有4个煤层群,在其上、下有砂质页岩层,厚200～400m;三段为砂砾岩夹砂岩、页岩和薄煤层,厚度大于1 400m。本组总厚415～2 344m。

阜新组正层型剖面在阜新海州露天矿的西帮,从上到下为:孙家湾层段,煤层夹灰色砂岩、页岩、深灰色薄层泥岩、浅灰色砂岩夹煤线,厚层砂岩夹灰色薄层泥岩,粗砂岩夹煤层;太平层段,浅灰色厚层砂岩,粉砂岩夹煤线;高德层段,灰色砂岩及粉砂岩;沙海层段,粉砂岩及细砂岩夹有薄煤层;海州层段,粗砂岩及粉砂岩(图3-130)。

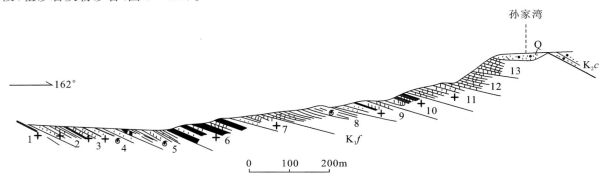

图3-130 海州露天矿到孙家湾村中生界阜新组剖面示意图

该组岩性变化不大,各地厚度变化较大。以阜新海州煤矿为沉积中心,可采煤层数层,称煤层群,向西南延伸,在东梁附近,含煤性较差;至义县以南许家洼子一带,基本无可采煤层;向东北延伸,在铁法地区厚842.3m,煤层主要夹于中、上部,下部粗碎屑岩中常含较多炭屑,局部具斜层理。

阜新生物群是继早白垩世早期热河生物群之后演化而来的白垩纪晚期新型生物群,其层位为早白垩世的冰沟组和阜新组,距今年限为1.2亿～1.1亿年。生物群以固阳鱼(Kuyangichthys)、延吉叶肢介(Yanjiestheria)、日本蚌-手取蚬(Nippononaia-Tetoria)和刺蕨(Acanthupteris)组合为代表,通称"K-Y-N-A"生物群,主要分布在建昌冰沟地区,阜新露天煤矿、新丘煤矿等地。

阜新生物群的脊椎动物化石较为丰富,主要包括亚洲龙(Asialosurus)、黑山蛋(Heishanoolithus)等恐龙化石,德氏蜥(Tethardosaurus)等爬行动物化石,远藤兽(Endotheium)、明镇古兽(Mozomus)等哺乳动物化石,以及主要以固阳鱼(Kuyangichthys)、昆都仑鱼(Kuntulunia)海州鱼(Haizhoulepis)为代表的鱼化石。

阜新生物群由于分布零散,尚未发现很典型的地质遗迹,但它作为早白垩世晚期的生物群,逐步向晚白垩世生物群演化和过渡,甚至向古近纪过渡,具有一定的研究意义。阜新生物群恐龙化石较少,而昆虫、植物、叶肢介、介形类、腹足类繁盛,这是向古近纪演化过渡的一种表现。因此,应加强对阜新生物群的研究,见图3-131。

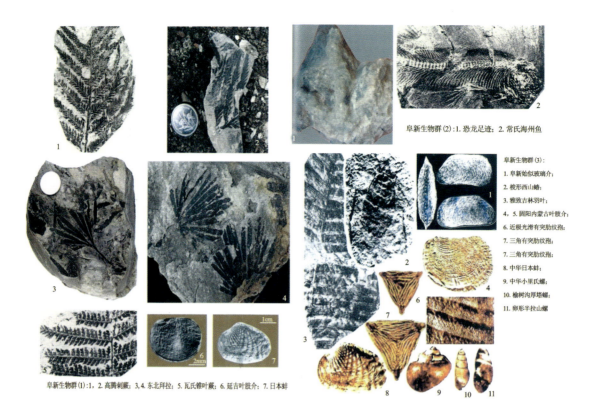

图 3-131 阜新生物群化石资料

海州露天矿作为工业遗产不仅具有令人震撼的外表,更具有深刻的工业文化内涵,是中国大型露天煤矿生产工艺的集大成者。更重要的是,作为新中国社会主义工业化发展的象征,几十年间历经了新中国工业化进程艰辛而富有意义的沧桑历史,见证了几代人艰苦创业历程的真诚和壮美,在这里沉淀为真实而珍贵的记忆。该采矿遗址评价等级为国家级,见图 3-132、图 3-133。

图 3-132 海州露天矿国家矿山公园矿坑

图 3-133　海州露天矿国家矿山公园（阜新组剖面）

(2) 辽宁省抚顺市抚顺煤田西露天矿矿坑采矿遗迹（国家级）。抚顺煤田位于抚顺市，东起东洲河，西至古城子河，南起煤层露头，北至 F_1 断层，东西长 18km，南北宽 2km，面积 36km²。抚顺西露天矿始建于 1901 年，是一个具有百年开采历史、规模宏伟的大型露天矿，以开采历史悠久、规模宏伟、技术先进而闻名于世，主要生产煤炭和油母页岩 2 种有益矿物。中华人民共和国成立以来，抚顺西露天矿为国家生产煤炭 2.6 亿 t，油母页岩 4.8 亿 t，为国家经济的发展做出了突出贡献。煤质以气煤为主，约占 71.3%，长焰煤约占 28.7%，是优质的动力煤，发热量平均为 7 000kcal/kg，油母页岩富矿含油率 6%～14%，发热量平均为 1 510kcal/kg，是炼制石油的上等原料。抚顺西煤矿是抚顺市最具代表性的工业文明象征，被誉为"亚洲第一大矿坑"，多位党和国家领导人都曾来这里视察。矿坑东西长 6.6km，南北宽 2.2km，总面积为 10.87km²，总空间为 21 亿 m³。而开采深度为海平面以下-339m，垂直深度 424m，坑底为中国大陆最低点，见图 3-134。

图 3-134　抚顺西露天矿矿坑

抚顺煤田地质构造复杂，有许多较大的断层和褶皱，亦有小褶曲存在。区域地质构造位于燕山运动地质活化所形成的东西方向的地堑构造之中，于地堑中堆积白垩纪地层后，由于负向转向正向而停止堆积，至古新世再度沉降，开始沉积古近纪煤系地层，后由于喜马拉雅造山运动，造成走向近于东西,平行的2个向斜构造,向斜两翼不对称,构成了抚顺煤田区域地质构造的基本轮廓。南部向斜与背斜均赋存于浑河南岸,浑河位于北部向斜之上,抚顺煤田即赋存在南部向斜之中。煤田北缘F_1大型逆断层使较老的地层逆冲于第三纪含煤地层之上,含煤地层为古近系,不整合伏于白垩系之下。

太古宙花岗片麻岩、角闪片麻岩等变质岩构成了煤田基底。燕山运动末期有数次规模不同的火山活动,使玄武岩、辉绿岩、安山岩穿插于白垩纪地层之中,抚顺西露天矿煤田火成岩主要是玄武岩,在南帮普遍存在。古近纪古新世玄武质岩浆喷发至少有4次。在老虎台组地层形成的中期,第三层煤(B_3、B_2)形成以前和以后各有1次大规模的喷发,玄武岩呈岩床存在,在B_1层煤形成后又有1次玄武质岩浆喷出。在间歇期间形成了凝灰岩的沉积,以后火山活动即告终止,开始栗子沟组地层的沉积。

根据洪友崇等(1980)著的《辽宁抚顺煤田地质及其古生物群研究》中所确定的地层系统,矿区地层自下而上分为:太古宇鞍山群、中生界下白垩统、新生界古近系抚顺群和第四系。主要含煤地层为:老虎台组第三层煤(B层煤)、栗子沟组第二层煤(A层煤)、古城子组本层煤(第一层煤),其中古城子组本层煤是露天矿主要开采煤层,煤层中夹黑色页岩、灰质页岩、烛煤、琥珀、灰黑色砂岩和粉砂岩。煤层顶底板均为褐色页岩和碳质页岩(图3-135)。

图3-135 抚顺西露天矿出露的抚顺群古城子组标准地层剖面(产昆虫琥珀化石)

在古城子组本层煤中含大量的琥珀,是由新生代古近纪柏科树脂经沉积、聚合等一系列地质活动形成的有机和无机混合物,属于非结晶质的有机宝石。抚顺琥珀矿体赋存于抚顺群古城子组的巨厚煤层和煤层顶底板或煤与夹层的接触面上,呈条带状、透镜状分布于煤层中的多为琥珀颗粒或呈星散状的琥珀煤;呈结核状或不规则状的较大粒度富集于煤层顶底板或煤与夹层的接触面上;少量呈液滴状赋存于煤核中,极少偶见于煤精中,见图3-136。

抚顺昆虫琥珀是闻名世界的有机宝石,距今约5 000多万年。抚顺市是世界琥珀的重要产区,也是中国宝石级琥珀和昆虫琥珀的唯一产区。抚顺琥珀以"色彩丰富低调、光泽明亮柔和、质地细腻温润"闻名于世,是世界上较为珍贵的琥珀品种。抚顺琥珀在琥珀家族中,以形成年代久远,条件苛刻、形态多样而自成一派,见图3-137。

图 3-136　抚顺煤层中的琥珀与煤精

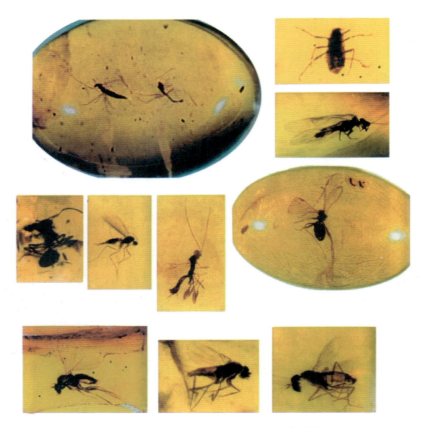

图 3-137　辽宁抚顺煤田露天矿昆虫琥珀化石

抚顺西露天矿由于数年的开采,矿坑周缘边坡地段滑坡、泥石流、地裂缝等地质灾害时有发生,造成了相当大的破坏和损失,地裂缝主要产生在北帮的中部,破坏影响极为严重。据抚顺矿区历史资料记载,在矿坑下挖过程中,从1927年至今,已发生不同规模的滑坡90余次,累计滑坡体积达4 500万 m³。2010年发生的千台山滑坡,估算总体积约1亿 m³,滑坡体面积3.13km²,危险区面积3.68km²。该滑坡南北向纵长约1 200～1 500m,东西向横宽约3 100m,滑面埋深大于50m,为深层滑坡。滑坡变形体位于西露天矿南帮区域,前缘位于西露天矿坑底部,高程约－310～－270m,后缘高程约100～205m,边坡高差400～500m。

滑坡体主要成分是中生代栗子沟组凝灰岩层、老虎台组玄武岩层,以及分布于其中的软弱夹层,下伏基岩为太古宙花岗质片麻岩层。钻孔揭示滑坡体深部有2~3条滑带,分别为玄武岩中较为连续的泥化夹层,以及玄武岩与花岗片麻岩接触部位的泥化夹层;滑床为花岗片麻岩层。

抚顺西露天矿滑坡造成过多次重大事故,如1948年抚顺西露天矿西部长1 500m的煤层被滑坡岩石掩埋,不能进行采煤工作;1955年12月,在南帮东部下盘区,由于地面水灌入边坡下部的残煤着火引起爆炸,触发了底板凝灰岩层滑坡,造成坑下多人死亡;1971年又发生类似的爆炸滑坡事故;1959年由于南帮边坡下部的煤壁被采掉,底板凝灰岩层发生滑坡,煤炭主要提升系统西大卷一度被迫停运,工程处理历时3年,耗资2 000多万元;西北帮十三段站附近,绿色页岩向斜轴部地区,自1960年以来发生过14次滑坡,多次造成剥离列车脱轨翻车事故;1964年南帮西部发生大滑坡,整个南部机电检修厂被破坏;1979年西端帮发生大滑坡,掩埋了西大卷道,一度造成煤炭停产;1981年以来,北段一段站28站等白里系岩石边坡,沿矿区一号大断层带多次出现滑坡与变形,至今仍威胁北帮剥离运输干线的安全。随着抚顺西露天矿坑的深挖,周缘边坡高度逐渐加大,从1986年开始出现大规模的滑坡和变形,累计地面变形区范围500~700m,最大下沉4~5m,水平位移14m。近些年来灾害变得更为明显,2005年8月13日前后一次强降雨引起2处滑坡,一处位于北帮兴平路地段,另一处位于北帮南阳路地段。2006年6月10日至18日,由于强降雨,在北帮南阳路地段产生水平宽度达近0.5m的地裂缝。

抚顺西露天矿由于规模较大,地质构造复杂,岩性变化大,开采70多年来,几乎所有类型的滑坡都出现过,这对边坡工程及研究来说是一个很好的天然实验室,具有重要的工程地质学习、研究价值,见图3-138。

图3-138 抚顺西露天矿滑坡地质灾害遗迹

综上所述,该采矿遗址评价等级为国家级。

3)陨石坑及陨石体:辽宁省鞍山市岫岩县岫岩陨石坑(国家级)

陨石坑是太阳系中许多固态星球表面常见的一类环形凹坑或环形地质构造,一种经由星球之间超高速碰撞形成的宇宙地质奇观,对探索地球的形成和演化、古生物变迁、成岩成矿以及地球深部物质状态等领域具有重要意义。

岫岩陨石坑位于辽宁鞍山岫岩县,陨石坑的主体部分位于岫岩县苏子沟镇,环形凹坑内部区域的地名叫罗圈沟里。

根据陈鸣(2016)《岫岩陨石坑星球撞击遗迹》一书,岫岩陨石坑是2009年,我国首个被证实的陨石坑。此陨石坑形态呈清晰碗状,由坑缘、坑唇、坑壁、坑底构成,属于简单坑。直径1 800m,坑深约150m,保存比较完整。

坑区基岩为20亿年前形成的古元古代变质杂岩地层,主要岩性为浅粒岩、变粒岩、片麻岩、斜长角闪岩、透闪岩、大理岩、片岩、千枚岩等,坑缘和坑底多被浮土、残坡积物和第四系湖相沉积物覆盖,包括湖沼相和河流相沉积物。

陈鸣(2009)的《岫岩陨石撞击坑的证实》论文中，通过对坑内物质的放射性同位素分析，初步确定陨石撞击事件发生在5万年前，属于一个比较年轻的陨石坑。坑体基本的地震构造并没有受到大的破坏和明显的改造。坑缘、坑唇、坑壁和坑底等主要地质构造要素齐全，形态完美，气势恢宏，充分体现了一个巨大碗形撞击坑的地质地貌特点。它的宏观和微观撞击证据保存得比较完整，展现了地质构造、撞击岩石以及丰富的矿物冲击变质特征的完美组合，体现了一个完整撞击坑地质构造该具有的各种地质特征。

目前我国发现的陨石坑数量比较少，岫岩陨石坑是中国极为珍贵的自然遗产，陨石坑的发现具有多方面的意义，对研究现代行星地质学、古生物突变事件、矿产资源、成岩成矿以及地球深部物质状态等领域具有极高的科研价值，同时可以作为科普教育基地。不但要保护好陨石坑区域的环境，而且应该加快研究和开发利用的步伐。岫岩陨石坑这一宇宙奇观的开发利用，可服务于全民科学普及教育，同时将给当地带来一定的社会和经济效益，见图3-139、图3-140。

综上所述，该陨石坑评价等级为国家级。

图3-139 辽宁省岫岩陨石坑全景

图3-140 辽宁省岫岩陨石坑航拍图

(二)地貌景观大类

辽宁省地处我国东北地区,黄、渤海之滨,地质构造复杂,受新构造运动影响,辽宁省东部和西部山地丘陵与中部平原地形差异明显。第四纪时两侧山地丘陵受间歇性差异升降作用,遭受不同程度的侵蚀-剥蚀作用,构造复杂,隆升和断褶相伴,岩浆活动频繁,从而铸就成因和形态复杂的地貌单元。在新构造运动较强烈的宽甸地区,沿宽甸断裂有火山喷发活动;在碳酸盐岩发育地区尚有洞穴堆积以及冰期内的冰碛、冰水堆积物;中部下辽河平原自进入第四纪以来继续整体下降,发育了连续沉积的冲积、海积、冲海积物。大连市南部海岸以震旦纪地层为主,是我国著名的海岸地貌景观旅游区,庄河地区则出露有广泛的榆树砬子组石英岩,形成了著名的冰峪沟景观,号称"北方小桂林"。其次侵入岩地貌也较为发育,形成了诸多的花岗岩地貌景观。丹东市有该省最美丽的河流——鸭绿江,沿鸭绿江支流发育了众多的水体地貌景观。这些地貌类地质遗迹资源不仅具有很高的旅游观赏价值,也带动了地方经济的发展,如鸭绿江景观带动了整个丹东市旅游业的发展,使丹东市成为该省除大连市之外的最著名的旅游城市。此外鸭绿江不仅景色秀丽,水质也十分良好,在人们欣赏景色的同时,也能唤起大众保护自然环境的认识,具有旅游开发、环境保护方面的多重意义。

地貌景观大类地质遗迹共有75处,包括岩土体地貌28处,水体地貌18处,火山地貌7处,冰川地貌3处,海岸地貌13处,构造地貌6处,见表3-5。

表3-5 地貌景观大类重要地质遗迹统计表

大类	类	数量(处)	合计(处)	备注
地貌景观	岩土体地貌	28	75	3个国家级
	水体地貌	18		1个世界级 5个国家级
	火山地貌	7		2个国家级
	冰川地貌	3		
	海岸地貌	13		3个国家级
	构造地貌	6		1个国家级

1. 岩土体地貌

岩土体地貌分布广泛,数量较多,共有28处。其中碳酸盐岩地貌8处,侵入岩地貌17处,碎屑岩地貌3处。

1)碳酸盐岩地貌(表3-6)

辽宁省本溪市地处太子河流域,古生代沉积范围较广的碳酸盐岩,在后期构造作用和地下水活动的共同作用下,形成了较典型的北方岩溶景观。岩溶类型丰富,规模宏大,地表、地下岩溶相得益彰,充分展现了典型的北方岩溶特点。

(1)辽宁省本溪市地下充水溶洞岩溶地貌(国家级),位于本溪市东部山区太子河畔,为40万年前形成的大型地下河岩溶洞穴,总长3 650m。现已开发的旅游洞道长2 800m,面积45 000m²,体积390 000m³,洞体规模宏大,各种岩溶景观千姿百态。

表 3-6 碳酸盐岩地貌一览表

亚类	序号	遗迹点名称	评价级别
碳酸盐岩地貌	1	辽宁省本溪市地下充水溶洞岩溶地貌	国家级
	2	辽宁省本溪市桓仁县望天洞岩溶地貌	省级
	3	辽宁省本溪市明山区卧龙镇金坑村岩溶漏斗群	省级
	4	辽宁省本溪市九顶铁刹山碳酸盐岩地貌	省级
	5	辽宁省大连市金普新区金石园碳酸盐岩地貌	省级
	6	辽宁省丹东市凤城市赛马岩溶洞穴群	省级
	7	辽宁省葫芦岛市南票区盘龙洞岩溶地貌	省级
	8	辽宁省朝阳市双塔区凤凰山碳酸盐岩地貌	省级

本溪水洞是天然地下充水溶洞，生成始于50万～40万年前第四纪中更新世，赋存于古生界中奥陶统马家沟组灰岩中，洞穴都沿断层破碎带分布。本溪水洞系统包括地下暗河、充水洞，洞穴总长3 651.5m，可以行舟长度2 800m。洞穴面最大洞厅高38m，宽70m，洞体规模宏大，各种岩溶景观千姿百态，见图3-141。

图3-141 辽宁省本溪水洞内部

本溪水洞是国内迄今水量最大的灰岩溶洞，溶洞沿着灰岩内发育的东西向断裂与南北向、北西向、北东向断裂相交错的破碎带发育，洞身9次"文"字状迂回曲折，隧洞状、大厅状、廊道状形态交替连接，洞穴高低错落、洞中有洞、各有洞天、结构奇特。水洞进洞口高、宽各20多米，洞内分为旱洞和水洞。旱洞长300m，水洞地下暗河全长9 500m，面积约36 000m^2，最开阔处高38m、宽50m。地下暗河蜿蜒曲折，洞内水流终年不竭，每昼夜流量可达5 000m^3，见图3-142。

洞内地下暗河是本溪水洞的精髓，根据示踪试验以及同位素水文学的研究证实，其水的来源有3部分：一是源于汤河水的直接补给；二是来源于汤河河床覆盖层下的奥陶系灰岩含水层的岩溶水补给；三是来源于水洞西岸分布的寒武系、奥陶系灰岩含水层的岩溶水补给。这3部分的水汇入水洞地下暗河之后，分别从银波洞（东支洞）和蟠龙洞（西支洞-潜流洞）排泄于太子河。地下水位标高175.7～183m，水面的水力坡度1‰～1.5‰，平均深2m，最深达7m，平均水温7～12℃，其地下暗河可乘船游览。据水质分析，水质为低矿化度的优质饮用水。

图 3-142　辽宁省本溪水洞

洞内有机械沉积物和化学沉积物。机械沉积物有地下暗河河岸的薄层粉砂质黏土、崩塌碎屑和岩块。粉砂质黏土层的层理明显，一般厚 4～5m，崩塌碎屑和岩块的厚度一般 10 余米，机械沉积物表面已被钙化物覆盖。化学沉积物是沿洞顶、洞壁渗流的含 Ca^{2+} 遇重碳酸水分解沉积形成的石钟乳、石笋、石柱等钟乳石，以及石帘、石帷幕、石瀑布和石幔等壁流石，见图 3-143、图 3-144。

图 3-143　辽宁省本溪水洞化学沉积物——石幔、石柱与岩溶缝

本溪水洞的生成始于 50 万～40 万年前第四纪中更新世。岩溶洞穴的形成，可划分为 3 个阶段，即早期的潜水洞阶段、中期的地下水位洞穴（半充水洞）阶段和晚期的完全脱离地下水位的旱洞（又称化石洞）阶段。本溪水洞正处于中期阶段，即地下水位洞穴（半充水）发育阶段。而洞中西侧的旱洞已进入晚期的化石洞阶段，洞口东侧的银波洞则仍处于早期的充水洞发育阶段。

图 3-144 辽宁省本溪水洞——钟乳石

本溪水洞的形成主要有3个有利条件:一是水洞发育在下古生界奥陶系马家沟组(O_2m)、亮甲山组(O_1l)、冶里组(O_1y)灰岩中,该灰岩层是可溶性岩层,呈条带状分布在太子河和汤河的河间地带,并且水洞与区域主要断裂带发育方向一致,以地下河及区域地下排泄通道的形式从含水层中流出。二是这里的断层、节理裂隙特别发育,有东西向、南北向、北西向和北东向4组断裂构造。在空间分布上,水洞属于横向型洞穴,主要通道完全沿水平方向展布。洞穴沿北西向、近东西向和近南北向3组裂隙发育,呈折线状延伸,支洞则沿近东西向和近南北向的裂隙发育。其中东西向的断层几乎与水洞的延展方向一致。断裂构造破坏了岩石的完整性,同时也是地下水在其中运移的通道。由此可见,洞穴的发育与构造关系十分密切。三是在灰岩裂隙中流动的水,是由汤河水补给的,它具有很强的溶蚀能力。由于上述条件并存于水洞地区,汤河水在灰岩层里流动,经过几十万年的溶蚀、崩塌作用,最终形成了本溪水洞——大型地下暗河型岩溶洞穴。

天龙洞位于本溪县小市镇香磨村汤河岸,距本溪水洞6km,是本溪水洞地下暗河的源头,也发育在马家沟灰岩岩层中。汤河水终年通过天龙洞口的支洞渗漏补给本溪水洞地下暗河,其补给量为水洞地下暗河水总量的60%,这条长6km的地下暗河把天龙洞和本溪水洞首尾相接,形成独特的地质地貌和自然奇观。天龙洞洞长1100余米,洞内发育有石笋、石蓬、石花、石旗和崩塌堆积物,有地下迷宫之美称。其内发育一石旗,全长6.6m,宽达0.38m,酷似石龙。洞穴沉积物主要包括化学沉积物、重力崩塌堆积物和地下暗河碎屑沉积物。

本溪水洞归属本溪国家地质公园,为辽宁省著名的旅游景区,在我国北方地区属罕见的喀斯特地貌,地下暗河独具特色,对研究我国北方的岩溶洞穴具有科学价值。

综上所述,该水洞评价等级为国家级。

(2)辽宁省本溪市桓仁县望天洞岩溶地貌,位于桓仁县雅河乡,是具有北方岩溶特点的大型溶洞。望天洞赋存于上古生界下奥陶统下马家沟组深灰色中厚层夹薄层灰岩、花纹状灰岩,夹含燧石结核灰岩岩层中,沿印支期断裂分布。由于自然洞口为1个朝天洞而称望天洞,望天洞有并列的2个天窗,右侧洞口面积约50m^2,左侧洞口面积约35m^2。已探察的洞长有7000m,有下、中、上3层洞穴,见图3-145。

下层洞穴为1个全充水洞,长400余米,有7条暗河和30余个水潭,水深处达7m,地下暗河蜿蜒曲折,终年不枯,有鱼等生物。

图 3-145　辽宁省本溪市望天洞

中层为廊道式和厅堂式洞穴,是岩溶水沿断裂深处渗漏,经长期侵蚀、溶蚀而成。洞内有化学堆积物和机械堆积物。从洞顶渗出的含 HCO_3^- 的地下水,进入洞穴逸出 CO_2,生成碳酸钙又沉积下来,在洞穴中形成了石钟乳、石笋、石柱、石幕和泉华等化学堆积物——钟乳石。洞内钟乳丛生,晶莹剔透,其形状如峰如柱、如林如笋、如塔如佛、如花如瀑,大小不同的钙华、边石坝和流石坝、池群,似如梯田,又像长城,造型奇特,气势壮观,观赏品味极佳。从洞顶、洞壁崩塌下来的一些碎屑堆积物,与洞底石灰华、黏土混杂胶结形成了坚硬的机械堆积物,形状如虎如龙,很有观赏价值,见图 3-146。

图 3-146　辽宁省本溪市望天洞化学堆积物

上层为旱洞,洞穴形态为廊道式、厅堂式和迷宫式,迷宫中的迷道,其宽度发育均衡,一般0.8～1.0m,高1.6～2m,上下分3层,3层又相连,总长1 100m。迷宫中洞中有洞、洞洞相连、迂回曲折、扑朔迷离,被洞穴专家称为北方第一洞,见图3-147。

图3-147　辽宁省本溪市望天洞化学堆积物与溶蚀槽(迷宫)

望天洞岩溶地貌归属本溪国家地质公园,具有较高的旅游观赏价值。

(3)辽宁省本溪市明山区卧龙镇金坑村岩溶漏斗群。溶蚀洼地与落水洞主要分布在本溪市明山区卧龙镇金坑村一带,岩石均为可溶性灰岩,裂隙发育,在地下水和大气降水的作用下,在地表冲刷、溶蚀成坑,溶蚀洼地和落水洞极为发育。溶洞的塌陷也加快了地表岩溶洼地的形成速度。岩溶洼地是具有一定汇水面积的负地貌地形,平面形态为圆形或椭圆形。金坑村一带地层主要为下奥陶统亮甲山组,岩石的化学成分、结构构造是岩溶发育的首要条件;其次,岩溶洼地群分布在宽缓背斜与北东向构造交会处,节理、裂隙发育。根据浅层物探结果显示,岩溶洼地群呈带状,总体呈北东50°方向展布,单体多呈舒缓波状,宽度较小,见图3-148。

图3-148　辽宁省本溪市卧龙镇金坑村溶蚀洼地与岩溶漏斗群

水动力条件是岩溶发育的外部条件。该区位于高处,既是地下水补给区,又是地下水径流区。

地下水补给区主要以竖向岩溶为主,发育有垂直裂隙、落水洞等,以冒烟仙洞最为典型。冒烟仙洞因其每到冬季洞内冒出热气,遇到洞外冷空气,在洞口树枝上结成霜而得名,见图3-149。发育在奥陶系亮甲山组中厚层灰岩中的落水洞,在溶蚀洼地底部,由流水沿灰岩裂隙垂向溶蚀而形成。落水洞入口近于直立,向下曲折延伸,现已探测垂深80m,水平延伸范围30m,在目前探测深度内共有7处直上直下台阶,最高台阶可达20m,最小台阶1.8m,均呈倒置的犀牛角状,上口小,最大直径2.0～3.0m,最小直径0.3～0.5m,只能容纳1人爬入,其余部分均为斜下,方位不一,坡角在10°～40°之间,其垂向分布如图3-150所示。主要特点为呈狭洞状,狭洞首尾相互连接,洞内挂满了各种形状的钟乳石及下部对应的石笋,形状各异。在第 4 个台阶上为一大厅,高 30 余米,下部为崩塌落石所隔。该台阶上口宽 2.0~3.0m,下口宽 4.0~5.0m,这里的钟乳石像玉石、玛瑙一样玲珑剔透。

图 3-149　辽宁省本溪市卧龙镇金坑村冒烟仙洞

地下水径流区主要以溶蚀为主,发育有水平溶洞,以冰凌洞为代表。冰凌洞因其洞内结冰,一年四季不化而得名。该洞现已探测垂直深度 25m,范围延伸 40m,洞口呈漏斗状。溶洞内狭窄,宽为 5~10m,高不足半米,洞顶为灰岩层面,平整光滑,上面遍积水珠。洞底被落水携带物淤积几乎堵死。局部地段开阔,见有 3 个大厅,厅内景观奇特。

由此可看出,该区地表岩溶以岩溶洼地为主,地表水补给区发育落水洞,地下水径流区以水平溶洞为主。

(4)辽宁省本溪市九顶铁刹山碳酸盐岩地貌。九顶铁刹山位于本溪市满族自治县南甸镇云光村,是辽东地区名山,有 5 个峰,中峰原始顶,东峰玉皇顶,南峰灵宝顶,西峰太上顶,北峰真武顶。因从东、南、北 3 个方向仰望皆可见 3 个峰,三三合而为九,故名九顶铁刹山。最高峰海拔 912.9m,山势险峻,峰峦叠嶂,山势雄伟,风景秀丽。

九顶铁刹山为长白山余脉,由寒武系、奥陶系的灰岩组成,地表时有出露,并发育有较多岩溶洞穴,洞穴形态奇特,分布高程各异。山中存有古迹和摩崖石刻,有风光洞、天桥洞、乾坤洞、日光洞、风月洞、悬石洞等。其中最有名的是八宝云光洞,该洞斜向上,高 5~9m,深 20 多米,宽 7~10m。洞中岩溶形态奇特,似虎像龙,故有八宝云光之称。这里是从事北方岩溶洞穴研究的有利场所,见图 3-151。

(5)辽宁省大连市金普新区金石园碳酸盐岩地貌。由距今约 6.5 亿年的震旦系纹层状灰岩和砾屑灰岩构成,但据相关资料记载,这里 7 万年前应该是海岸带,为马家屯组($Pt_3^3 m$)灰岩,细层理厚为厘米级甚至毫米级,随处可见到泥质灰岩与页岩互层,为较深水环境的沉积。经溶蚀作用形成一个个孤岛状残丘,造型奇特、似人似物,溶洞、天生桥、溶蚀窗等形态多变、景象各异,倾斜的陡崖和一线天峡谷纵横交错、曲径通幽。

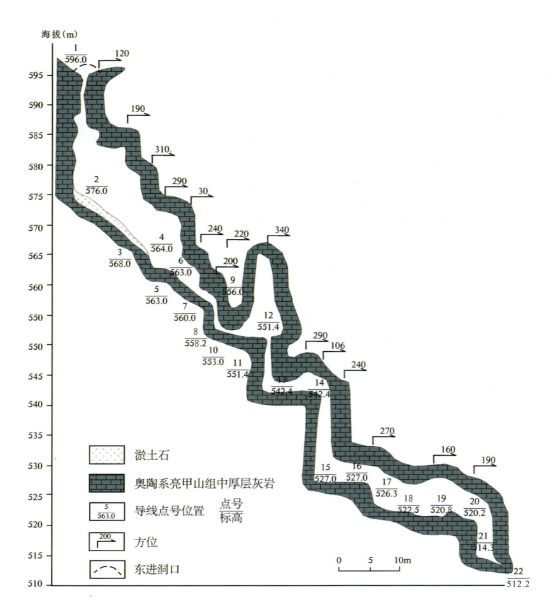

图3-150 辽宁省本溪市卧龙镇金坑村冒烟仙洞剖面图

图3-151 辽宁省本溪市九顶铁刹山碳酸盐岩地貌

金石园因岩石风化后呈金黄色而得名,为一处典型的喀斯特地貌,是我国北方地区唯——处滨海天然园林景观。既对研究大连地区古地貌、古地理、海平面的变化等方面有着非常高的科学价值,又具有极高的观赏性,有利于全民科普活动的开展,可谓集地学科普性及美学观赏性于一身。该遗迹点现属于大连滨海国家地质公园的一部分,见图3-152。

图 3-152　辽宁省大连市金普新区金石园碳酸盐岩地貌

(6)辽宁省丹东市凤城市赛马岩溶洞穴群,位于丹东市赛马镇的温洞村、由家村、武胜村及北庙村。洞穴群地处辽东山地丘陵区,地貌分区属营口宽甸剥蚀侵蚀低山丘陵。辽东山地属长白山支脉,由哈达岭-千山-辽东半岛山地组成,整体地貌形态受基底地质构造格架控制。营口宽甸剥蚀侵蚀低山丘陵为辽东山地丘陵中段,其地貌严格受岩性、地层及构造控制,形态较复杂。主要由寒武系、奥陶系灰岩组成。所处大地构造位置属于太子河坳陷南部边缘过渡带。

赛马地区目前已经发现5处岩溶洞穴,分别分布在赛马镇周围约7~8km范围内,它们是位于赛马镇温洞村的风洞和温洞、由家村的由家洞、武胜村的武胜洞及北庙村的神龙洞。其中风洞规模最大,最为壮观,该洞已探测深度2km,目前仍在探测中。洞内极为宽阔,可供中小型车辆进入。以发育众多天窗、暗河为特色,其中钟乳石遭受了一定程度的破坏。目前洞穴已经承包给私人开发商开发,见图3-153。

图 3-153　辽宁省丹东市凤城市赛马岩溶洞穴——风洞内部景观

(7)辽宁省葫芦岛市南票区盘龙洞岩溶地貌,位于葫芦岛市南票区暖池塘乡沙金沟与小洞村南侧,是1个造型奇特的岩溶洞穴,大洞中有小洞,旱洞中套有水洞。目前已初步探明盘龙洞岩溶洞穴总长在2 000m左右,岩溶洞穴中很可能还有地下暗河、落水洞、钟乳石、石笋、石柱、暖洞、冷洞、天窗、蘑菇云、方解石以及形状各异的连环洞等多处迷人的景观资源，岩溶洞穴总体形态为盘龙状。

勘测专家根据最新勘测结果认定，该洞具有规模大、洞形奇、类型全三大特点。洞内气温大约在10℃左右，主洞的南、北两端向下倾斜，形成2个奇异的水洞。该溶洞宽大约30～60m，洞高5～30m。洞顶有断裂，有水自断缝中滴出，生成琳琅满目、玲珑剔透的钟乳石和石笋。

该洞所处大地构造位置属于永安盆地。在溶洞分布地带岩性以灰岩为主，夹杂了呈带状分布的砂岩。一方面，约2亿年以前，由于女儿河断裂作用影响，水流把溶洞所在位置的砂岩搓碎，并由水流带走，溶洞的洞体逐渐形成。另一方面，降水通过山体过滤不断滴下，在洞穴的形成过程中，为洞穴中增加了美丽的钟乳石，见图3-154。

图3-154　辽宁省葫芦岛市南票区盘龙洞岩溶洞穴内部景观

目前，葫芦岛市有关部门已经将此地妥善保护起来，并表示要在以保护为前提的基础上，进一步加大探测和开发岩溶洞穴的力度，力争让这一宝贵的景观资源早日向游客开放。该资源在研究该区构造背景、构造演化方面有一定的科普价值和科研价值。

此外，在葫芦岛市连山区新台门镇哑路沟村也发现2处岩溶洞穴，大的1处位于村东山腰，洞口高2m，宽2.65m，洞长173m，洞内岩溶发育较好，主要地层为奥陶系灰岩、泥灰岩，石炭系石英砂岩，二叠系长石砂岩夹铝土质页岩及煤层，见图3-155。

图3-155　辽宁省葫芦岛市南票区哑路沟岩溶洞穴内部景观

(8)辽宁省朝阳市双塔区凤凰山碳酸盐岩地貌。凤凰山,晋朝称龙山,隋朝又称和龙山,清朝初改名凤凰山。地处辽宁省朝阳市区东 4km 处,辽西地区第一大河——大凌河从其山脚蜿蜒流过,山势为南东-北西走向,面积 55km², 最高海拔 660m,属松岭山脉北段,风光优美。

岩性为中元古界雾迷山组(Pt_2^2w)深灰色、灰白色中厚层、厚层白云质灰岩。所处大地构造位置为辽西中生代上叠盆地带。

凤凰山发育有多种典型地貌,从朝阳洞至云接寺约 600m 的灰岩地层中,沿途发育各种构造地质现象,如向斜、背斜、沉积构造、侵入的岩墙、沉积的生物碎屑灰岩、角石等化石等,并发育多种典型地貌,如溶洞、菌形地貌等,表明在更为遥远的寒武纪、奥陶纪时期,本区是一片汪洋大海,地壳运动相对稳定,许多陆源物质被带入大海并沉积下来。海洋的化学沉积作用也很活跃,在长期的成岩作用中,发生各种物理化学变化,最终形成碳酸盐岩。这些类型丰富的地质遗迹,可让人在欣赏人文自然美景的同时了解普通常见的地质知识,是一处进行科普教育的良好基地。同时,该区的构造遗迹,也是了解中生代时期该区构造环境的绝佳场所。并且,该区的构造与朝阳古生物化石形成之间有着密切的内在联系,记录了中生代时期的构造演化历史,可以为朝阳古生物化石的形成研究提供必要的佐证,被称为地质长廊。

凤凰山之龙山景区自然景观主要有金驼望月、象鼻山、天然大佛等,山高壁陡,谷狭壑险,或孤峰独秀,或群峦横黛,或形若苍龙游云,或神似怪兽卧岭,奇趣无穷。

朝阳市凤凰山不仅是辽西地区历史名山,也是燕、辽时享有盛誉的佛教圣地。早在 1660 年前,燕王慕容皝光就在山上修建了迄今东北地区最早见诸史籍的佛教寺院——龙翔佛寺,因此成为东北地区佛教的"祖庭",成为东北地区佛教第一寺。后经历代修建,形成了 3 塔(现存摩云塔、大宝塔,凌霄塔倾圮后重修)4 寺(延寿寺、天庆寺、云接寺,华严寺已不存)古建主体,此外还有北魏摩崖佛龛、辽代古道降香十八盘、清代倒座观音洞和卧佛古洞等古迹遗存。凤凰山植被丰茂,是国家濒危珍稀鸟类黑鹳的重要栖息地,见图 3-156。

图 3-156 辽宁省朝阳市双塔区凤凰山碳酸盐岩地貌

2)侵入岩地貌

辽宁省侵入岩地貌主要为花岗岩,全省都有分布,形成的地貌景观也较为相似,共有 17 处,其中有 1 处为国家级,其余均为省级,见表 3-7。

表 3-7 侵入岩地貌一览表

亚类	序号	遗迹点名称	评价级别
侵入岩地貌	1	辽宁省大连市普兰店市老帽山花岗岩地貌	省级
	2	辽宁省抚顺市抚顺县三块石花岗岩地貌	省级
	3	辽宁省抚顺市新宾县猴石山花岗岩地貌	省级
	4	辽宁省抚顺市清源县砬子山花岗岩地貌	省级
	5	辽宁省丹东市凤城市凤凰山花岗岩地貌	省级
	6	辽宁省丹东市宽甸县天罡山花岗岩地貌	省级
	7	辽宁省丹东市振安区五龙山花岗岩地貌	省级
	8	辽宁省丹东市宽甸县天桥沟花岗岩地貌	省级
	9	辽宁省丹东市宽甸县天华山花岗岩地貌	省级
	10	辽宁省鞍山市千山区千山花岗岩地貌	省级
	11	辽宁省鞍山市岫岩县药山花岗岩地貌	省级
	12	辽宁省锦州市北镇医巫闾山花岗岩地貌	国家级
	13	辽宁省朝阳市北票市大黑山花岗岩地貌	省级
	14	辽宁省朝阳市朝阳县劈山沟花岗岩地貌	省级
	15	辽宁省葫芦岛市建昌县白狼山花岗岩地貌	省级
	16	辽宁省葫芦岛市连山区大虹螺山花岗岩地貌	省级
	17	辽宁省阜新市阜蒙县海棠山花岗岩地貌	省级

(1)辽宁省大连市普兰店市老帽山花岗岩地貌，坐落在大连市普兰店市同益乡北部群山之巅，距普兰店市区145km，距安波镇10km，海拔848m，是大连地区第2高山，普兰店市第1高峰。所处大地构造位置为太子河坳陷及城子坦-庄河基底隆起、金州凸起，时代为中生代三叠纪第3次侵入的二长花岗岩。

距今28亿年前后，发生了鞍山运动Ⅰ幕，造成鞍山群下部的强烈变质和混合岩化作用。城子坦地区构成了太古宙辽南陆块，鞍山运动后本区抬升为陆，遭到剥蚀。到了中生代由于受北东向金州岩石圈断裂和碧流河断裂及复州-达子营壳断裂影响，引发老帽山地区花岗岩侵入，形成老帽山系。花岗岩由于棱角突出，易受风化，故棱角逐渐缩减，最终趋向球形，形成花岗岩的球形风化景观。而在侵蚀、剥蚀、差异风化的共同作用下，岩石间沿节理形成空隙，状似叠砌型。其经亿万年的风化剥蚀作用，形成了现存的地貌景观。

老帽山景区花岗岩发育，具花岗岩典型地貌特征，可以作为野外观察学习花岗岩地貌的良好教学场所，同时也是研究花岗岩体地质特征、成因类型以及构造特征的绝好地段。老帽山花岗岩旋回层次的分析，将是国内外地质学家们关注的焦点。

此外，老帽山还有大连古冰川遗迹，形成于第四纪。老帽山是古冰川、古气候研究和对比的重要区域，同时对研究古冰川的运动方向、运动特征具有重要的意义，见图3-157。

(2)辽宁省抚顺市抚顺县三块石花岗岩地貌，位于抚顺县后安镇，为长白山老龙岗余脉南麓，主峰石棚峰海拔1 131m，三块石峰海拔1 082m，四花顶峰海拔1 077m，构成了三峰鼎立之奇观。因高山之巅有3块高150余米的巨石昂首挺立而得名。大地构造位置处于龙岗隆起之清原太古宙花岗绿岩带。

图 3‑157 辽宁省大连市普兰店市老帽山花岗岩地貌

岩浆岩主要分为鞍山旋回和燕山晚期旋回两期，鞍山旋回有新太古代变质深成侵入岩，包含有新太古代英云闪长质片麻岩（$Ar_3\gamma\delta ogn$）、新太古代石英闪长质片麻岩（$Ar_3\delta ogn$）、新太古代花岗闪长质片麻岩（$Ar_3\gamma\delta gn$）、花岗质片麻岩（$Ar_3\gamma gn$）。燕山晚期旋回形成了早白垩世三块石花岗岩体，侵入新太古代变质表壳岩、片麻岩及小岭组火山岩中，岩性为正长花岗岩（$K_1\xi\gamma$），呈岩基状产出，面积达 190km²。岩体自内向外可划分为 3 个相带，内部相为中粗粒钾长花岗岩，过渡相为细粒似斑状钾长花岗岩，边缘相为细粒钾长花岗岩。岩体的分带现象是岩浆演化过程的体现，可作为岩浆岩岩石学领域相关研究的天然场地。

花岗岩体发育有 3 组节理，其中 2 组近直立，走向分别为 265°和 186°，另 1 组近水平，不同部位倾向有所不同。节理对岩石完整性起到破坏作用，对形成险峰峻岭起到重要的造景作用。

三块石岩体是中生代构造事件形成的，与整个华北东部地区大范围岩浆侵位事件相吻合，可能暗示着该时期地壳深处发生了大规模构造活动，有人认为可能与地幔柱有关。三块石岩体平面上具有分带性，这也是岩浆演化的反映。该岩体对区域构造演化具有重要的科学研究价值。

此外，三块石园区内保留很多第四纪冰川作用的痕迹，所形成的冰川刨蚀地貌及冰川堆积地貌主要有冰斗、刃脊、角峰、U 型谷及终碛堤、冰川漂砾等，其中三块石主峰上的巨石以及山谷中大量冰川漂砾堆积，沿着冰蚀谷分布，如一条石河，漂砾大者直径可达 6m，部分漂砾保存有冰川擦痕、磨光面等，具有很高的科学研究价值及观赏价值。目前辽宁省第四纪研究较薄弱，这些冰川遗迹对于辽宁省第四纪研究非常重要，见图 3‑158。

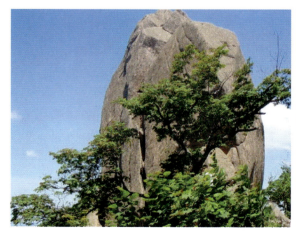 

图 3‑158 辽宁省抚顺市三块石花岗岩与冰川漂砾

此外，三块石已成为辽宁省著名的红色旅游区，包括石棚洞、房框子、石碾子、暗堡和地窖等遗址，是三块石地区作为抚顺抗日战争和解放战争时期革命根据地最好的历史见证。并且三块石所处的三块石森林公园动植物资源十分丰富，有野生动物22目176种，木本植物32科153种，草本植物68科242种，中草药587种，森林覆盖率高达92%，素有"天然物种基因库""北方温带雨林""乾坤青气得来难"之美誉，是集自然景色和人文历史文化于一体的旅游景观，已建成为省级地质公园。

（3）辽宁省抚顺市新宾县猴石山花岗岩地貌，位于新宾满族自治县木奇镇西南16km，为长白山系龙岗山余脉的延伸部分，主峰海拔962m，平均海拔520m。所处大地构造位置为龙岗隆起之新宾凸起。

猴石山花岗岩为晚白垩世侵入岩，可分为2期，出露的为第1期中深成相花岗岩类，岩体主要为花岗岩类，极少为正长岩，多为似斑状结构。岩石中斑晶多由钾长石组成，其次有少量石英呈斑晶出现，钾长石多呈半自形—他形粒状，偶见卡氏双晶。岩体富含钾长石，局部出现钠闪石，交代结构不明显。

花岗岩在地球构造应力作用下，产生了断层、张剪裂隙和垂直张剪节理，这些节理的特点是规模较大，裂隙面平直，各个剪裂面具有明显的剪节理的特点，剪切面平直光滑平整，并且都具有张性性质，垂直节理也具有明显的剪切特性，又经过长期的风化剥蚀及第四纪冰河期的寒冻风化作用，形成了千姿百态的奇石地貌景观，有猴石、启运石、"云雾双灵"、"骆驼回头"、"天成弥勒大佛"、洗月潭，以及该省最长最窄的夹扁石等40多处地貌景观。还有双灵寺等佛教文化建筑，成为辽北地区著名的地貌景观旅游地，2017年已经建成兴京省级地质公园。

猴石山花岗岩风化现象十分明显，主要表现为球状风化和差异风化。由于花岗岩岩石的组成不同，大部分的岩石为结构均一的花岗岩，易产生球状风化或者中度的球状风化，球状风化现象比较普遍。少数花岗岩在风化作用下，产生具有类似沉积岩的特性，由于岩性的不均一性，易产生差异风化，形成层状花岗岩，见图3-159。

图3-159 辽宁省抚顺市新宾县夹扁石与花岗岩后期风化形成的地貌

层状花岗岩在我国并不多见,猴石山层状花岗岩正是差异风化现象,其成因可能是太古宇沉积层在燕山期岩浆侵入期间在热力变质作用下形成的层状花岗岩,花岗岩化的程度较深,已经见不到沉积岩的特征,只保留了层状特性。解国爱等(2004)研究过贺兰山中段古元古代层状花岗岩成因,认为是源岩为地壳沉积岩经过变质交代作用形成的。也有人倾向于层状花岗岩是一种沿层交代作用形成的岩石,其成分和结构构造已具有花岗岩特征。兴京省级地质公园的层状花岗岩演化程度较深,除了层状特征之外,已经很难找到沉积岩的特征,其成因有待于研究,见图 3-160。

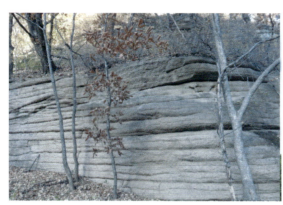
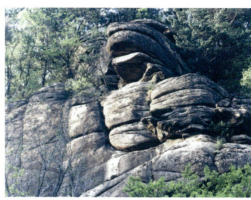

图 3-160　辽宁省抚顺市新宾县猴石山层状花岗岩地貌

花岗岩地貌景观丰富,集雄、奇、险、秀、幽于一体,规模宏大,具有极高的美学价值与旅游开发价值。同时也是研究地质发展史的重要证据,特别古地貌学的研究,对解决区域地质演化问题,有十分重要的科学价值,见图 3-161。

图 3-161　辽宁省抚顺市新宾县猴石山花岗岩地貌景观

(4)辽宁省抚顺市清源县砬子山花岗岩地貌。清源地区岩浆岩十分发育,出露有新太古代、新元古代、古生代和中生代花岗岩类,尤其是新太古代、二叠纪、侏罗纪岩浆活动最为强烈,形成了大面积的花岗岩岩基。此外,还出露有不同时代铁镁-超铁镁质岩石,以岩脉、岩滴形式产出,见图 3-162。

砬子山岩体位于抚顺市清源县,岩性为早白垩世石英正长岩($K_1\zeta o$),呈小岩株产出,表面呈不规则圆形,整体多呈锥状,受断裂构造影响,总体呈近东西向分布,面积为 $21.5km^2$,SHRIMP 年龄为 $127\pm4Ma$、$123\pm5Ma$,最近辽宁 1:5 万八棵树等 4 幅区域地质矿产调查工作通过 LA-ICP-MS 锆石 U-Pb 测年手段得出的年龄为 $116\pm0.48Ma$。大地构造位置为清原太古宙花岗绿岩带。

图 3-162　辽宁省抚顺市清源县砬子山花岗岩地貌

32亿～28亿年前,清原地区就形成了原始古陆核——中太古代茨沟岩组,围绕古陆核发生火山喷发,形成了以火山沉积为特点的红透山岩组,发生令人瞩目的构造变质热事件——鞍山运动,使地层发生高温变质作用,形成古老变质基底。元古宙早期,在古老的变质基底上产生裂谷,沉积了一套以陆表浅海相碎屑岩、火山岩为主的地层。该套地层在距今1 900Ma的辽河运动中,发生中低温变质作用,以逆冲岩片形式拼贴于华北板块之上。280Ma左右的海西晚期,形成了嵩山堡-王家小堡断裂带,发生了大规模岩浆侵入活动,砬子山岩体就是沿嵩山堡-王家小堡断裂带侵入形成的。受构造影响,该岩体南部山坡陡峻成崖,形成断层崖,一般坡度大于70°,甚至直立(悬崖绝壁状),且大多呈直线状延伸。断层崖的高度为几十米至一百米不等,见图3-163。

图 3-163　辽宁省抚顺市清源县断层崖

砬子山山体是多期次岩浆活动的结果,山体基底岩体多为太古宙或古生代花岗岩,顶部则多为中生代花岗岩。时间差异使山坡坡体球状风化特征明显,坡形轮廓浑圆和缓,地形坡度一般在20°左右,表现出宽广磅礴之势;山顶垂直节理发育,地形坡度多在60°以上,峰形突兀,山姿秀挺,直插云霄。

砬子山岩体岩石为花岗结构,块状构造,矿物成分主要有:石英呈他形充填,含量大于20%;碱性长石呈不规则粒状,具条纹结构,发育卡氏双晶;黑云母2%~3%,有闪长质包体。此外,还可见不同时期形成的基性岩脉侵入,形态和方向各异。

砬子山岩体是中生代燕山晚期一次大规模的岩浆侵入,对划分燕山晚期造山运动具有划时代的意义,其物质组成、构造特点是研究该时期地质作用的典型实体,而且保存完好,具有极高的科学研究价值和观赏价值。

(5)辽宁省丹东市凤城市凤凰山花岗岩地貌,位于辽宁省丹东市凤城市东南3km处,属长白山余脉,主峰攒云峰海拔840m。大地构造位于辽东中、新生代岩浆弧。

岩性为二长花岗岩($K_1\eta\gamma$)、正长花岗岩($K_1\xi\gamma$)岩体,中酸性,为早白垩世燕山期侵入岩,岩基呈不规则状产出,出露面积大于$100km^2$。部分岩体可划分相带,内部相矿物粒度较粗,多为中—粗粒二长花岗岩;过渡相矿物粒度较细,为中细粒黑云母花岗岩;边缘相为细粒二长花岗岩。岩体与围岩接触变质带发育,与泥质岩或碳酸盐岩接触时常形成较宽的硅化、大理岩化、角岩化及局部的矽卡岩化带,可见2期流纹岩侵入岩脉。主要矿物含量为斜长石21%、钾长石45%~47%、石英31%~53%、普通角闪石2.41%。凤凰山岩体年龄值为130Ma(U-Pb法)。

凤凰山花岗岩现位于丹东市凤凰山风景区内,受到了一定的保护。其对于研究早白垩世火山运动、太平洋与欧亚板块运动均具有重要的科学意义,同时具有极高的观赏价值,见图3-164。

图3-164 辽宁省丹东市凤城市凤凰山中生代花岗岩地貌

(6)辽宁省丹东市宽甸县天罡山正长花岗岩地貌,位于辽宁省丹东市宽甸县大川头镇。大地构造位于辽东中、新生代岩浆弧。

天罡山岩性为正长花岗岩($K_2\xi\gamma$),中酸性,为晚白垩世燕山期侵入岩,岩体侵入新元古代酸性侵入体中。岩体规模较小,呈岩株状产出,内部相为粗粒正长花岗岩,边缘相为细粒钾长花岗岩。岩体接触变质作用微弱,部分岩体与围岩接触发生硅化、绿泥石化及角岩化。岩体中脉岩较发育,无残留顶盖,岩体中围岩捕房体较少。岩体以中深成相,中等剥蚀为主。天罡山岩体现位于丹东市宽甸县天罡山景区内,受到了保护。天罡山岩体对于研究晚白垩世燕山期火山运动有很高的科学价值,同时具有极高的观赏价值,见图3-165。

(7)辽宁省丹东市振安区五龙山花岗岩地貌,位于辽宁省丹东市振安区五龙背镇五龙山景区。五龙山岩体为早白垩世燕山期侵入岩,由早至晚划分为丁岐山岩体、千山岩体、石灰窑子岩体、头道沟岩体和大板石岩体5个岩体。

图 3-165　辽宁省丹东市宽甸县天罡山中生代正长花岗岩地貌

所处大地构造位置为辽东中、新生代岩浆弧。岩性为二长花岗岩（$K_1\eta\gamma$），中酸性，岩体侵入早白垩世二长花岗岩体中。岩体规模较小，多呈椭圆状或不规则状、长条状岩株产出，呈北东向及近东西向展布。其中五龙背-大堡岩体面积大于 $100km^2$。接触变质及蚀变发育，当与泥质岩或碳酸盐岩接触时常形成宽度不等的变质带，有大理岩化、角岩化、硅化、矽卡岩化、绿帘石化、碳酸盐化等，并常形成各种矽卡岩型多金属矿点与矿床。

大部分岩体的分异现象较强，岩石类型较复杂。岩体局部变基性或形成石英二长岩、花岗闪长岩、英云闪长岩，环带状斜长石和交代结构发育。岩体中脉岩发育，有围岩捕虏体及较宽的接触变质带等特点，属中-深成相，中浅剥蚀，少数岩体为浅剥蚀。主要矿物含量为斜长石 30％、钾长石 30％、石英 25％、黑云母 7％，普通角闪石 8％。五龙山岩体已开发为五龙山景区，受到了一定的保护。五龙山岩体对于研究丹东地区早白垩世岩浆侵入活动及成矿规律有很高的科学意义，见图 3-166。

图 3-166　辽宁省丹东市五龙山花岗岩岩体

（8）辽宁省丹东市宽甸县天桥沟花岗岩地貌，位于丹东市宽甸县天桥沟森林公园，属长白山脉老岭支脉，形成于1.4亿年前的侏罗纪早期，其独特的地貌被中外地质学家誉为"地球造山运动的经典之作"。所处大地构造位置为辽东中、新生代岩浆弧，岩性为白垩纪二长花岗岩、正长花岗岩。出露面积大，呈大型岩基或不规则状、长条状岩株产出。岩体的分异现象较强，岩石类型较复杂。岩体中脉岩发育，有围岩捕房体及较宽的接触变质带，岩体主要为中-深成相，中浅剥蚀，少数岩体为浅剥蚀。

天桥沟花岗岩地貌既有丰富的高大岩体，也有流水型的峡谷，见图3-167。

图3-167　辽宁省丹东市宽甸县天桥沟花岗岩地貌

（9）辽宁省丹东市宽甸县天华山花岗岩地貌。天华山花岗岩与天桥沟花岗岩为同一岩体，人为划分成不同景区，均具有极高的观赏性，见图3-168。

图3-168　辽宁省丹东市宽甸县天华山花岗岩地貌

(10)辽宁省鞍山市千山区千山花岗岩地貌。千山为长白山支脉,辽河与鸭绿江的分水岭,是辽东半岛的脊骨。岩性为早白垩世花岗岩($K_1\xi\gamma$),主峰高708.3m,总面积72km²。花岗岩节理特别丰富,给流水切割侵蚀提供了有利条件。由于垂直节理发达,岩体分割破碎,陡岸峭壁特别多,高峰直上云霄,被称为千朵莲花山,简称为千山,又名积翠山、千华山、千顶山。

千山在漫长的地质构造史中,经历了多次构造运动,海陆沧桑5次变迁。大约4亿年前,千山一带是一片海洋,到古生代末期开始隆起,露出水面形成陆地。大约1 000万年前,经过漫长的地壳变化,初步形成了千山地貌的基本轮廓。千山的岩石上至今还保留着贝壳化石等退海的痕迹。大约在250万年前,燕山造山运动,使千山进一步隆起,致使少数山峰达到海拔1 000m以上。后来,又经过地壳的不断运动及风雨侵蚀作用,才逐步形成现在的山峻岩峭、沟深谷窄的花岗岩地貌。

千山是燕山期侵入花岗岩体剥蚀低山丘陵地貌,山峰陡峭,地形高差较大,在2km地形剖面,高差300~480m。千山风景区分为千山主峰和中麓、北麓、西麓4条较大的山脉脊骨。千山最高峰海拔708.3m,俗称鹅头峰,山貌成浑圆状,周围向外伸出8岗8谷,呈八角状。中麓山脉脊骨,东西走向,东至庙尔台村南,西至将军峰,东低西高,南北两侧向外伸出5岗5谷,均向东顺斜,形成鱼鳞状。

千山花岗岩内部相为中粗粒花岗岩、中粗粒黑云母花岗岩,外部相为细粒文象花岗岩等。该岩体侵入时代为早白垩世,岩体以富钾为特征,钾长石含量达60%~95%。千山岩体有宽度不等的接触变质带,岩体中矽卡岩型及热液型多金属矿产发育。

千山形成于燕山期造山运动,为典型的粗粒花岗岩地貌,国内不多见,距今已有1.8亿年历史。地质地貌特异,地下矿藏特别是地热资源储量丰富,物种众多,距今38亿年的古老岩体(世界上仅4处)就在千山风景区内,千山本身就是活化石。

所处大地构造位置为华北陆块、辽东新元古代—古元古代坳陷带、华北新生代盆地、下辽河新生代断坳盆地、东南向斜构造北翼。

千山花岗岩地貌现归属千山风景区和辽宁千山省级地质公园,见图3-169。

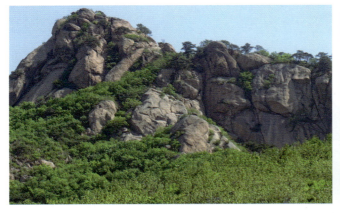 

图3-169 辽宁省鞍山市中生代千山花岗岩地貌景观

(11)辽宁省鞍山市岫岩县药山花岗岩地貌。药山位于岫岩县北60km处的三家子、韭菜沟及石庙子交界处,系千山余脉,因古时盛产药材而得名。岩性为晚三叠世花岗岩($T_3\eta\gamma$),形成于燕山造山运动。主峰石花顶海拔848.4m,由4座山峰联立而成。药山山势高峻,绵延10余千米,有大小奇峰40多座,总面积约50km^2,见图3-170。

药山是辽宁省著名的侵入岩地貌景观,所处大地构造位置为营口-宽甸隆起。现为药山风景区。

图3-170 辽宁省鞍山市岫岩县药山花岗岩地貌

(12)辽宁省锦州市北镇医巫闾山花岗岩地貌(国家级)。医巫闾山屹立于辽宁省北镇内,大地构造位于华北陆块、燕山中新元古代裂陷带、绥中北镇隆起,属北镇凸起的一部分,且受控于阜新-绥中断裂带。医巫闾山花岗岩体位于医巫闾山变质核杂岩中心,岩体面积可达360km^2,呈椭圆形,长轴呈北东向展布。侵入太古宙黑云斜长片麻岩中,同位素锆石U-Pb一致线年龄值为153.8Ma,侵位时代为晚侏罗世。岩浆演化较为充分,构成了一个完整的演化序列。花岗岩地貌景观主要以花岗岩峰丛、洞穴、风蚀壁龛为主,并有花岗岩石柱、球形风化等地貌景观。医巫闾山与千山、凤凰山、药山合称为辽宁省四大名山。

医巫闾山为断层褶皱山脉,基底由太古宇建平群及混合花岗岩构成。自中元古代起全区形成一个强烈沉降海盆,沉积了长城纪的单陆屑式建造和造礁碳酸盐岩建造。中元古代末地壳曾一度上升,寒武纪、奥陶纪时海侵扩大,沉积了碳酸盐岩建造。中奥陶世后,地壳整体上升为陆,遭受剥蚀,直到中石炭世复又接受沉积。进入燕山期,大约188Ma以前,地壳运动继续加强,断裂发育,在盆地内堆积了侏罗纪和白垩纪的火山岩与沉积岩。受燕山运动影响,在义县-阜新盆地边缘,北东向及北北东向断裂发育,沿北北东向断裂有燕山期早期第2阶段二长花岗岩侵入,呈岩株、岩基产出,这就形成了医巫闾山雏形。这种上升运动一直延续到早白垩世末才渐趋稳定下来。进入新近纪,受新构造运动影响,医巫闾山地区一直处于缓慢上升的发展阶段,随着第四纪古气候的变迁,经风化、剥蚀等地质作用,使岩体破碎,破碎的部位形成了深沟狭谷,急剧地改变着医巫闾山的面貌,形成了当今这种山高谷窄、峰石林立的雄伟英姿。医巫闾山区域性节理极为发育,花岗岩受切割,加之风化剥蚀作用,形成了各种各样的微地貌景观和地质现象。

此外,医巫闾山花岗岩岩石裂隙发育密集,尤以北东向及北北东向压扭性断裂、裂隙最为发育,形成一个较密集的断裂带,区内多处可见到断裂构造遗迹。这些断裂构造行迹角度陡,近于直立,延伸长度不同。主要表现为高大陡峭的陡崖峭壁、断层山、断层崖、断层谷。

此外,医巫间山变质核杂岩是辽西地区最为醒目壮观的构造,变质核杂岩的变质核由太古宇结晶岩组成,分布于医巫间山二长花岗岩体周围,主要出露的是核杂岩顶部剪切带的动力变质岩,呈北东向展布于阜新卡拉房子—瓦子峪—葫芦岛一带,对金矿有明显的控矿作用,如排山楼、大板、五家子金矿均与此构造有关(孟宪刚等,2002)。医巫间山变质核杂岩构造内韧性剪切带已作为排山楼式韧性剪切带型金矿的找矿标志,核杂岩西侧阜北断陷盆地成因与之关联。变质核杂岩由席状伸展构造、大型韧性剪切带构成,见图3-171。

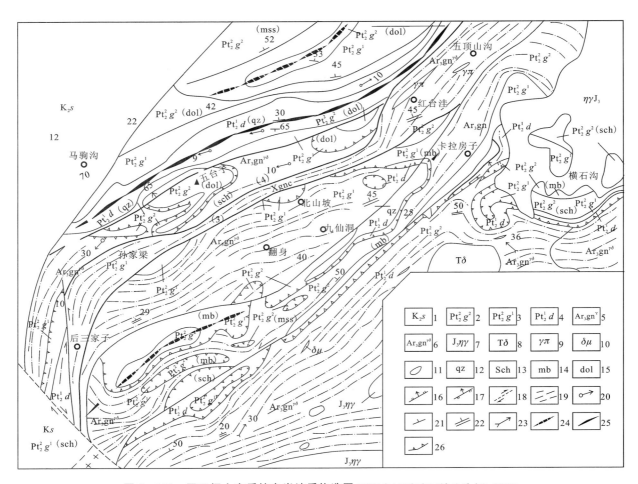

图3-171 医巫间山变质核杂岩地质构造图(引用自《辽宁省区域地质志》,2017)

1.上白垩统孙家湾组;2.蓟县系高于庄组二段;3.蓟县系高于庄组一段;4.长城系大红峪组;5.新太古代花岗质片麻岩;6.新太古代花岗闪长质片麻岩;7.晚侏罗世二长花岗岩;8.三叠纪闪长岩;9.花岗斑岩;10.闪长玢岩;11.新太古代变质表壳岩包体;12.变质石英砂岩;13.白云石大理岩;14.大理岩;15.砂质白云石大理岩;16.正断层;17.逆断层;18.平移断层;19.韧性剪切带;20.褶皱枢纽产状;21.岩层产状;22.糜棱面理产状;23.拉绅线理产状;24.向斜;25.背斜;26.拆离断层

a. 席状伸展构造

席状伸展构造卷入变形的地质体有太古宙TTG变质深成岩、长城纪碎屑岩-碳酸盐岩建造。剪切形变组合有基底拆离面(即主拆离面)、层间拆离面、顺层面理、褶皱、拉伸线理。

基底拆离面:位于长城系与太古宙变质深成岩之间。为水平剪切机制下产生的一种大型低角度正断层。上盘为长城系,呈一系列孤岛状岩片滑覆太古宙变质深成岩之上,下盘为太古宙变质深成岩,受韧性伸展滑脱作用,再造为糜棱岩系,厚达1km。基底拆离面两侧,构造面理平行,糜棱面理与基底拆离面基本一致,盖层顺层面理沿走向以小角度相交,造成不同层位与基底接触。

层间拆离面:在顺层剪切作用下,盖层不同岩性层之间产生层间拆离面,拆离作用导致地层层位缺失减薄。

顺层面理:为构造置换的产物,$S_1//S_0$,有2种类型。其一为褶皱轴面面理,其二为糜棱面理。

褶皱:基底与盖层同时卷入褶皱变形。褶皱类型有A型、B型、AB型,均属同斜紧闭褶皱,仅限于露头尺度。盖层以顺层掩卧褶皱为主,基底表现为片内相似褶皱。

拉伸线理:在XY面,由长英质矿物定向拉长构成矿物拉伸线理,常见于层间拆离面。

b. 大型韧性剪切带

大型韧性剪切带卷入变形的地质体有太古宙TTG变质深成岩、长城系、早侏罗世侵入岩。剪切带主体位于医巫闾山隆起带的两侧,西测沿着黑山县新立屯—阜新大巴—排山楼—义县稍户营子—张家堡—凌海市—锦州一线分布,呈北东向展布,延长大于85km,宽5～10km,剪切带内糜棱面理多为北西倾,产状一般29°～40°,近于水平。剪切带内,糜棱面理、拉伸线理发育,常见压力影、多米诺骨牌、长石残斑旋转构造、蠕虫状石英,云母鱼、S-C组构及A型褶皱等。线理的倾伏向和糜棱面理的倾向一致,线理的侧伏角主要在45°～90°之间,反映上盘由东向西伸展滑落。

医巫闾山变质核杂岩关联的,就位于变质核杂岩其中的医巫闾山岩体LA-ICP-MS年龄为153±3Ma(吴福元,2006)及SHRIMP年龄为153±5 Ma、159±4 Ma、163±4 Ma(杜建军,2007,Zhang et al,2008),韧性剪切带LA-ICP-MS年龄为147.2±5 Ma(张必龙,2011)、糜棱岩$^{40}Ar-^{39}Ar$年龄为130～120Ma(张晓辉,2002),侵入变质核杂岩石山岩体U-Pb年龄为123Ma,所以变质核杂岩的形成时间应在晚侏罗世的土城子末期147.2±5 Ma之后和辽西大规模断陷作用——义县组到沙海组的形成时代(135～112Ma)相近。肖庆辉等(2009)认为华北燕山期变质核杂岩形成时间为119～114Ma。同构造石英脉体包裹体分析结果表明,变质核杂岩形成温度150～1 700℃,压力40～50MPa,密度0.96～0.98g/cm³(梁雨华等,2009)。

综上所述,医巫闾山伸展构造和阜新-义县盆地的断陷作用密切相关,形成时限为125Ma左右的早白垩世,略早于华北燕山期其他地区变质核杂岩形成时代。

医巫闾山是一座天然的露天地质博物馆,现为辽宁锦州古生物化石和花岗岩国家地质公园,拥有国内罕见的变质核杂岩构造,具有很高的研究价值和科普价值,评价等级为国家级,见图3-172。

图3-172 辽宁省锦州市北镇医巫闾山花岗岩地貌

(13) 辽宁省朝阳市北票市大黑山花岗岩地貌。北票大黑山位于北票市西北部,居努鲁儿虎山脉东段南部,早期燕山山脉造山运动时从海边隆起,早期的海水侵蚀,形成了千奇百怪的奇峰怪石。山体岩性为晚白垩世正长花岗岩。区内具有较高观赏价值的山峰组群19处,形态逼真的奇石70处,是辽宁省内最为壮观的花岗岩地貌之一。所处大地构造位置为华北陆块、华北北缘隆起带、建平晚古生代陆缘岩浆弧。大黑山花岗岩地貌归属为大黑山风景区,已得到保护,见图3-173。

图3-173　辽宁省朝阳市北票市大黑山中生代花岗岩地貌

(14) 辽宁省朝阳市朝阳县劈山沟花岗岩地貌。劈山沟位于辽宁省朝阳县古山子乡境内,系努鲁儿虎山支脉,燕山山脉东段,绵延于辽西地区。该山为辽西地区代表性的花岗岩地貌景观,有塔山、猴山、烟筒山、"南山一剑"、"北险峰"、"劈山一线天"、八戒石、蛤蟆石、马牙石、鹰石、人面石、仙人石等景观。岩性为晚侏罗世二长花岗岩。

此外,还有一条清澈见底、四季潺潺的山间小溪,自然形成3个别具特色的瀑布。

所处大地构造位置为华北陆块、华北北缘隆起带、建平晚古生代陆缘岩浆弧。现为劈山沟景区,见图3-174。

(15) 辽宁省葫芦岛市建昌县白狼山花岗岩地貌。白狼山位于葫芦岛市建昌县城东5km,主峰高1 140.2m。岩体岩性为早白垩世钾长花岗岩,肉红色,全晶质结构,块状构造,节理裂隙较发育。区内以风化的花岗岩石蛋地貌最为典型,石蛋是由花岗岩岩体被几组节理切割成长方体,后经长期风化剥蚀作用,尤其岩体棱角处经破碎脱落,最后形成的这种球状风化外观。在辽宁省内花岗岩地貌中独具代表性,见图3-175。

本区基底由太古宇建平群中深变质岩系构成。中—新元古代,不同时期进行着海侵海退过程,沉积环境复杂多样,主要以海相沉积作用为主,陆相和海陆交互相沉积作用时间较短。古生代早期时持续海侵,主要沉积了碳酸盐岩建造。中奥陶世末地壳开始隆升,经历了长期的地壳隆起、风化剥蚀作用。石炭纪早期又发生海侵,形成海相、海陆交互相沉积,少量为陆相沉积。

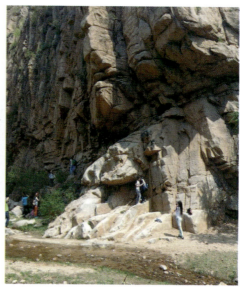

图 3-174 辽宁省朝阳市朝阳县劈山沟花岗岩地貌

图 3-175 辽宁省葫芦岛市建昌县白狼山花岗岩球形风化

进入燕山期构造运动以来,地壳运动继续加强,受北北东向、北东向断裂的差异活动控制,发生大规模的火山活动(髫髻山组火山岩),同时沉积环境比较稳定,盆岭构造系统经历了一系列挤压、伸展的改造。白垩纪初期,在北东东向、南西西向的伸展作用下,一些先存的断裂重新活动,地下岩浆沿断裂上涌,发生大规模的火山活动,造成了广泛的中基性火山岩浆喷发与堆积(义县组火山岩)。随后,伸展作用进一步加强,一系列北北东向、北东向断裂的断陷活动形成北北东向、北东向展布的断陷盆地、箕状凹陷和北北东向的断块隆起,构成盆岭相间的构造格局,凹陷之间为松岭、盘岭山脉隆起,这种上升运动一直延续到早白垩世末才渐趋稳定下来,构成了山脉的雏形。进入新近纪,受新构造运动影响,形成了今天丰富多姿的地貌景观,现已建成辽宁建昌省级地质公园,见图 3-176。

图 3-176　辽宁省葫芦岛市建昌县白狼山花岗岩地貌

(16)辽宁省葫芦岛市连山区大虹螺山花岗岩地貌。大虹螺山花岗岩体位于葫芦岛市北 30km,所处大地构造位置为华北陆块、燕山中新元古代裂隙带、辽西中生代断陷盆地、义县中生代叠加盆地系。岩性为中侏罗世二长花岗岩($J_2\eta\gamma$)。岩体侵入新太古代变质深成岩,从小岩株到岩基均有产出,呈不规则状,长轴以北东向延展为主,岩体相带不发育。岩石结构为中粗粒结构,岩体有矽卡岩化,接触交代混染现象,相带不发育,岩体边缘多捕虏体,脉岩发育,有的有残留顶盖等,岩体应为中深成相,中浅剥蚀,见图 3-177。

图 3-177　辽宁省葫芦岛市大虹螺山花岗岩地貌

大虹螺山主峰海拔 900.8m,以顶峰为轴,如扇形层层错落,山巅为玉皇顶,顶端称南天门。南面是绝壁,北坡较陡峻,下有石级 99 层,有庙宇僧房。主峰为山的主脉,另有数十条支脉,伸向四面八方,俗称此山八面威风。山上苍松傲立,翁郁青翠,怪石嵯峨,陡峭如削。山中有野生动物獐、狼、野鸡等,还蕴藏有色金属矿藏。

(17)辽宁省阜新市阜蒙县海棠山花岗岩地貌。海棠山位于阜新市阜蒙县蒙古族自治县大板镇大板村西北2km处,属于医巫闾山北段,北镇凸起北段,主峰海拔715.5m。

海棠山是阜新地区典型的花岗岩地貌景观。岩性为中侏罗世二长花岗岩($J_2\gamma\delta$)。其花岗岩地貌景观以小型的花岗岩岩石为代表,相对辽宁省内其他花岗岩地貌缺少大规模的山峰。但其与人文历史文化遗迹及佛教文化高度结合,在阜新地区具有很高的知名度,是阜新地区代表性的花岗岩地貌景观,见图3-178。

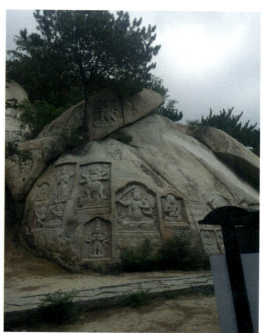

图3-178 辽宁省阜新市阜蒙县海棠山花岗岩地貌

3)碎屑岩地貌

碎屑岩地貌共3处,1处为国家级,2处为省级。

(1)辽宁省大连市庄河市冰峪沟碎屑岩地貌(国家级)。冰峪沟位于庄河市北部山区仙人洞镇,地处辽东丘陵地带,千山山脉南段,最高峰是拦马峰,海拔682m,此外还有相对较高的龙华山,海拔561.2m。所处大地构造位置为复州凹陷,郯庐断裂带北段东侧。区域断裂构造比较复杂,多为高角度断裂,尤以东北地区典型的北东—北北东向断裂发育最为明显。岩层基底以鞍山群城子坦组和董家沟组为主,深度达4 256~8 021m,中元古界榆树砬岩组(Pt_2y)石英岩为主要成景岩石,独特的地质构造、地貌和气候,形成了冰峪沟珍贵的地质遗迹和独特的地貌景观,见图3-179。

冰峪沟碎屑岩地貌的形成演化经历了众多的地质历史时期,是石英岩经过了2 800Ma,发生了一系列的地质构造运动,大到地层褶皱、断层,小到岩层节理、侵蚀等共同作用形成的。主要有以下几点。

①石英岩岩性特点。石英岩是一种主要由石英组成的变质岩(石英含量大于85%),一般由石英砂岩或其他硅质岩石经过区域变质作用,重结晶而形成,也可能是在岩浆附近的硅质岩石经过热接触变质作用而形成的。在巨厚层石英砂岩中,存在着若干薄层粉砂质软弱层,因其抗风化侵蚀的能力较弱,易于遭受风化剥蚀。实地观察表明,冰峪沟的石英岩构造破碎严重,节理十分发育,裂隙众多,且呈现一定的分布规律。裂隙开张程度较大,填充物多样,有很多近乎垂直的节理和断崖形成。

图3-179 辽宁省大连市冰峪沟碎屑岩地貌景观

②构造机制。冰峪沟为东亚岛弧褶皱与断裂地带,并且褶皱轴面走向和断裂的走向主体为北北东向,次一级为北北西向的应力断裂。区内的褶皱组合形式为一系列线状褶皱,呈带状展布,所有褶皱的走向基本上与构造带的延伸方向一致,在整个带内的背斜和向斜呈连续波状,形成了巨大的复背斜和复向斜,且复背斜成山、复向斜成谷。区内正断层与逆断层皆可见,并且连续性较强,没有明显的地层缺失,地形呈现西北高、东南低的阶梯形状,西边有步云山,东边有英那湖,河流多沿着北西向断层向东南流淌。北东向的断层多为一些正断层和逆断层,侧向滑动位移较小,说明本区的地质构造为扭动构造体系。另外,节理十分发育,具有数量多、分布密、裂隙大、易观测、构造复杂的特点,见图3-180。

③地层与地形特征。冰峪沟景区的等斜岩层往往顶端破碎严重,受褶皱变形的张力影响,产生了较大的节理裂隙,进而在物理和生物风化作用的基础上被剥蚀,岩体近地面的部分受到流水和生物的侵蚀,也有一定的剥蚀现象。区内山体坡度较大,山势陡峭,山脊与河流相互交错,相间发展,河流沿着河谷多为大角度转折走向,河流对已经破碎的岩层进行下切和剥蚀作用,使得景区的河谷纵深越来越大。

本区石英岩峰林地貌的形成,首先是石英岩埋藏深,变质严重,裂隙发育。经过多次的海侵和陆源碎屑沉积之后,节理裂隙和孔隙较为发育,同时较为强烈的构造运动使得石英岩的裂隙和断裂更为密集,造成石英岩抵抗外力侵蚀的能力减弱。其次,外力因素加速营造了景观的形成。在冰峪沟大量的降水和非常大的年温差及日温差下,岩层的风化剥蚀加速,同时在物理风化、生物作用、冻融作用下景区的垂直节理更为发育。再次,地质历史时期较长并且构造剧烈。特殊的地层岩性是石英岩峰林地貌形成的物质基础,高角度裂隙的发育,是石英岩峰林地貌形成的必要条件,所处的特殊构造地位,是石英岩峰林地貌形成的重要因素,新构造运动的抬升是石英岩峰林地貌形成的动力因素。

冰峪沟峰林气势磅礴、成群连片,为国内所独有,与张家界砂岩峰林异曲同工,又极具特色。冰峪沟园区内出露形态各异石英岩峰林群和孤峰群,可以说是完整且独特的石英岩地貌景观。

在冰峪沟冰川遗迹广泛发育,包括冰川 U 型谷、冰蚀洼地、冰溜面、冰川擦痕、冰川刻痕、刃脊、羊背石等。

在地质史的几十亿年中,地球上的气候共经历至少 3 次大冰期。公认的有,第 1 次是前寒武纪晚期大冰期,距今约 6 亿年;第 2 次是古生代后期的石炭纪—二叠纪大冰期,距今 3 亿～2 亿年;第 3 次是新生代第四纪大冰期,距今约 200 万年。冰川在运动过程中及结束后,形成的各种地形地貌及残留物,称为冰川遗迹,保存了大量的冰川产物。冰峪沟冰川遗迹形成时代为第四纪大理冰期,是古冰川、古气候研究和对比的重要区域。

冰碛台地是指主要由冰川的成冰作用、搬运侵蚀作用和沉积作用所形成的地貌景观。冰川通过挖掘、磨蚀作用,从冰床底部可获得大量碎屑物,冰川谷地两侧斜坡上,由于风化、崩塌等作用,也能使大量碎屑物进入冰川,它们分别冻结在冰川的底部、内部和表面。当冰川消融或前进受阻时,这些被冰川携带的碎屑物直接堆积下来,形成了平坦的冰碛台地。冰碛物的成分与冰川活动区的基岩密切相关,一般为巨大的岩块或不同砾径的砾石与砂粒,以及较细的黏土共生在一起。冰碛台地是大连地区少有的冰积地貌,在辽宁省内也属稀有。

小峪河冰川遗迹群,小峪河发育了各种冰川遗迹,如羊背石是坚硬岩石在冰川 U 型谷底部或其他冰川经过的地方,被冰川磨蚀而成的,数量多且分散,大小兼具,羊背石的迎冰坡侵蚀面较为光滑,背冰坡挖蚀面较陡峭,与基岩不连接,见图 3-181。冰溜面是冰川本身和冰川所携带的大量石块,在冰川运动过程中对冰川槽谷底部和两侧谷壁基岩磨蚀而成的面,平直或呈平缓的起伏状。在冰溜面上,顺冰川前进方向,表面光滑,局部则呈微波浪状起伏,逆冰川前进方向,表面则相对粗糙。冰川擦痕是冰川携带的石块对冰川底部或两侧的基岩或石块磨蚀雕刻而成,为一些平行或斜交的小细沟、条痕,呈钉子形,顺冰川前进的方向,深度由深变浅,深度较大者称为冰川刻痕,两者均标志了冰川前进的方向。冰川谷底的冰碛物经间冰期或冰后期河流下切形成冰碛阶地,常用来作为划分冰期的依据,其位置越高越老,越低越新。

图 3-180 辽宁省大连市冰峪沟碎屑地貌节理形成的一叶石

图 3-181 辽宁省大连市冰峪沟国家地质公园的羊背石

英纳河U型谷,当冰川占据以前的河谷或山谷后,冰川沿山谷流动,由于冰川对底床和谷壁不断进行剥蚀和磨蚀,同时两岸山坡岩石经寒冻风化作用不断破碎,并崩落后退,使原来的谷地被改造成横剖面呈抛物线形状,其横剖面呈"U"字形。冰槽谷的基岩上往往有磨光面或冰川擦痕。在第四纪冰期,此处被冰川覆盖,巨厚的冰川像推土机一样,把松动的石块挖起来并带走,这些岩石碎屑冻结于冰川的底部,加大了冰川对底部地面的磨蚀,正是冰川的侵蚀,塑造了U型谷地貌景观。U型谷对研究古冰川的运动方向、运动特征具有重要的意义。英纳河河谷下冰峪-东门段是最典型的U型谷,是由冰川过量下蚀和展宽形成的。

漫长的地史演化过程,各种复杂地质作用的叠加,若想恢复其原貌是很困难的,但有限的古冰川遗迹告诉人们,冰川活动不仅存在,而且在成景过程中起到了一定作用。冰川遗迹对研究古冰川的运动方向、运动特征具有重要的意义。

冰峪沟碎屑岩地貌的观赏性、完整性及地质遗迹多样性,使其具有极大的美学价值、科研价值、经济价值和科普价值,现在归属大连冰峪沟国家地质公园,评价等级为国家级。

(2)辽宁省沈阳市沈北新区棋盘山碎屑岩地貌。棋盘山位于沈阳市东北部,东邻抚顺市,西至农业高新区,南至浑河,北接铁岭市,为长白山系哈达岭余脉,处于辽东低山丘陵地带向西延伸地段,属构造剥蚀丘陵地貌,海拔在100～266m之间,地形坡度10°～30°不等,平均坡度15°左右,呈北东-南西走向。大地构造为龙岗隆起。

区内辉山海拔265.9m,棋盘山海拔260.1m,大洋山海拔241.8m。岩性为中侏罗统英树沟组（J_2y）页岩、粉砂岩,发育2组节理,互相垂直,形成棋盘格状。但原始地貌已被破坏,图3-182所见为后来人工水泥修砌,更加形象化。其山脊岩石裸露,远望一片灰白,发育有妈妈石、鬼砬子及一些深度200m左右的洞穴等。

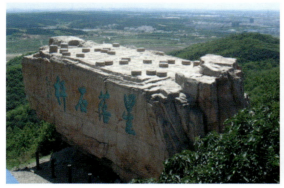

图3-182　辽宁省沈阳市沈北新区棋盘山碎屑岩地貌

棋盘山物种资源丰富,为长白山植物区系、华北植物区系与蒙古植物区系的交会过渡地带,是沈阳市最著名的山体地貌景观。

(3)辽宁省丹东市东港市大孤山碎屑岩地貌。大孤山位于丹东市西南100km处,在东港市西大洋河河口的右岸,南濒黄海。大孤山属长白山脉老岭支脉,主峰海拔337.3m,岩性为青白口系钓鱼台组（Pt_3^1d）石英砂岩。它孤峰耸峙,其山脊状如锯齿,峭拔突兀,且银杏野花繁茂,夹道成荫,风景优美。在大孤山山腰的翠岗深处,有大小庙宇10余处,殿宇楼阁104座,形成一个规模宏大的古庙建筑群,占地5 000m²。该古庙建筑群是辽宁省现存比较完整的明、清古建筑群之一,又是较为完整的佛、道、儒三教一体的大型古刹之一,为省级文物保护单位。大孤山碎屑岩地貌区是辽东地区集自然地貌景观、古建筑景观和宗教景观为一体的著名风景区,见图3-183。

图 3-183 辽宁省丹东市大孤山碎屑岩地貌

2. 水体地貌

辽宁省水体地貌地质遗迹共有18处,包括了河流(景观带)、湿地、瀑布、泉4个亚类。其中河流5处,湿地4处,瀑布2处,泉7处,见表3-8。在18处地质遗迹点中,世界级地质遗迹1处,国家级地质遗迹5处,省级地质遗迹12处。

表 3-8 水体地貌类地质遗迹一览表

类	亚类	数量(处)	备注
水体地貌	河流(景观带)	5	国家级2处,省级3处
	湿地	4	世界级1处,国家级2处,省级1处
	瀑布	2	省级2处
	泉	7	国家级1处,省级6处

1)河流(景观带)

辽宁省内有大小河流300余条,鸭绿江、辽河、浑河、太子河、大凌河、小凌河等为该省主要水系,除鸭绿江水系及东南部少数水系注入黄海外,其余水系皆自北、东、南3面汇入渤海,形成了黄、渤海自然分界线海水景观带。辽河为该省内第一大河,在盘锦注入渤海,形成著名的辽河三角洲湿地。鸭绿江为该省内第二大河,源于长白山天池,由浑江口进入辽宁省,向西南流至丹东市后入渤海,形成了入海口湿地景观和200多千米的河流景观带,河流转弯处往往形成美丽的河曲景观。

经调查确定河流景观5处,其中国家级2处,省级3处,见表3-9。

辽宁省重要地质遗迹

表 3-9 河流地质遗迹一览表

亚类	序号	遗迹点名称	评价级别
河流（景观带）	1	辽宁省大连市旅顺口区黄、渤海分界线海水景观带	国家级
	2	辽宁省丹东市宽甸县鸭绿江河流景观	国家级
	3	辽宁省丹东市宽甸县浑江河流景观	省级
	4	辽宁省朝阳市朝阳县水泉乡大凌河河流景观	省级
	5	辽宁省盘锦市双台子区双台子河河流景观	省级

（1）辽宁省大连市旅顺口区黄、渤海分界线海水景观带（国家级），位于辽东半岛最南端的老铁山角-辽东半岛的尖端，在海水的颜色上泾渭分明，颜色不同的海水在此汇合后有一道清晰的分界线，有时呈直线，有时为"S"形，天然地划分出黄、渤海2个海域。

黄、渤海分界线的形成与地质构造有关，从老铁山西岬角到开泽礁有8km长的断层崖海岸，其外便是80m深的老铁山水道，它是强潮流在地质构造软弱带上冲刷所致，水道长10km，宽10~23km，深60~70m，个别地方深达80m。受海底构造影响，黄、渤两海的浪潮由铁山岬两边涌来在此交汇，被誉为中国北方海岸的天涯海角。

也有分析认为渤海区位于辽东半岛西北侧，区内发育有双台子河、大辽河等河流，并且该侧岩体类型众多，冲刷至渤海内的物质较多，造成海水浑浊，略显微黄色。而位于辽东半岛东南侧的黄海海岸多为石英岩，不易破碎，因而海水呈深蓝色。因此形成一侧较浑浊（渤海），一侧较清晰（黄海）的天然分界线。该地质遗迹点现位于大连市黄、渤海分界线景区，并同周边自然人文景观一起被开发成旅游区，供游客参观，也为研究地质构造背景提供了良好的科研场所。在我国沿海，仅此一条清晰可见的、自然的两海分界线。评价等级为国家级，见图3-184。

图 3-184 辽宁省大连市旅顺口区黄、渤海自然分界线海水景观

（2）辽宁省丹东市宽甸县鸭绿江河流景观（国家级）。鸭绿江发源于吉林省长白山南麓，干流从浑江口处进入丹东市，流经宽甸县、丹东市城区，从东港市内注入黄海，因发源处水的颜色像公鸭头上绿色的羽毛而得名。流向在源头阶段先向南，经长白朝鲜族自治县后转向西北，再经临江市转向西南。全长795km，流域面积6.19万km²（中国境内3.25万km²），年径流量327.6亿m³，拥有浑江、虚川江、秃鲁江等多条支流。辽宁省内支流水系河网密度大，主要有浑江、浦石河、安平河、瑷河等，呈树枝状展布。

长白山余脉从北部延伸到丹东市,燕山运动基本形成了现今的地貌轮廓,在长期的剥蚀、侵蚀等外营力地质作用下,地貌形态多样化,地势北高南低,阶梯状分布。近海低丘与海岸线间为平坦开阔海积及冲海积平原,形成沼泽湿地。

鸭绿江断裂带是辽宁省内一条大规模断裂带,断裂带在空间上沿鸭绿江河谷及西侧分布,最宽处可达17km,省内长180km,走向北东,倾向不定,倾角70°左右。向北东延伸进入吉林省,向南西延伸过黄海可与青岛-日照断裂带相连。鸭绿江断裂为岩石圈断裂,几乎切穿区内所有地层。断裂带多处可见构造角砾岩、挤压透镜体、断层泥、片理化带,其断层谷构成鸭绿江主河道,地貌上沿之形成一系列陡坎、陡崖,控制鸭绿江河道。在丹东四道沟等地新元古代细河群韧性变形强烈,形成糜棱岩类,反映断裂由深层次向浅层次转换。鸭绿江断裂为活动性断层,最早始于古元古代,主活动期为白垩纪,第四纪以来一直在活动。断裂早期控制白垩纪盆地及白垩纪岩浆活动和火山活动,晚期切割白垩纪及前白垩纪地质体,出露五龙背、汤上等多处温泉。

鸭绿江沿岸为岩质,地貌奇观独特,成山年代古老,长期遭受侵蚀切割,地形抬升和缓,地势由西北向东南倾斜,展现出老年期低山丘陵地貌景观。出露的地层主要是古元古界辽河群,中新元古界震旦系,古生界寒武系、奥陶系,中生界白垩系,新生界第四系。岩性复杂多样,主要由火山岩、变质岩、灰岩等构成。侵入岩发育,元古宙(吕梁期)岩性较为复杂,有超基性—基性、中基性及酸性岩类(花岗岩类),晚侏罗世(燕山期)侵入岩主要为花岗岩类。

鸭绿江江水清澈,水质优良,是我国水质最好的河流之一,鸭绿江流域辽宁省部分历史以来是辽宁省中部城市群的绿色屏障和水源涵养基地。鸭绿江江水蜿蜒舒缓,两岸峭壁嶙峋,岩性复杂多变,林木郁郁葱葱,形成了绚丽多彩的自然景观,且近岸有古代城堡遗址、明代万里长城遗址、近代战争遗迹、现代桥梁和大型水利工程,组成了丰富的自然人文景观,是丹东市最著名的旅游胜地。评价等级为国家级,见图3-185、图3-186。

图3-185 辽宁省丹东市小韭菜沟村鸭绿江河流景观

但调查发现,该区存在3个生态环境地质问题:第一是生活污水排放使江水环境遭到严重污染;第二是山区植被的破坏,造成泥石流等地质灾害多发,水土流失加剧,生态环境恶化,鸭绿江沿江由于塌岸等自然原因导致土地资源减少;第三是人类活动对江口湿地系统的影响,东港市滨海地带海咸水入侵等。

图 3-186　辽宁省丹东市绿江村鸭绿江河流景观

（3）辽宁省丹东市宽甸县浑江河流景观。浑江位于吉林省东南部和辽宁省东北部，为鸭绿江中国一侧最大支流，系辽宁省宽甸县与桓仁县界河。发源于浑江市龙岗山脉望火楼山北侧，干流全长445km，流域面积 15 044km²。自桓仁县流入宽甸县青山沟、太平嘴等 4 个乡，浑江水流多曲折，水量充沛，比降大，流域内降水丰富。在集安县二股流屯西北，为吉林、辽宁两省界河，约 15km，由下露河乡浑江口处注入鸭绿江，为两国、两省、两江交汇处。

浑江沿河多峡谷，河道弯曲，河底为沙、卵石，在宽甸县下露河乡内的 S319 省道旁，形成一个近 180°的大转弯，是浑江汇入鸭绿江前最后也是最大的一个拐弯处，被称为辽东第一湾，风光秀美、险奇，有如九曲黄河之壮观，见图 3-187。

图 3-187　辽宁省丹东市宽甸县下露河乡浑江河曲景观——辽东第一湾

两岸岩性为下白垩统小岭组（K_1x）火山岩，形成河流二级阶地。

(4)辽宁省朝阳市朝阳县水泉乡大凌河河流景观。大凌河位于辽宁省西部，全长398km，大、小支系纵横交错，主脉贯穿辽西，东南处汇入渤海，是中国东北地区独流入海的较大河流之一，是辽宁省西部最大的河流，流域面积2.35万km^2，流经碎屑岩、火山岩和黄土地区。

大凌河有北、西、南3个源头，北源出于凌源县打鹿沟，西源出自河北省平泉县宋营子乡水泉沟，南源出自建昌县黑山（古白狼山），三源到大城子附近会合，后呈南西-北东流向，流经努鲁儿虎山和松岭间纵谷，接纳老虎山河、牤牛河、细河等支流，到义县转向南，循医巫闾山西侧南流，在凌海东南处注入辽东湾，河口三角洲规模大，汊流发育。

沿岸有凌源、建平、朝阳、义县、凌海等县市，其沿流经过，山川壮丽，物产丰饶。大凌河是东北地区最为古老和最负盛誉的水系之一，10万年前已有"鸽子洞人"在此休养生息，与老哈河、西拉木伦河共同孕育了博大精深的红山文化、三燕文化和辽文化，清代诗人沈芝先生曾把它比作东北地区的"黄河"。自古以来，九曲凌河就是一道风景长廊，融自然风光和人文景观于一体，两岸长堤浩荡，密林丰草。凌河第一湾就位于喀左县水泉乡南亮子村和羊角沟乡上窝铺村交接处，长约3km，平均宽约0.5km，凌河水借着山势绕过一个大大的S湾，向鸽子洞奔涌而来，形成山水相依的奇观，一切浑然天成，唯美壮观，见图3-188。

图3-188 辽宁省朝阳市朝阳县水泉乡大凌河河流景观

(5)辽宁省盘锦市双台子区双台子河河流景观。双台子河发源于河北省七老图山脉的光头山，其上源为老哈河、西拉木伦河，汇流后为西辽河，流经河北省、内蒙古自治区、吉林省，在辽宁省福德店附近与发源于吉林省辽源市的东辽河汇合后，进入辽宁省内称辽河干流。辽河自台安县六间房开始的下游称双台子河，横穿盘锦市流入渤海，其流域面积为21.9万km^2，全长1390km。

河流入海口处有水下沙质扇形三角洲，是在地壳下沉条件下河流含沙堆积在湾内的三角湾状三角洲，近海口处有潮滩、拦门沙滩、海底潮沟等。

双台子河河曲极为发育，在河流弯曲段，表层含沙未饱和的水流在离心力的影响下向凹岸集中，对岸边进行冲刷，掏蚀岸壁的下部，使其不断崩坍后退，从而不断增加底层水流的含沙量，并通过横向环流沿河底沉积，并带到凸岸形成水下浅滩。随着河谷继续展宽，凸岸边缘的水下浅滩逐渐在平水期和枯水期出露水面成为河漫滩。辽河蜿蜒前进，形成的许多河曲，曲率值在2以上，诸如冯家湾河曲及吴家河曲等，见图3-189、图3-190。

图 3-189 辽宁省盘锦市双台子河冯家湾河曲

图 3-190 辽宁省盘锦市双台子河吴家河曲（正在形成的牛轭湖）

双台子河口湿地每年吸引各种鸟类至此繁衍生息,是辽宁省著名的国家级自然保护区和风景名胜区。

随着河流形态弯曲程度逐渐增大,以截弯取直的方式逐渐演化。区内的新构造运动为下沉,河床比降的减少、弯道单向水内环流的加强、河流发生侧向侵蚀,促使辽河在本区域呈现自由曲流发展。自由曲流的发展过程具有循环性,随着曲率逐渐增大,曲流段不断向下游推进,当曲率加大到只剩一点曲流颈时,再继续发展,最后在某次洪水中,可能突然将曲流颈冲溃,河床取直。取直后水流大量在新河床内集中,逐渐加深,致使全部河水都流经这里,原有的弯曲河道被废弃,演变为牛轭湖。河曲在弯道水内环流的作用下,又继续增加曲率,重复这一演变过程,截弯取直的现象十分普遍,河流两岸分布着多个牛轭湖,如湖滨、鹤乡等牛轭湖,见图3-191。

两岸岩性为第四纪粉土、黏土。所处大地构造单元为下辽河新生代断坳盆地。其归属辽宁盘锦辽河口省级地质公园。

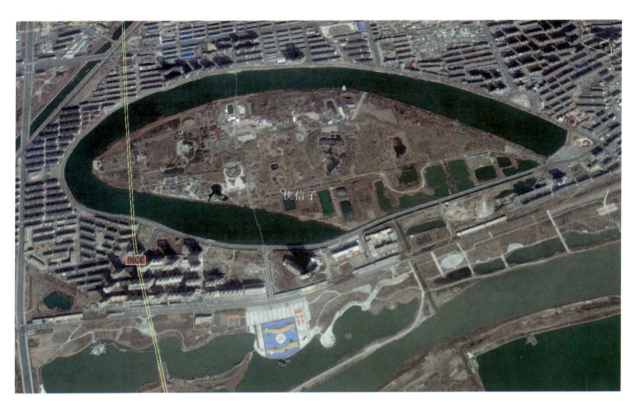

图3-191　辽宁省盘锦市湖滨牛轭湖

2)湿地

湿地是位于陆生生态系统和水生生态系统之间的过渡性地带,在土壤浸泡在水中的特定环境下,生长着很多湿地的特征植物。湿地是珍贵的自然资源,是一个多功能的、富有生物多样性的、独特的生态系统,因其具有强大的生态净化作用,被称为地球之肾。

辽宁省重要湿地有4处,其中1处世界级,2处国家级,1处省级,见表3-10。

(1)辽宁省盘锦市辽河入海口芦苇湿地(世界级),位于华北板块东北区,下辽河平原南部近辽东湾一侧,其中心区域地理坐标东经121°28′24.58″—121°58′27.49″,北纬40°45′00″—41°05′54.13″,总面积800km²,是全新世以来最大的一次海侵和河流淤积共同形成的河口三角洲平原。

表 3-10　湿地地质遗迹一览表

亚类	序号	遗迹点名称	评价级别
湿地	1	辽宁省盘锦市辽河入海口芦苇湿地	世界级
	2	辽宁省丹东市东港市鸭绿江入海口湿地	国家级
	3	辽宁省铁岭市银州区莲花湖湿地	国家级
	4	辽宁省营口市西市区永远角湿地	省级

区域构造位于辽东古元古代—新元古代坳陷带、华北新生代盆地、下辽河新生代断坳盆地。下辽河盆地自更新世以来曾经有3次海侵,于辽河口堆积了3套海侵地层,海岸线有过频繁的进退迁移,反映本区构造运动相对活跃。地貌类型为冲积海积相滨海平原,地势平坦开阔,海拔0~4.0m,地面坡降0.02%。河渠密布,多牛轭湖及沼泽化湿地。河道明显,河流水域250.14km²,滩涂79.45km²。

其中辽河口三角洲平原是由大辽河、双台子河、大凌河、小凌河等诸河流共同冲积而成,是由沼泽湿地、沙地、潮滩以及水下三角洲、拦门浅滩、海底潮沟组成的水底沙滩,是我国著名的七大河口三角洲平原之一。岩性为淤泥及淤泥质砂质黏土,形成时代为全新世晚期。

生态类型以芦苇沼泽、河流水域和浅海滩涂、海域为主。湿地景观独特,苇海浩瀚,碱蓬滩涂绵延。共分布有维管束植物126种,尤其是以芦苇为优势种的植被群落与周边的苇田构成了辽河三角洲800km²的芦苇沼泽,面积居亚洲第一位。它不仅具有养育野生动物、涵养水源、防洪泄洪等生态功能,还在维持区域生态安全、改善生态环境方面具有重要的无可替代的作用。绵延百里的滨海滩涂,生长有茂密的翅碱蓬单一群落,在碱的渗透与盐的浸润下,构成了保护区湿地生态类型中独特又著名的红海滩景观。翅碱蓬是陆地向海洋方向发展的先锋植物,由于耐盐耐碱程度较高,常作为盐碱化湿地的指示性植物。翅碱蓬主要分布在平均海潮线以上的近海滩涂湿地,尤其是滨海潮沟两侧或受海潮影响的低洼地带,多伴有灰白色盐霜裸地斑块,呈明显带状分布,所处的土壤质地为沙壤土,质地黏重,含盐量为1%左右。由于经常受到海潮浸渍,土壤湿度大,盐碱度高。翅碱蓬的植株形态也因其环境条件不同而异,成为重要的生态旅游资源。

其特殊的地理位置、良好的生态环境和特殊植被类型养育着丰富的动物资源,是天然的物种基因库,尤其是多种鸟类的理想栖息繁殖地和迁徙停歇地。分布有鸟类287种,其中国家一类保护鸟类9种,包括丹顶鹤、白鹤、白头鹤、东方白鹳等,国家二类保护鸟类39种,有灰鹤、白枕鹤、大天鹅等。其鸟类组成以水禽为主,共137种,呈大群聚集分布的种类有豆雁、翘鼻麻鸭、绿翅鸭、花脸鸭、红嘴鸥和多种鸥鹬类,在分布的42种涉禽中,超过国际1%标准的就有9种,其中包括大滨鹬、斑尾塍鹬、中杓鹬、黑腹滨鹬、灰斑鸻等。这里是多种鹤类和鹳类南北迁徙的重要停歇地和取食地,迁徙最大丹顶鹤种群806只、白鹤425只、东方白鹳1 000余只。这里还是世界上最大的黑嘴鸥繁殖地,分布有黑嘴鸥12 000余只,其繁殖种群10 000余只,是名副其实的黑嘴鸥之乡。

此外,辽河入海口芦苇湿地在区域防洪抗旱、调节气候和控制污染等方面都具有巨大的生态功能和环境效益。红海滩谓之天下奇观,人们赞誉红海滩:"辽东湾北红海滩,红似朝霞洒人间。映照海水一片红,染就大地红烂漫。营造红色翅碱蓬,风里浪里意志坚。无需所求只奉献,孕育奇观天下传。"见图3-192。

辽河入海口芦苇湿地是亚洲最大的湿地,是目前世界上保存最为完好的、最大面积的芦苇湿地之一,现主要归属辽宁辽河口国家级自然保护区,2005年被列入《国际重要湿地名录》。湿地东部开发有盘锦红海滩风景区,并于2016年由辽宁省第一水文地质工程地质大队申报成为辽宁盘锦辽河口省级地质公园,见图3-193~图3-195。

双台子河口湿地每年吸引各种鸟类至此繁衍生息,是辽宁省著名的国家级自然保护区和风景名胜区。

随着河流形态弯曲程度逐渐增大,以截弯取直的方式逐渐演化。区内的新构造运动为下沉,河床比降的减少、弯道单向水内环流的加强、河流发生侧向侵蚀,促使辽河在本区域呈现自由曲流发展。自由曲流的发展过程具有循环性,随着曲率逐渐增大,曲流段不断向下游推进,当曲率加大到只剩一点曲流颈时,再继续发展,最后在某次洪水中,可能突然将曲流颈冲溃,河床取直。取直后水流大量在新河床内集中,逐渐加深,致使全部河水都流经这里,原有的弯曲河道被废弃,演变为牛轭湖。河曲在弯道水内环流的作用下,又继续增加曲率,重复这一演变过程,截弯取直的现象十分普遍,河流两岸分布着多个牛轭湖,如湖滨、鹤乡等牛轭湖,见图3-191。

两岸岩性为第四纪粉土、黏土。所处大地构造单元为下辽河新生代断坳盆地。其归属辽宁盘锦辽河口省级地质公园。

图3-191 辽宁省盘锦市湖滨牛轭湖

2)湿地

湿地是位于陆生生态系统和水生生态系统之间的过渡性地带,在土壤浸泡在水中的特定环境下,生长着很多湿地的特征植物。湿地是珍贵的自然资源,是一个多功能的、富有生物多样性的、独特的生态系统,因其具有强大的生态净化作用,被称为地球之肾。

辽宁省重要湿地有4处,其中1处世界级,2处国家级,1处省级,见表3-10。

(1)辽宁省盘锦市辽河入海口芦苇湿地(世界级),位于华北板块东北区,下辽河平原南部近辽东湾一侧,其中心区域地理坐标东经121°28′24.58″—121°58′27.49″,北纬40°45′00″—41°05′54.13″,总面积800km²,是全新世以来最大的一次海侵和河流淤积共同形成的河口三角洲平原。

表 3-10 湿地地质遗迹一览表

亚类	序号	遗迹点名称	评价级别
湿地	1	辽宁省盘锦市辽河入海口芦苇湿地	世界级
	2	辽宁省丹东市东港市鸭绿江入海口湿地	国家级
	3	辽宁省铁岭市银州区莲花湖湿地	国家级
	4	辽宁省营口市西市区永远角湿地	省级

区域构造位于辽东古元古代—新元古代坳陷带、华北新生代盆地、下辽河新生代断坳盆地。下辽河盆地自更新世以来曾经有 3 次海侵，于辽河口堆积了 3 套海侵地层，海岸线有过频繁的进退迁移，反映本区构造运动相对活跃。地貌类型为冲积海积相滨海平原，地势平坦开阔，海拔 0～4.0m，地面坡降 0.02%。河渠密布，多牛轭湖及沼泽化湿地。河道明显，河流水域 250.14km^2，滩涂 79.45km^2。

其中辽河口三角洲平原是由大辽河、双台子河、大凌河、小凌河等诸河流共同冲积而成，是由沼泽湿地、沙地、潮滩以及水下三角洲、拦门浅滩、海底潮沟组成的水底沙滩，是我国著名的七大河口三角洲平原之一。岩性为淤泥及淤泥质砂质黏土，形成时代为全新世晚期。

生态类型以芦苇沼泽、河流水域和浅海滩涂、海域为主。湿地景观独特，苇海浩瀚，碱蓬滩涂绵延。共分布有维管束植物 126 种，尤其是以芦苇为优势种的植被群落与周边的苇田构成了辽河三角洲 800km^2 的芦苇沼泽，面积居亚洲第一位。它不仅具有养育野生动物、涵养水源、防洪泄洪等生态功能，还在维持区域生态安全、改善生态环境方面具有重要的无可替代的作用。绵延百里的滨海滩涂，生长有茂密的翅碱蓬单一群落，在碱的渗透与盐的浸润下，构成了保护区湿地生态类型中独特又著名的红海滩景观。翅碱蓬是陆地向海洋方向发展的先锋植物，由于耐盐耐碱程度较高，常作为盐碱化湿地的指示性植物。翅碱蓬主要分布在平均海潮线以上的近海滩涂湿地，尤其是滨海潮沟两侧或受海潮影响的低洼地带，多伴有灰白色盐霜裸地斑块，呈明显带状分布，所处的土壤质地为沙壤土，质地黏重，含盐量为 1% 左右。由于经常受到海潮浸渍，土壤湿度大，盐碱度高。翅碱蓬的植株形态也因其环境条件不同而异，成为重要的生态旅游资源。

其特殊的地理位置、良好的生态环境和特殊植被类型养育着丰富的动物资源，是天然的物种基因库，尤其是多种鸟类的理想栖息繁殖地和迁徙停歇地。分布有鸟类 287 种，其中国家一类保护鸟类 9 种，包括丹顶鹤、白鹤、白头鹤、东方白鹳等，国家二类保护鸟类 39 种，有灰鹤、白枕鹤、大天鹅等。其鸟类组成以水禽为主，共 137 种，呈大群聚集分布的种类有豆雁、翘鼻麻鸭、绿翅鸭、花脸鸭、红嘴鸥和多种鸻鹬类，在分布的 42 种涉禽中，超过国际 1% 标准的就有 9 种，其中包括大滨鹬、斑尾塍鹬、中杓鹬、黑腹滨鹬、灰斑鸻等。这里是多种鹤类和鹳类南北迁徙的重要停歇地和取食地，迁徙最大丹顶鹤种群 806 只、白鹤 425 只、东方白鹳 1 000 余只。这里还是世界上最大的黑嘴鸥繁殖地，分布有黑嘴鸥 12 000 余只，其繁殖种群 10 000 余只，是名副其实的黑嘴鸥之乡。

此外，辽河入海口芦苇湿地在区域防洪抗旱、调节气候和控制污染等方面都具有巨大的生态功能和环境效益。红海滩谓之天下奇观，人们赞誉红海滩："辽东湾北红海滩，红似朝霞洒人间。映照海水一片红，染就大地红烂漫。营造红色翅碱蓬，风里浪里意志坚。无需所求只奉献，孕育奇观天下传。"见图 3-192。

辽河入海口芦苇湿地是亚洲最大的湿地，是目前世界上保存最为完好的、最大面积的芦苇湿地之一，现主要归属辽宁辽河口国家级自然保护区，2005 年被列入《国际重要湿地名录》。湿地东部开发有盘锦红海滩风景区，并于 2016 年由辽宁省第一水文地质工程地质大队申报成为辽宁盘锦辽河口省级地质公园，见图 3-193～图 3-195。

图 3-192　辽宁省盘锦市辽河入海口芦苇湿地——红海滩

图 3-193　辽宁省盘锦市辽河入海口芦苇湿地——芦苇

图 3-194　辽宁省盘锦市辽河入海口芦苇湿地——水稻田

图 3-195　辽宁省盘锦市辽河入海口芦苇湿地——滩涂

在漫长的地质时期,本区内发育了各种沉积相、沉积构造和各类地质、地貌景观遗迹、水体景观遗迹等,是研究与演示三角洲的形成和发展的宏大的动态模型;是流水地貌及湖沼景观系统变化、发展与保护的信息库;是极好的生态学、景观地质学和地貌学的教学基地,并且为辽河口地区经济发展、环境保护提供科技信息。同时,辽河油田的形成与辽河三角洲的演化密切相关,研究三角洲沉积相、沉积构造,对于揭示油气层非均质性,建立储层地质模型,探索油气田的形成等有极其重要的科学研究价值。这里所展现的海湾状三角洲形成与发育过程、泥质海岸规模宏大的湿地景观系统的形成发育过程,具极强科普价值。辽河入海口芦苇湿地在我国具有典型性、代表性,具有国际对比意义。它是一部厚重的景观地貌学、河流动力学教科书,具有重要的科普旅游价值,是辽宁省著名的国家级自然保护区和风景名胜区。因此,该处地质遗迹评价等级为世界级。

(2)辽宁省丹东市东港市鸭绿江入海口湿地(国家级),位于辽宁省丹东市东港市,与朝鲜隔江相望,为鸭绿江入海口,沿海岸线由东向西呈带状分布,东起东港市二道沟,西至西孙线与河沿底沟交点,北起鹤大公路,南临黄海 6m 等深线,湿地面积 814.3km², 地势低洼平坦,除一些海岛和丘陵外,平均海拔 5m 以下。

这里是辽宁省第二大滨海湿地,地处中国海岸线的最北端,为华北和东北植物区系的交汇处,是内陆湿地和水域生态类型与海洋和海岸生态类型的复合生态系统,属北温带大陆性季风湿润气候。这里有植物 83 科 234 属 365 种、动物 518 种,是东北亚地区不可多得的滨海复合型湿地。于 1997 年 12 月 8 日批准为国家级自然保护区,2011 年 5 月中国国家海洋局将鸭绿江口滨海湿地国家级自然保护区纳入国家级海洋自然保护区。

这里是东北亚地区重要的生态屏障。区内陆地、滩涂、海洋三大生态系统交汇过渡,形成了包括芦苇湿地、滩涂、沼泽、湖沼、潮沼及河口湾等复杂多样的生态系统类型。自然环境特殊、敏感、脆弱,湿地生态系统的形成与演变漫长而复杂。湿地内河流密布,主要河流有 7 条,为鸭绿江、大洋河、沙坝河、龙态河、枣儿河、衣龙河、小洋河,最终均注入黄海。湿地是黑色泥滩,土壤主要有滨海盐土、潮滩盐土、草甸土、盐化沼泽土、水稻土、棕壤,除棕壤是由酸性岩和黄土、红土等形成外,其他土壤都是由坡冲积物和冲积海积物形成的。滨海盐土、潮滩盐土主要分布在沿海滩涂;草甸土分布在农田和菜田;盐化沼泽土分布在近海河口地带;水稻土分布在沿海平原的水稻田;棕壤分布在北部海拔较高的地带。

这里是天然基因库。鸭绿江入海口湿地是我国原始的、保护最为完整的滨海湿地类型的代表和野生生物的重要基因库。这里发育有 344 种高低等植物、240 种鸟类、88 种鱼类以及多种两栖类、哺乳类动物,形成了一条复杂的生物链,是不可多得的生物多样性基地。

这里是鸟类的乐园。鸭绿江入海口湿地是世界上鸟类种群最为集中的地区之一,也是世界上 3 个最为理想的观鸟地之一,是栖息在澳大利亚、新西兰的涉禽北迁俄罗斯远东地区和美国阿拉斯加繁殖地最后的停歇地。每年 5~6 月,是鸟类的迁徙高峰,观鸟的最佳时期,在这里停歇的鸟类数量十分可观。而保护区的湿地为众多的水禽、涉禽提供了丰富的食物、清洁的水源和安全的隐蔽地。它能得以保存不仅是自然保护的需要,更是人类社会持续发展的需要。

鸭绿江入海口湿地美若画卷,提供了一个永久性的滨海湿地生态环境和野生生物的基因库,对该遗迹点进行规划保护,不仅有很高的地学科普意义和旅游开发价值,对生态学、遗传学也具有极高的科研价值,更有深层次的自然生态环保意义。评价等级为国家级,见图 3-196。

(3)辽宁省铁岭市银州区莲花湖湿地(国家级),位于铁岭市城区西南部,西依汎河,北靠辽河,历史上属于东北地区湿地的一部分。地理坐标为东经 123°41′—123°48′,北纬 42°15′—42°18′,海拔 50.5~61.8m,湿地面积 42.3km²。

莲花湖湿地属于辽河水系,位于辽河与其支流柴河、汎河之间的洪泛平原区,是沼泽湿地类型,有多样的湿地自然景观。曾具有湖湖相扣的水网结构,该复合结构在东北地区具有一定的代表性。其

图 3-196　辽宁省丹东市东港市鸭绿江入海口湿地景观

中天然湿地以淡水河流湿地、水库与水塘湿地、温带沼泽湿地为主，人工湿地主要以水稻田为主。同时莲花湖湿地又为 165 种观赏鸟类提供了自然栖息地，对当地自然环境和生态环境起着重要的作用，具有特殊的生态景观价值。评价等级为国家级，见图 3-197。

（4）辽宁省营口市西市区永远角湿地，位于营口市西市区，南北长约 4km，北临大辽河，西濒渤海辽东湾，是大辽河入海口的位置，三面靠河临海，系大辽河冲积形成的滩涂湿地，生长有芦苇、菖蒲、碱蓬等沼生群落植物。野鸭、野兔、海鸥、白鹭、大雁等动物非常常见，丹顶鹤等珍稀野生动物也经常驻足，是难得的原始湿地地貌景观。

原本为自然生态地貌景观，因临近市区，近年遭受破坏，面积缩小，但已经引起地方政府的重视。现营口市政府已规划建设湿地保护区，见图 3-198。

3）瀑布

瀑布的形成有 2 个条件，地壳剧烈抬升和水量丰沛的河流，辽宁省西部属于干旱贫水区，瀑布景观不发育，辽东地区季节性瀑布较多，但规模小，只在丹东市有 2 处代表性瀑布。

（1）辽宁省丹东市宽甸县青山沟瀑布群，位于丹东市宽甸县青山沟镇，发育自鸭绿江支流的浑江，共有大小瀑布 36 条。该区瀑布的特点是水流较细，水流落差高，水量受季节影响明显，其中飞云瀑落差 31m，宽 30m。瀑布是经过地壳运动使岩体发生移位变化，又经长期的河流冲刷而形成的。由于这里的侵蚀切割地形十分显著，因而深沟峡谷、悬崖峭壁较多，其岩体岩性多为黑云母片麻岩，见图 3-199。

图 3-197　辽宁省铁岭市莲花湖湿地景观

图 3-198　辽宁省营口市西市区永远角湿地

图 3-199　辽宁省丹东市宽甸县青山沟瀑布景观（左为飞溅瀑，右为虎啸瀑）

（2）辽宁省丹东市宽甸县百瀑峡瀑布群，位于丹东市宽甸县花脖峰南麓 5km。在长达 8km 的深山峡谷里，分布有大大小小近百个瀑布，交互重叠，组成一个庞大的梯式瀑布群。如垂帘瀑、七叠瀑、潋滟瀑、流银瀑、九龙瀑、溅花瀑、行吟瀑、悬濑瀑等。最小的仅有 4～5m 高，最高的可达 20 余米，宽 10 余米，水流量受季节影响明显，春冬之时瀑布冻结，夏秋瀑布水量较大，受降水影响明显，见图 3-200。

图 3-200　辽宁省丹东市宽甸县百瀑峡瀑布景观

4）泉

泉水的分布主要受构造控制，因此泉的出露都是沿断裂分布。辽宁省的自然出露泉很多，但由于近年大量的开采，造成水位下降，许多泉眼已经不再自涌。泉水类型多样，有热泉、温泉、冷泉、矿泉、海水温泉等，经调查确定 7 处重要温泉地质遗迹，其中 1 处为国家级，6 处为省级，见表 3-11。

（1）辽宁省鞍山市千山区汤岗子温泉（国家级），位于鞍山市汤岗子镇，是具有悠久历史的著名温泉之一。据廷瑞（1999）修纂的《海城县志》史料记载，唐代贞观十八年温泉即被发现利用。中华人民共和国成立以来，对温泉进行了大力恢复和营建，逐步建设成为温泉康复疗养中心。

表3-11 温泉地质遗迹一览表

亚类	序号	遗迹点名称	评价级别
泉	1	辽宁省鞍山市千山区汤岗子温泉	国家级
	2	辽宁省营口市鲅鱼圈区熊岳温泉	省级
	3	辽宁省丹东市东港市椅圈镇黄海海水温泉	省级
	4	辽宁省丹东市振安区五龙背温泉	省级
	5	辽宁省葫芦岛市兴城市汤上温泉	省级
	6	辽宁省葫芦岛市绥中县明水地热温泉	省级
	7	辽宁省朝阳市凌源市热水汤温泉	省级

汤岗子温泉，面积约1.61km²，温泉所处构造位置属开原-金州深大断裂带。在奶头山和铁石山一带隐伏近东西走向的魏家街-汤岗子断裂构造，低丘北东部发育东汤河-汤岗子隐伏断裂，汤岗子温泉的地下热水主要赋存于两条隐伏断裂交会部位的千山花岗岩破碎带中。主要出露岩性为太古宇鞍山群混合花岗岩和含铁石英岩、片岩及燕山期花岗岩等。

汤岗子温泉是汇集了丰富地质成分的地下水，在地热与地压作用下，沿阻力最小的地方涌出地表而形成的，共有温泉18穴，水温57～79℃。温泉水无色无味，清澈透明，水中含有K、Na、Mg、H、Mn、Fe、Ti、S、B等30多种微量元素，对各种关节炎、战伤后遗症、多种老年病，都有很好的理疗价值。水中氡含量120Bq/L、偏硅酸100mg/L、氟10～20mg/L，为氟氡偏硅酸型医疗热矿泉水，水化学类型为$SO_4·Cl-Na$型。

温泉区有一处长110m，宽约100m的天然热矿泥区，矿泥分类为含铝-硅酸矿泥，温度达45℃，为我国最大的天然热矿泥区。矿泥为花岗岩在各种地质条件下，经过漫长的风化作用形成的产物，受其下部72℃温泉水的浸泡、滋养而获得，不受气温影响。矿泥颗粒均匀、柔软细腻，除含有温泉的化学成分外，还含有泥本身所固有的化学成分。对风湿性和类风湿性关节炎、止痛、解除痉挛的作用尤为显著，具有较高的医疗价值。

汤岗子温泉是辽宁省三大温泉之一，也是我国四大温泉康复中心之一，具有很高的地热学开发、构造研究方面的价值。评价等级为国家级，见图3-201。

（2）辽宁省营口市鲅鱼圈区熊岳温泉，位于营口市熊岳镇东南白旗村的熊岳河畔，现有热水井19眼，水温83～85℃，最高水温93℃，单井出水量64～100m³/h，日开采量3 000m³。泉的水温58℃，泉流量0.57m³/h。熊岳温泉位于金州断裂内，熊岳向斜轴部，受望儿山断裂控制。上覆第四系全新统冲积砂砾石层，下伏中生界白垩系砂砾岩、花岗质砾岩等，有印支期花岗岩侵入。热储层为燕山期花岗岩侵入体中的断裂构造破碎带。

熊岳温泉历史久远，占地面积0.42km²，早在唐代就开始利用泉水活络与健身。水化学类型为$Cl-Na$，$Cl·HCO_3-Na$和$Cl·SO_4-Na$；矿化度为0.9g/L，热水中H_2SiO_2为99mg/L、氟9.0mg/L、氡20.36Bq/L。熊岳地下热水为无色透明，pH值为中性，属于高温、低矿化度的医疗热矿泉水。水中固体含量为1 054mg/L，含有大量的钾、钠、硫氟、硫酸根等各种矿物质，对老年慢性病，尤其是皮肤病、风湿、类风湿关节炎有良好疗效。评价等级为省级，见图3-202。

（3）辽宁省丹东市东港市椅圈镇黄海海水温泉，位于丹东东港市椅圈镇，1972年辽宁省地质勘测大队正式确认该处温泉为国内罕见的海水温泉，也是全世界目前已发现仅有的5处海水温泉之一。

图 3-201　辽宁省鞍山市千山区汤岗子温泉

图 3-202　辽宁省营口市熊岳温泉出露点现状（已经改为深井开采）

该温泉热异常方向北东，面积 5.10km²，中心地温为 60℃，基岩顶板等温线呈北东 35°半封闭状。泉水温度 34～38℃，泉流量 30m³/h，水底淤泥温度 58℃；钻孔揭露热水温度 65～71℃，单井涌水量 36～72m³/h。出露地层有第四系、太古宙混合岩与不同时期煌斑岩、闪长玢岩等侵入岩。构造形迹以断裂构造为主，有刘家河-青堆子、析木城-岫岩 2 条断裂。储热岩体为混合花岗岩。

据调查，该地区曾有多处地热泉出露自流，近年因周边开发温泉度假村，以及村民自用井的增加，温泉已不再自涌。其成因为海水倒灌渗入深部岩层之中，与火成岩和变质岩接触，经地热加温后转化成温泉,受高压涌出。据核工业东北分析测试中心监测认定,椅圈镇黄海温泉属矿化度很高,并含有溴、碘、偏硅酸及放射性氡气的氯化钠型高热泉,具有较高的医疗应用价值。目前已建有辽宁北黄海温泉度假村,为辽宁省著名的温泉疗养地。评价等级为省级,见图3-203。

图3-203　辽宁省丹东市东港市椅圈镇黄海海水温泉

（4）辽宁省丹东市振安区五龙背温泉,地处丹东市五龙背镇五龙山下,为辽宁省著名温泉,有玉龙神水之称,五龙背温泉出露于五龙河南岸一级阶地后缘,热异常面积0.5km^2,泉水水温55℃,涌出量31.2m^3/d。经勘探井口水温最高可达78℃,单井涌水量1 389.3m^3/d。

地下热水水化学类型均属HSO$_3$—Na型,偏硅酸88.4～104.00mg/L,氟6.12～12.00mg/L,为硅氟型医疗热矿水。矿化度0.2～0.3g/L,pH值8～9,呈弱碱性。

地下热水主要赋存于印支期、燕山期花岗岩、闪长岩断裂破碎带及构造裂隙中。构造形迹以断裂构造为主,主要发育有北北东向、北北西向2组裂隙和侵入岩脉。

五龙背温泉发现于唐代永徽年间,与汤岗子、熊岳温泉誉为满洲地区三温泉。五龙背温泉以其水质纯净,硫磺气体少而闻名全国。含有矿物质碳酸盐、重碳酸盐及少量放射性元素,对关节炎、风湿症及皮肤病等疗效显著。评价等级为省级,见图3-204。

图3-204　辽宁省丹东市振安区五龙背温泉井出露处

(5)辽宁省葫芦岛市兴城市汤上温泉,位于兴城市高家岭乡汤上村,于明代万历年间被开发利用,当时称热水汤。清康熙二十五年改称汤上温泉,距兴城市区60km,绥中县城20km,高家岭乡政府4km。

热水出露在六股河二级阶地前缘,岩性自上而下为第四纪冲洪积、坡洪积亚黏土、亚砂土及砂砾石,厚6~13m;侏罗纪安山岩厚几米至几十米;太古宙混合花岗岩。此外在温泉北侧还有大面积侏罗纪花岗岩侵入体。区域地质构造属山海关古隆起中的东西向断裂带与北东向断裂的交会地段。泉区存在北西向、北东向2组断裂,前者为张性断裂,后者为压性断裂。经钻探验证,温泉附近的混合花岗岩中确有断层,见有断层角砾岩、擦痕及热水溶蚀洞穴,而且是充水断层。深层热水赋存于混合花岗岩中的断裂破碎带之内,并上升加热第四纪孔隙水。

地下热水为线状构造水所形成,含水层为断层的破碎带,地下热水的来源为断层通过地下深部循环远补给。水温在55.8~56℃之间,基本处于稳定状态。热水面积0.216km²。水中F^-含量为10.5mg/L,H_2SiO_3含量为69mg/L,均达到医疗命名矿水浓度要求,同时含对人体有益微量元素Sr和Rn等。水化学类型为SO_4-Na型、$HCO_3-Na·Ca$型。

汤上温泉旅游不仅具有较为悠久的历史,也形成一定的设施规模,区内有4万km²的地下热水域,有明朝万历年间修建的天井1口。依托热水资源,村上建温泉疗养院1座,疗养院拥有床位200余张,此外还有游泳池、浴池,供游人疗养、休闲、沐浴。有面积20余亩(1亩≈666.67m²)热水养殖场1座,主要养殖罗非鱼。

(6)辽宁省葫芦岛市绥中县明水地热温泉,坐落在绥中县明水乡辛庄子村,面积1.97km²。温泉群位于绥中凸起,中生代火山活动喷发形成的火山岩盆地内。分布的地层与岩石主要有中生界白垩系义县组流纹岩及燕山晚期流纹斑岩($\lambda\pi_5^3$),基底及外围由太古宙混合花岗岩组成,表层覆盖有第四系松散堆积层。地下热水温度一般在25~54℃,属低温地热资源温水及温热水级别。

地热异常区位于阜新-绥中深部构造变异带上,深部阜新-山海关断裂切割了上地幔凸起,地幔热流沿深部断裂上涌,构成本区地热热源。大气降水、地表水等补给源通过裂隙渗入到地下深处,迅速完成深循环加热过程,然后在静水压力和对流作用下,沿着深大断裂或岩脉接触带进一步上导,把地下深处热能带到浅部,形成浅部地热异常。

地下热水水化学类型主要有$HCO_3·SO_4-Na$型和$SO_4·HCO_3-Na$型,矿化度较低,一般在229~299mg/L之间,pH值一般在8~9.2之间,属低矿化弱碱性,F^-和H_2SiO_3含量达到医疗命名矿水浓度要求。地下热水中F^-含量较高,达到医疗矿水规定要求。已建成温泉旅游度假村。

(7)辽宁省朝阳市凌源市热水汤温泉,位于凌源市万元店镇热水汤村,热异常面积小于0.5km²。温泉属于弱碱性水质,水化学类型为$SO_4·HCO_3-Na$型水,热水中H_2SiO_3含量为24.7~35mg/L,F^-含量为1.78~15mg/L,为氟型医疗热矿水,素有温泉之花的美誉。目前热水汤温泉有热水井4眼,热源深度达1 500m,常年出水温度在48℃左右,属中低温地热资源级别,日出水总量1 000~1 200m³。

所处构造位置为建平隆起,分布有近东西向、北东向及北西向断裂各1条,热储是北东向断裂与北西向断裂的交会部位,主要为火山岩系,属侏罗纪、白垩纪喷出岩,岩石以粗面岩、流纹岩、火山角砾岩、松脂岩及沉淀的泥岩为主。

本区地热成因类型应属断裂岩浆型。就宏观而言,受大气降水或地下冷水沿断裂构造向深部渗入运移,经热流体或岩浆余热加热,使其温度升高,体积膨胀,压力增大,沿一定的构造通道,即减压方向移动、上升而成地下热水。

本区的热储呈脉状,具方向性。地下深处热能通过导热通道源源不断地补给浅部,从而形成浅部热异常,其深部可能存在着规模较大的储热构造。

热水汤村四周群山环抱,风景秀丽,已建成温泉旅游度假村。

3. 火山地貌

辽宁省火山活动频繁,自太古宙至新生代皆有火山活动,古生代及之前以海相火山喷发为主,火山岩均已遭受不同程度的区域变质变形或动力变质作用。自中生代以来,全区已上升为陆地而成为欧亚大陆板块的一部分(东缘),进入滨太平洋构造域的发展演化阶段,受太平洋板块北西向作用影响,产生一系列北东向分布的断裂和褶皱,伴随着这种作用,形成以裂隙式、中心式火山喷发为主要特点的火山活动,陆相火山岩十分发育,是中国东部濒太平洋构造-岩浆-成矿带的重要组成部分。

辽宁省火山地貌地质遗迹主要以中、新生代为主,共有7处,其中2处国家级,5处省级,见表3-12。

表 3-12 火山地貌地质遗迹一览表

亚类	序号	遗迹点名称	评价级别
火山机构	1	辽宁省丹东市宽甸县青椅山火山机构	国家级
	2	辽宁省葫芦岛市建昌县大青山火山机构	国家级
火山岩地貌	1	辽宁省本溪市本溪县关门山火山岩地貌	省级
	2	辽宁省本溪市桓仁县五女山火山岩地貌	省级
	3	辽宁省丹东市宽甸县黄椅山火山岩地貌	省级
	4	辽宁省朝阳市朝阳县尚志乡火山岩地貌	省级
	5	辽宁省锦州市太和区北普陀山火山岩地貌	省级

1)火山机构

辽宁省中、新生代火山岩有多处破火山口,主要分布于古老基底之上及边缘附近,或者产于断陷盆地内相对凸起部位。本次调查确定有代表性的2处火山机构为青椅山、黄椅山锥状火山构造和大青山破火山口,它们都属于中心式火山机构。

(1)辽宁省丹东市宽甸县青椅山火山机构(国家级)。宽甸火山群位于辽宁省丹东市宽甸县北部、西部和南部,三面环绕县城,分布范围东经124°30′00″—124°48′00″,北纬40°35′00″—40°50′00″,面积约500km²。形成的地貌有典型的火山锥(口)景观、玄武岩柱状石林景观、波状玄武岩台地景观等。玄武岩台地标高一般250~450m,在玄武岩台地中间镶嵌着十几处火山锥体,火山锥体内衔着面积大小不等的火山口,其地貌形态大致是椅子形、椭圆形等,蔚为壮观,标高介于450~550m。

在新生代,由于西太平洋板块急剧向中国东部陆壳俯冲,导致中国东部深断裂带的复活,引起多个地段玄武质岩浆的喷发,形成著名的中国东部新生代火山岩带。宽甸地区位于营口-宽甸古隆起东端东西向复背斜轴部,受到郯-庐断裂及其北延部分的影响,先后发生了4期玄武质岩浆喷发,依次为新近纪上新世(N_2)、第四纪早更新世(Qp_1)、中更新世(Qp_2)、晚更新世(Qp_3)。前2期属于裂隙式喷发,后2期属于中心式喷发,其规模之大历史罕见。

其中,上新世玄武岩($N_2\beta$)以裂隙式喷发为主,玄武质岩浆直接覆盖在盆地基底元古宙变质岩和吕梁期花岗岩之上,或覆盖在盆地基底上的仅数米厚的上新统河流和砂砾石层之上。玄武岩以碧玄岩为主,最厚可达60余米,在平面上形成沿蒲石河分布的台地,剖面上呈直立挺拔的玄武岩柱林。早更新世玄武岩($Qp_1\beta$)多见直接覆盖于上新世碧玄岩($N_2\beta$)之上,喷发规模小,厚度仅有10~20m,形成水平展布的玄武岩柱林,并伴随中更新世玄武岩($Qp_2\beta$)产出,两者皆为碱性橄榄玄武岩。中更新世玄武岩($Qp_2\beta$)喷发规模大,广布于宽甸盆地和青椅山盆地,最厚可达91m,岩浆大量喷发,冷凝后形成粗大而不太规则的玄武岩柱林。晚更新世玄武岩($Qp_3\beta$),以中心式喷发为主,主要形成气孔状、角砾状的橄榄拉斑玄武岩,在火山口附近还堆积厚大的火山角砾岩和浮岩,晚期在盆地北部还形成小范围分布的安山玄武岩和安山岩。这一时期形成黄椅山、青椅山、椅子山等直立于盆地中的火山锥。晚更新世的橄榄拉斑玄武岩（$Qp_3\beta$）呈平行不整合覆盖在中更新世的碱性橄榄玄武岩（$Qp_2\beta$）之上,从火山锥的下部到上部可分为灰黑色角砾状橄榄拉斑玄武岩,厚达72m。其上为厚3m的灰黑色多气孔状橄榄拉斑玄武岩（浮岩）,其下为厚达120m的角砾状橄榄拉斑玄武岩。位于火山口的火山通道相为橄榄拉斑玄武岩的火山角砾岩,其半风化产物呈紫红色,新鲜岩石仍为灰黑色。火山锥向南决口形成扇状熔岩被,覆盖在中更新世玄武岩（$Qp_2\beta$）之上,组成黄椅山火山锥的晚更新世橄榄拉斑玄武岩（$Qp_3\beta$）总厚度达200m,是区内这一时期玄武岩出露最厚处。

在近156.11km^2的玄武岩台地与蒲石河峡谷中,卫星诠释判断出有19座火山锥,清楚保存的有89个火山口。有的是单一的火山口,有的是复式火山口,有的火山锥体地质遗迹保存完好,有的火山锥体则已剥蚀无存,只留下一些残破的碎裂痕迹而已。较为典型的就有黄椅山、青椅山、椅子山、大川头4处火山口锥体。在火山锥群、玄武岩台地附近,分布着较多的玄武岩孔洞裂隙泉水和构造裂隙泉水,且水质与水量稳定不变。

其中,典型的火山地貌景观有青椅山火山锥、黄椅山火山锥、椅子山火山锥、大川头火山盾、武岩柱状石林、波状玄武岩台地。

青椅山火山锥体由玄武质火山碎屑岩构成,底座直径1.25km,锥高大于140m,锥顶宽500m。火山口位于火山锥上方中心部位,呈凹陷状,深约119m,直径大于200m。属于晚更新世橄榄拉斑玄武岩（$Qp_3\beta$）的产物,其火山出露面积为4.45km^2。火山口的南侧有1个开口,系火山通道向外溢流熔岩时的决口,在决口外形成扇状熔岩体,见图3-205。

青椅山火山锥可划分3个岩相:爆发相分布在火山口四周,主要岩石类型为玄武质火山角砾岩（常含有火山弹）、含火山集块和火山角砾凝灰岩,构成火山锥的主体,是火山活动的早期产物;溢流相形成于火山爆发之后,宁静溢流的碱性橄榄玄武岩覆盖在泡沫化的玄武质浮岩流之上;火山通道相位于火山口中心,呈筒状,直径近百米。地貌上呈丘状凸起,环状冲沟围绕四周。岩性为灰色致密块状碱性橄榄玄武岩。岩石气孔较少,局部可见地幔橄榄岩包体。产状陡立,与四周爆发相火山碎屑岩呈侵入接触关系。

黄椅山火山锥是宽甸火山群中最完整的火山锥,位于宽甸县城西2km,海拔504m,锥顶高出宽甸盆地204m,锥顶宽650m,锥底宽1.8km,火山口深117m。该火山锥喷发属于第四期橄榄拉斑玄武岩（$Qp_3\beta$）的产物,其火山出露面积为7.98km^2。该火山锥为复式火山锥体,其地貌呈环状,仅在南部留1个缺口,该缺口是玄武岩岩浆喷发过程中自决冲破处而使熔岩向南倾泻的产物,进而形成北陡南缓的圈椅状火山锥。

黄椅山锥状火山口构造特征与青椅山锥状火山构造基本相同,只多1次爆发活动,并在决口的东南侧又形成1个由火山碎屑岩构成的扇状体,覆盖在早期熔岩扇体之上。在火山通道中可见有二次充填物,早期为玄武岩,晚期为火山角砾岩。早期玄武岩呈月牙状残存在颈筒的北侧,见图2-206。

图3-205　辽宁省丹东市宽甸县青椅山火山口

图3-206　辽宁省丹东市宽甸县黄椅山锥状火山口

宽甸火山群火山岩含有大量的上地幔橄榄岩包体及丰富的巨晶矿物,如黑色油亮的普通辉石、棕褐色半透明的顽火辉石、黄绿色透明的橄榄石、深红—红色透明的镁铝榴石、蓝色透明的刚玉(蓝宝石)、无色透明的锆石、乳白色—无色透明的歪长石(月光石)、褐黑色的角闪石、棕色金云母和八面体的磁铁矿等。这些奇特独有的橄榄岩包体和矿物巨晶是玄武质岩浆从上地幔带至地球表面上来的,具有极高的科研价值,是当今世界前沿许多科学家都在研究地球深部的岩石组成和演化的热点,见图3-207~图3-212。

图3-207 辽宁省丹东市宽甸县玄武岩柱横切面

图3-208 辽宁省丹东市宽甸县火山弹现场堆积

图3-209 辽宁省丹东市宽甸县
火山爆发花岗石捕虏体

图3-210 辽宁省丹东市宽甸县
宝石级镁铝榴石巨晶包体

图3-211 辽宁省丹东市宽甸县火山浮岩

图3-212 辽宁省丹东市宽甸县玄武岩内橄榄石

宽甸火山群是典型的地质景观和地貌生态群体景观、人文历史景观的集中结合，具有很强的科学性、稀有性、典型性、欣赏性，在国内和大区域内具有典型的地学意义和对比意义，对研究火山岩碱基性岩—基性岩—安山岩的演化，是东北地区各火山群所无法比拟的，而且火山群内多处玄武岩柱林，无论在出露面积上，还是在构造剖面、构造形迹和节理形态上都属国内之最。宽甸火山群黄椅山火山锥周边已于1994年被辽宁省林业厅批准为黄椅山森林公园。宽甸火山群的多期喷发、火山岩的多种岩组成和来自地幔的橄榄岩包体及丰富巨晶矿物，加之比较独特的地质地貌景观，这些在其他有名的火山群是见不到的，它对于了解地球演化、进行科学研究具有十分重要的意义。评价等级为国家级。

(2) 辽宁省葫芦岛市建昌县大青山火山机构（国家级）。大青山破火山口构造位于辽西地区建昌县南部，处于永安-锦州-阜新火山喷发带的西南端。平面为一近东西向的椭圆形，东西长约12km，南北宽约9km，面积近100km²，推测破火山口塌陷最大深度在1500m左右（辽宁省区域地质志，2006），具显著的环状地貌景观，山脊线呈环状、半环状展布，放射状沟谷、水系环绕破火山口分布。

破火山口构造中心为侵出相，由内向外依次为喷溢相、喷发相、火山碎屑沉积相。产状为斜内倾，倾角外陡（40°～60°），内缓（10°～20°），这种现象由多次塌陷而成。边部发育有沿环状断裂侵入的石英粗面斑岩、流纹斑岩岩脉等潜火山岩相。并以此作为破火山口构造的边界。

侵出相位于破火山口中心，呈蘑菇状，岩性为粗面质熔岩，可分为2个岩性结构带，边缘带流动构造发育，并含有自身成分和围岩的角砾，岩石普遍具碎斑结构；内部带结晶程度较边缘带高，具正斑或聚斑结构。岩石在垂直剖面序列上，底部为粗面质集块岩、角砾岩，向上逐渐过渡为熔结角砾凝灰岩、凝灰岩。地貌上侵出相岩石表现为锯齿状山峰，垂直节理发育。

喷溢相由粗面质碎屑熔岩和粗面质熔岩2种岩石组成，空间上呈环形分布于机构内环和外环。

爆发相出露面积较广，约占总面积的50%以上，呈环带状分布于侵出相四周，层位上往往位于每次喷发产物的底部，并且常构成由粗到细的正粒序韵律。岩石类型有粗面质火山集块岩、火山角砾岩、角砾凝灰岩、粗面质熔结角砾岩、熔结角砾凝灰岩及熔结凝灰岩等。

次火山岩相主要呈环状、放射状岩脉或岩墙产出，受环状及放射状断裂构造控制，环状岩脉主要分布于破火山口边界。放射状岩脉呈星散状分布于机构中，岩性主要有流纹斑岩、石英正长斑岩、闪长玢岩等。

火山碎屑沉积相有2个层位，第一层位于第3次与第4次火山喷发间歇，岩性为复成分砂砾岩夹火山碎屑沉积岩，主要分布于机构外环。第二层位于第5次与第6次火山喷发间歇，岩性为中粗砾复成分砾岩，主要分布于机构内环。它们均属火山口塌陷形成的山间盆地型快速堆积的产物，见图3-213。

大青山破火山口构造曾经历4个发展阶段：第一阶段为岩浆上涌，第一期强烈喷发-塌陷、间歇沉积阶段；第二阶段为第二期强烈喷发-塌陷、间歇沉积阶段；第三阶段为再次强烈喷发，侵出-塌陷次火山岩侵入阶段；第四阶段为构造破坏与剥蚀阶段。

现阶段整个山体被天然森林覆盖，拥有枫树、桦树、榛树和杜鹃、芍药、百合等上百种树木和野花。大青山上有老道洞、十八铺炕、蛇盘山、蛤蟆石、倒立石、猫鹰石、海窟等数十处奇特火山地貌景观。该地区可以作为火山地貌、火山机构、熔岩微地貌等地学方面的野外观测实习基地，具有科研价值，评价等级为国家级，见图3-214。

2) 火山岩地貌

辽宁省中生代火山活动较为强烈，始于早侏罗世，于早白垩世达到高潮，进入晚白垩世则大大减弱，新生代火山活动明显减弱。本次调查确定5处具有代表性的火山岩地貌，均为省级。

(1) 辽宁省本溪市本溪县关门山火山岩地貌，位于本溪市关门山，地处华北陆块、辽东古元古代—新元古代坳陷带、太子河新元古代—古生代坳陷。

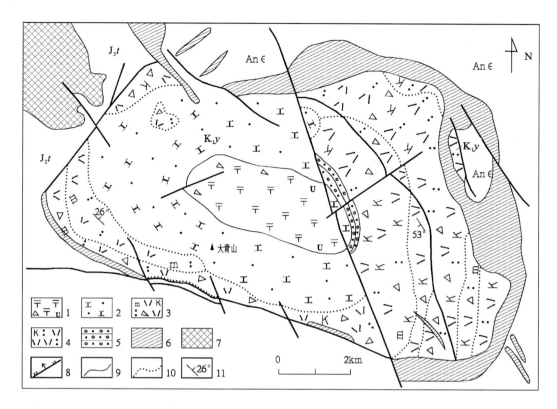

图 3-213　辽宁省葫芦岛市建昌县大青山破火山口岩性岩相地质图

1. 侵出相：粗安岩、粗安质熔角砾岩；2. 溢流相：石英粗面岩；3. 火山碎屑流相：碱性流纹质熔结（角砾）凝灰岩；4. 降落堆积：凝灰岩；5. 沉积相：砂砾岩；6. 正长斑岩；7. 潜流纹岩；8. 断裂；9. 地质界线；10. 岩性岩相界线；11. 岩层产状；K_1y. 义县组；J_3t. 土城子组；J_2t. 髻髻山组；$An\epsilon$. 前寒武纪地质体

关门山是由中生界白垩系小岭组（K_1x）火山岩系构成的火山岩地貌。可见流纹岩、安山岩、玄武岩、火山角砾岩、熔结角砾岩和熔结凝灰岩等多种火山岩和火山碎屑岩。内外力地质作用造就复杂多样、内容丰富的自然地质遗迹景观。不仅有奇特美观的山峰，更有辽宁省内罕见的火山峡谷地貌，配合辽东地区多雨多水的特征，形成常年性的流水瀑布。

流纹岩为酸性喷出岩，浅紫色。斑状结构，斑晶主要为钾长石、石英等，基质为隐晶质，有流纹构造，属下白垩统小岭组。岩体原生柱状节理十分发育，横切面是多边形，柱体直径 20～80cm。

玄武岩属基性喷出岩类，二氧化硅含量低，主要成分为辉石和基性长石，岩石呈灰绿色，斑状结构，气孔状和杏仁状构造。由于原生柱状节理发育，使岩石横断面呈多边形。侵入围岩为二叠系石盒子组。

火山碎屑岩主要由火山碎屑物质组成，是介于火山岩与沉积岩之间的岩石类型。这里的火山碎屑岩为酸性，基质为浅肉红色，正长石含量较高，含规模不等的火山碎屑，其成分以中基性侵入岩为主，属早白垩世火山角砾岩。

关门山属本溪国家地质公园，为本溪市著名的风景名胜区，见图 3-215。

(2)辽宁省本溪市桓仁县五女山火山岩地貌，位于桓仁县桓仁镇北侧 8km 处，突兀雄伟，巍峨壮观，悬崖绝壁，险峻奇秀，雄踞浑江右岸，主峰海拔 804m，南北长 1 500m，东西宽 300m，壁高 200m。

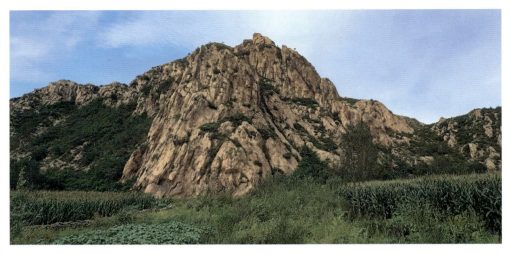

图 3-214 辽宁省葫芦岛市建昌县大青山火山机构地貌

图 3-215 辽宁省本溪市本溪县关门山火山岩地貌

所处构造位置属华北陆块、辽东古元古代—新元古代坳陷带、太子河新元古代—古生代坳陷。断裂构造和褶皱构造比较发育,为褶皱形成的缓倾斜的层状地貌。岩性为中生界白垩系小岭组(K_1x)火山岩,是古火山岩地貌,可见流纹岩、安山岩、玄武岩等多种火山岩,见图3-216。

图3-216　辽宁省本溪市桓仁县五女山中生代白垩纪火山岩地貌

由于火山岩两组近90°的节理发育,在重力滑动、坐落和侵蚀作用下,沿节理形成裂缝。裂缝宽约2m,最窄处不到1m,深达30余米。从上向下俯视,千仞绝壁,一线狭缝,惊险壮观,见图3-217。

五女山为本溪国家地质公园的一部分。

(3)辽宁省丹东市宽甸县黄椅山火山岩地貌。由玄武岩柱状节理形成的玄武岩柱林奇观,一直受到各国科学家的特别关注,并成为世界各国人民观光旅游的胜地,如苏格兰的巨人之路、美国的魔鬼塔等,都是世界知名的玄武岩柱林。在我国东部分布着一条规模巨大的新生代玄武岩带,自北而南包括黑龙江省的双鸭山、穆棱、五大连池和镜泊湖,吉林省的伊通、靖宇、抚松和长白山,辽宁省的宽甸和建平,河北省的张北和万全,山东省的昌乐、临朐和蓬莱,江苏省的盱眙和六合,安徽省的嘉山和当涂,浙江省的嵊县和新昌,福建省的明溪和龙海,广东省的湛江和佛山,海南省的海口和文昌等市县地区。玄武岩在我国分布虽广,玄武岩柱林则不多见,就连已成为国家重点风景名胜区的五大连池、镜泊湖、西樵山、腾冲和长白山等火山岩区也不曾见到。

在宽甸县城西的蒲石河沿岸及其支流中的甬子沟、大峡谷和小峡谷,广泛分布着奇丽多姿的3期玄武岩柱林,其中第一期玄武岩柱状石林粗大挺拔、垂直排列、密集整齐,根根直径40～60cm,断面呈规则六边形,尤如刀劈斧削,凌空陡立。其垂直长度介于10～15m之间。在直立柱林之上横躺着一层厚5～10m的小柱林,为第二期,横断面极似蜜蜂经过万年构筑的蜂巢。蜂巢之上又有一组粗犷的直立大柱林,为第三期,厚5m左右。3期玄武岩柱林很奇妙地镶嵌为一体,形成罕见奇景,在清澈的蒲石河河水映衬下犹如千军万马护卫着缓缓而下的火山泉水,气势非凡,极为壮观。

这是宽甸火山群多期火山喷发形成的,800多万年前即上新世时,地壳下的玄武岩浆沿蒲石河断裂首次喷发,在其古老的花岗岩基准面堆积厚达10余米炽热的玄武岩浆,随着岩浆热量的向上和向下耗散,玄武岩浆内逐一形成直立的六方网格型对流环,受岩浆体内力驱动,六方网格型岩浆逐渐冷凝收缩,最终形成直立的六方柱状节理的玄武岩柱林。时隔几百万年,到距今61万～56万年前,蒲石河西的青椅山一带火山爆发,玄武岩浆由西向东奔流,覆盖于第一期直立的玄武岩柱林之上,形成近于水平的小六方柱玄武岩柱林。又过20余万年,沿蒲石河断裂再喷发的玄武岩浆盖在第二期平躺的玄武岩柱林之上,形成了第三期直立的玄武岩柱林。

图3-217 辽宁省本溪市桓仁县五女山火山岩构造裂隙

该景区集火山之奇、河谷之幽、森林之茂、人文之美、古刹之神、山野之情趣于一体,火山地貌罕见、火山壁随处可见,至今保存完整,是一处天然火山遗迹博物馆,极具科研和开发价值,对于人类了解地球演化、进行科学研究,具有十分重要的意义。现已开发成景区,见图3-218、图3-219。

图3-218 辽宁省丹东市宽甸县黄椅山玄武湖

图 3-219 辽宁省丹东市宽甸县黄椅山玄武岩火山地貌景观

(4)辽宁省朝阳市朝阳县尚志乡火山岩地貌。该遗迹点位于朝阳县尚志乡、羊山镇和王营子乡交界处,面积约 13km², 为髫髻山旋回火山岩。所属构造位置为华北陆块、燕山中新元古代裂隙带、辽西中生代上叠盆地带、朝阳中生代叠加盆地系。

地层为中侏罗统髫髻山组(J_2t),黄褐色流纹岩,中性,岩石致密,原生节理和构造裂隙发育,岩体被垂直节理和水平节理切割,在地壳抬升过程中形成大小不等的块体,这些块体长期遭受侵蚀切割、风化剥蚀,沿垂直节理面形成陡壁,被水平节理切割成似石砌的阶梯,一层层错落有致,沿宽长的垂直裂隙侵蚀切割并形成孤峰,连片出现形似森林,称之为石林或峰林地貌,见图 3-220。

火山活动具有多期次喷发,且喷发韵律发育的特点。本区出露部分为髫髻山组上部,可见 2 次酸性火山岩喷发的界面。界面以下为灰白色流纹质熔结晶屑凝灰岩,岩石致密程度稍差,垂直节理及劈理发育,排列较密集。界面以上为黄褐色(风化面)流纹岩,岩石致密,垂直柱状节理发育,排列较稀疏,构成神似《西游记》中的景观和人物。从"五行山"到"南天一柱",流纹岩与熔结凝灰岩之间的界面有较大的落差,形成向西倾斜的"层面"。尤其"五行山"和"南天一柱"构成独特的峰林地貌,有一定的观赏性,见图 3-221。

图 3‑220　辽宁省朝阳市朝阳县尚志乡火山岩峰林地貌

图 3‑221　辽宁省朝阳市朝阳县尚志乡火山岩地貌——"南天一柱"

　　司杖子地区，玄武岩多角柱状节理，出露较少，规模较小，受后期挤压，裂隙发育，且有流纹岩岩壁形成的"南天门"景观。

　　此外，该区还是木化石产地，范杖子村棉花地沟、线麻地沟等有原地保存的木化石，产自髫髻山组流纹质熔结凝灰岩中。基本为原地直立保存，有的横卧，主要为树桩。由于被火山碎屑物质掩埋，流水作用硅化交代差，极易碎裂、保存较差。在尚志乡内断续形成一条木化石埋藏带，长 7.2km。化石的树皮、纹理、年轮清晰，呈土黄色或浅红色，达到玉化，直径 80～90cm，至少有 10m 高，可见这里原来是茂密的原始森林。裸露在外面的则风化严重,较破碎。木化石基本为原地埋藏保存,树干几乎与层理垂直,显示快速埋藏的特点。

该火山岩地貌目前处于闲置状态,未遭受破坏,保护较好。

(5)辽宁省锦州市太和区北普陀山火山岩地貌。北普陀山位于锦州市西北郊 7km 处,呈南东-北西走向,纵长 10km,横宽 5km,面积 27.26km²,最高峰鸡冠山海拔 366m。该火山岩地貌是辽西地区一处小型火山岩地貌景观,代表性的景观为观音洞。观音洞位于一耸起的山峰之中,悬崖覆如棚状,下有东、西 2 个洞。此外,还有蟠龙山、鸡冠山、平顶山、红石山、二郎洞山等地貌景观。

岩性为下白垩统义县组安山岩(K_1y),所处构造位置为华北陆块、燕山中新元古代裂隙带、辽西中生代上叠盆地带、义县中生代叠加盆地系。

该火山岩地貌已经保护,现为锦州北普陀山风景区,见图 3-222。

图 3-222　辽宁省锦州市太和区北普陀山火山岩地貌

4. 冰川地貌

从 6 亿年前震旦纪末起到 1 万年前新生代第四纪止,地球上的气候共经历 3 次大冰川气候。第一次是前寒武纪晚期大冰川期,距今约 6 亿年;第二次是古生代后期的石炭纪—二叠纪大冰川期,距今约 3 亿~2 亿年;第三次是新生代第四纪大冰川期,距今约 200 万年。冰川在运动过程中及结束后,形成的各种地形地貌及残留物,称为冰川遗迹。

辽宁省冰川地貌不发育,只发现几处现代冰川遗迹,其中代表性的有 3 处,均为第四纪大冰川期的产物,全部为省级。

(1)辽宁省大连市庄河市步云山-老黑山"古石河"冰川地貌。步云山为长白山系,千山余脉,位于庄河市西北,北坡位于营口市市内,南坡在庄河市市内,属步云山乡。步云山主峰海拔 1 130m,为辽南地区第一高峰,老黑山为辽南地区第二高山,海拔 1 078m。两处山体距离较近,岩性相同,以永宁组(Pt_3^1y)长石石英砂岩、长石砂岩、砾岩为主,也有花岗岩质的砾石。构造位置为华北陆块、辽东新元古代—古生代坳陷带、辽吉古元古代裂谷。

步云山和老黑山均发育有多处"古石河",岩体破碎成块状,由山底至山顶分布,最大一处在老黑山东北坡,长 500~1 000m,宽达 100~300m,岩石最大重达数十吨。

"古石河"的形成,通常需要 3 个方面的条件:一是在地形上要有一定的坡度;二是在物源上要有坚硬而富有节理的块状岩石(如花岗岩、玄武岩和石英岩等);三是在气候上要有较低的温度。大理冰期(距今8万~1万年)时,"古石河"所在地区存在着其形成的诸多适宜条件。此处山势险峻,"古石河"的顶端更为陡峭;顶端的石英岩大量堆积,成为其形成时的定点补给源。在这一时期,全球气温降低,冻融作用表现强烈,在这些因素的共同作用下,逐渐形成今天的景象。步云山地区处于冰缘地带,经过冻融作用,岩石产生崩解,在重力作用下发生整体运动,最终形成了"古石河",见图3-223。

图3-223 辽宁省大连市庄河市步云山-老黑山"古石河"冰川地貌

该冰川遗迹的发现说明该地区在末次冰期时处于冰缘地带,填补了地学界该时期没有文字记载的空白,为今后研究古气候、古生物变迁等提供了科学依据。兼具科学研究意义及美学欣赏价值的"古石河"景观同时具有很高的旅游开发价值,但这一观点还有待进一步考证。

步云山已经规划建设省级地质公园,老黑山处于原始状态。

(2)辽宁省丹东市宽甸县花脖山"石瀑"冰川遗迹。花脖山位于丹东市宽甸县东北,属长白山系龙岗支脉,是鸭绿江水系和太子河水系的分水岭,平均海拔800m,最高峰1336.1m,堪称辽宁屋脊。花脖山石瀑位于近顶峰处,岩性为永宁组($Pt_3^1 y$)含砾长石石英砂岩。因第四纪冰川运动,岩体经冻融作用破碎成块状,大小不一,小则如牛,大则如屋,上嵌卵石、贝壳。如湖浪一般翻滚、汹涌,从山顶绵延而下,长近2~4km,宽约500m,石块重达数十吨。构造位置为华北陆块、辽东新元古代—古生代坳陷带、辽东中生代盆地带和辽东中、新生代岩浆弧。

成因与步云山-老黑山"古石河"冰川遗迹相同。

花脖山"石瀑"冰川遗迹是辽东地区面积最大、海拔最高、保持最完整的第四纪冰川遗迹,是古冰川、古气候研究和对比的重要区域。同时,对研究古冰川的运动方向、运动特征具有重要的意义,对研究辽东半岛第四纪冰川运动有着重要价值,且"石瀑"本身也是壮观的景色,具有地学科普和旅游观赏性的双重价值。现已开发为花脖山风景区,见图3-224。

(3)辽宁省本溪市桓仁县双水洞河穴群(冰臼),位于本溪市桓仁县沙尖子镇双水洞村西,发育在由混合花岗岩构成的浑江河床、河漫滩上。混合花岗岩主要由长石、石英和白云母组成,中粗粒结构。

河穴群出露面积约15 000m²,个体数量约300个。根据口部的大小可分为缸穴:直径大于0.5m;锅穴:直径0.3~0.5m;碗穴:直径0.05~0.3m;杯穴:直径小于0.05m。缸口平面多为椭圆状、雨滴状及不规则的圆状。垂直剖面为上宽下窄,内壁不对称的勺状、圆底的缸状及锅状。其宽度大于深度,顺水流方向缸壁陡或倒转,迎水流方向缸壁缓,内壁光滑。其缸体底部可见被磨圆的河卵石及未被磨圆的石英砂岩的砾石以及砂子等磨料。多个锅穴沿节理方向展布呈串珠状的群体。地缸连生成群,在较大的缸穴底部又有较小的锅穴叠生。在其彼此连生或叠生的地缸群中,散落着许许多多缸壁碎石及砂石磨料。

图 3-224 辽宁省丹东市宽甸县花脖山"石瀑"冰川遗迹

根据观察,在浑江河床和河漫滩上分布有大小不等的壶穴,它们基本是按北东 50°和北西 310°两组节理方向展布的。从数量上来看,河床上的壶穴要多于河漫滩上的壶穴,在Ⅰ级阶地上未曾发现壶穴的存在。从保存程度来看,河床上的壶穴长期受浑江水的冲刷、磨蚀,其穴体沿北西 310°方向连通,而在河漫滩上可见完整的壶穴。壶穴所在的岩石岩性是斑状斜长花岗岩,较其上下的岩石岩性要坚固耐侵蚀。

浑江流经该处的河谷宽约 300m,两岸Ⅰ级、Ⅱ级阶地发育。上、下游的河床较平坦,水力坡度变化不大。而在有壶穴发育的江段,其河床凸起,江水从其顶部漫过,形成水堰。由于河床的平坦程度不同,水力坡度的改变,江水对其河床的侵蚀作用也不同。根据水力学原理,流水在不规则断面及河床上的水堰流过时,就会产生涡流(卡门涡流)。

该区的断裂构造很发育,北东 50°和北西 310°的两组节理将黑云母变粒岩切割。因斑状斜长花岗岩岩性较坚硬,不容易受侵蚀,比斑状斜长花岗岩软的岩石,很快就会被江水侵蚀。当江水通过有黑云母变粒岩构成的水堰时,由于水流速度增大,水中所携带的砂砾石运动速度加快,冲击、磨蚀作用加强。江水沿着节理面进行侵蚀作用,所以沿节理方向首先形成串珠状的杯穴、碗穴,此后渐渐形成锅穴和缸穴。

在迎水面上,由于壶穴直接受到水的冲击和磨蚀作用而逐渐变缓;在背水面上,由于受到涡流的作用而变陡,这种不对称的变化日趋明显。水体在穴体内形成涡流,其中的砂砾碎屑在涡流驱动下,不停地磨蚀着缸壁和缸底,使其缸壁不断向外扩展推移,缸底逐渐加深,最终形成规模不等的壶穴。

根据浑江新构造运动特点及壶穴群分布的规律分析,壶穴形成的地质年代应属第四纪全新世,即距今约 1 万年。但是,也有观点认为该处为冰臼,为典型的第四纪冰川遗迹,是冰川融化过程中,带有沙粒旋转研磨而成,学名冰臼。双水洞河穴群为本溪国家地质公园一部分,见图 3-225。

图 3-225　辽宁省本溪市桓仁县双水洞河穴群

5. 海岸地貌

辽宁省海岸线长，海岸地貌发育，是该省宝贵的国家级自然景区，可划分为基岩岸、淤泥岸和砂砾岸三大基本类型。辽宁省自第四纪以来海岸处于不均衡的垂直升降运动中，全新世为冰后期海岸线变化发展时期，其各地海岸线性质及类型复杂多变。由于浪蚀地质作用和潮汐作用影响，使海岸受到强大的冲刷或物流的堆积，从而形成复杂的海岸地貌景观。

基岩岸从辽东半岛东部城山头至旅顺市黄龙尾，约占该省岸线长度的21%。淤泥岸集中分布于鸭绿江口至老鹰嘴、盖州角至小凌河口（辽东湾）一带，约占该省岸线长度的36%。砂砾岸在辽宁分布最广，约占该省岸线长度的43%，该类型岸线又可分为岸堤型砂砾岸及岬湾型砂砾岸2个亚类，岸堤型砂砾岸分布在绥中县芷猫湾至兴城市，盖州角至太平湾一带；岬湾型砂砾岸分布在太平湾至瓦房店市东岗、小凌河口至兴城市一带。岬湾型砂砾岸海蚀崖、海蚀台（多为Ⅰ级）较发育，该类海岸无大型海滩，近岸处海水较深。

本次调查共确定海岸地貌13处，其中海蚀地貌11处，2处国家级；海积地貌2处，1处国家级。

1) 海蚀地貌

大连市位于辽东半岛南部，是东北地区的南大门，东濒黄海，西临渤海，南与胶东半岛隔海相望，北与东北大陆相连，是一座三面环水的半岛城市，海蚀地貌极其发育。大连地区地层古老、地质构造复杂，海岸线长，皆为基岩岸，海蚀地貌发育，这山、海、石地质为一体的地貌景观在中国内地省份没有，沿海各省少有。大连市的海岸地貌浓缩了28亿年以来的地质演变历程，古老的沉积地层经历多期次的构造作用、海蚀作用，形成丰富的海岸地貌、震旦系的层型剖面、古生物化石、构造等景观，成为研究远古海岸的天然教科书、享誉中外的地质科考基地。

(1) 辽宁省大连市庄河市海王九岛海蚀地貌群（国家级），包括海王九岛和石城岛，位于大连市庄河市，是海洋景观自然保护区。海王九岛由大王家岛、寿龙岛、小王家岛、双狮岛、元宝岛、井蛙岛、海龟岛、观象岛、团圆岛9个岛屿和6个大型明礁组成，为岛礁型基岩海岸，见图3-226、图3-227。石城岛西半部岩性为新太古代（$Ar_3gn^{qч}$）二长花岗质片麻岩，东半部北部大部分为大石桥组（Pt_1d）白云质大理岩、片岩、变粒岩，东半部南部小部分地区为钓鱼台组（Pt_3^1d）石英砂岩，南芬组（Pt_3^1n）页岩、泥灰岩，其余地区均为新元古代桥头组（Pt_3^2q）石英砂岩夹页岩。构造位置处于大连坳陷及城子坦-庄河基底隆起、庄河凹陷。

图 3-226　辽宁省大连市庄河市海王九岛海蚀地貌——观象岛

图 3-227　辽宁省大连市庄河市海王九岛海蚀地貌——海龟岛

沿着海王九岛各处海岸，发育有海蚀柱、海蚀洞穴、海蚀崖、海蚀窗、海蚀拱桥或海穹、海蚀残丘等数十处海蚀地貌景观，如"双狮争雄"、"海马巡滩"、"大象吸水"、"骆驼奇峰"、"神龟探海"、美人礁、乌龟礁、海上石林等，规模及秀美程度均为辽宁省内之最，国内少见，见图 3-228、图 3-229。大文豪郭沫若曾在这里留下"汪洋万顷青于靛，小屿珊瑚列画屏"的赞美诗句。此外海王九岛也是海鸥、海鸭和白鹭等珍奇鸟类集中繁殖栖息的地方，更有闻名遐迩的鸟岛，见图 3-230。

图 3-228　辽宁省大连市庄河市海王九岛海蚀地貌——石城岛海蚀残丘

图 3-229　辽宁省大连市庄河市海王九岛海蚀地貌——海上石林

图 3-230　辽宁省大连市庄河市海王九岛海蚀地貌——鸟岛

　　石城岛发育的是岩溶海蚀地貌，即海上喀斯特，是指在海岸带中同时有岩溶作用和海蚀作用，两种作用叠加而成的地貌，是一种特殊的海岸地貌。其形成因素既包括岩溶发育的条件，又包括海蚀地貌发育条件，即是由岩石性质（可溶性与透水性）、水动力条件（溶蚀性与流动性）、气候、构造运动、波浪、潮汐与潮流的动力作用以及地貌特点、植被、生物、土壤等因素共同组合作用形成的。其中，岩性、气候与构造运动对本区滨海岩溶地貌发育和演变起着决定性作用，断裂对海岸的发育有明显的控制作用，后期水动力因素是海岸地貌演化的主要动力，海平面升降控制着河流、波浪和潮流对滨海岩溶地貌的作用范围和程度。石城岛岩溶海蚀地貌是海蚀和溶蚀作用的共同产物，是研究咸、淡水交汇区的物理、化学等动力学过程的重要样本。本区滨海岩溶地质地貌集岩溶作用与海蚀作用于一体，发育的景观完整齐全，不同于内陆岩溶地区，也不同于单纯海蚀作用，见图 3-231。

图 3-231　辽宁省大连市庄河市海王九岛海蚀地貌——石城岛

　　石城岛、大王家岛等海岸带沿线也出露变质岩揉皱景观，主要与印支期造山构造运动有关，受其影响盖层中形成规模不同、形态各异的褶皱群落，同时基底与盖层间的角度不整合亦被改造呈构造接触，这一时期的构造控制着地质地貌景观的形成。在漫长的地壳演化过程中，经历多期次的构造运动，发生复杂的变质变形，形成揉皱的地质构造景观，并且受海水侵蚀，形成形象各异的海蚀地貌，石城岛变质岩地貌多数能较完整体现构成海王九岛主体的变质岩群双峰式火山喷发沉积旋回特征，从而展示出区内岩石物质的基本构成，见图 3-232。

　　海王九岛现为国家海岛森林公园、省级风景名胜区、市级重点旅游风景区和自然景观保护区。该区海蚀地貌群不仅具有地学科普意义，极高的旅游开发价值，同时也具有深远的自然生态环保意义。评价等级为国家级，见图 3-233、图 3-234。

图 3-232　辽宁省大连市庄河市海王九岛海蚀地貌——揉皱崖壁

图 3-233　辽宁省大连市庄河市海王九岛断层及波痕

图 3-234　辽宁省大连市庄河市海王九岛海蚀地貌

(2)辽宁省大连市金普新区金石滩-城山头海蚀地貌群（国家级），是我国典型基岩海岸之一，地处复州凹陷，也是辽宁省最为显著的高能岸段，海蚀地貌最为发育。

海蚀地貌成因是在原始的基岩海岸斜坡上，海水波浪能直接到达岸边，以巨大的力量冲击海岸，基岩海岸直接受到波浪的冲击后，岩石裂隙和节理中的空气受到压缩，对岩石施加巨大的压力，而水退时，压力骤减。在这样反复作用下，基岩海岸就经常遭受海水中潮汐波浪的冲击，形成一个个凹坑或凹槽，逐渐演变成海蚀穴或海蚀洞，它常沿节理或抗蚀力较弱的部位发育。

随着海浪冲刷侵蚀破坏程度的进一步增加，海蚀穴不断扩大，致使其上的岩石发生坍塌，海岸后退形成海蚀崖，见图3-235。如果海蚀洞洞顶坍塌，则可形成与海蚀崖上部沟通的海蚀窗，见图3-236。在海蚀后退的过程中，由坚硬岩石组成的海蚀崖，不易被海水侵蚀而置留于海水中，形成海蚀拱桥或海穹，当拱桥顶部岩石坍塌时，就形成了海蚀柱。海水对海岸进行长年累月的冲刷，从崖壁上崩塌下来的岩石碎块就会堆积在海蚀崖脚。这些岩块被波浪冲刷带走，并把它们磨成碎块，波浪又携带这些碎块去侵蚀新的海蚀崖，再形成新的凹槽——海蚀洞穴，又产生海蚀洞顶部岩体崩塌，随后再一次形成新的海蚀崖。这样，使海岸线不断地向陆地后退，见图3-237。

图3-235　辽宁省大连市金普新区金石滩海蚀地貌景观——海蚀崖

由于岩性和构造的差异，海水在波浪前冲和后退的往返过程中，携带大量的岩石碎块、砾和砂对后退的海岸进行冲击、磨蚀，并且随着海蚀崖不断后退而变宽，就形成向海微微倾斜的海蚀平台，若进一步侵蚀，在平台上会出现一些侵蚀沟或窝穴状洼地，在平台上也可能覆盖砂、砾等。海蚀平台形成以后，因陆地上升或海平面下降而高出海平面，则成为海蚀阶地。若海蚀平台置于水中，则为水下阶地，见图3-238。

海岸基岩海蚀地貌的发育除了受波浪、潮汐和海流等海水动力作用的影响外，还受地壳运动和海面升降、地质构造、岩性、河流及生物等多种因素的影响，故形成的海岸类型也极为复杂。

图3-236　辽宁省大连市金普新区金石滩海蚀窗

金石滩海岸岩性主要为震旦系兴民村组（Pt_3^3x）灰岩，由于其薄层状灰岩的特殊性，被海水雕凿成"猴观海""恐龙探海""大鹏展翅""贝多芬头像""刺猬觅食""蟹将出洞"等各种惟妙惟肖的海蚀地貌景观，如"恐龙探海"是一个典型的海蚀拱桥，还是一个岬角。岬角是突出于海中的陆地尖角，多与海湾相间分布；海蚀拱桥又称海穹，是基岩港湾海岸的一种海蚀地貌形态，常见于海岸岬角处，岬角的两侧因海蚀作用强烈，使已形成的海蚀洞最后从两侧方向被蚀穿而贯通起来，在外形上似一拱桥。

图 3-237　辽宁省大连市金普新区金石滩海蚀拱桥与海蚀残丘

图 3-238　辽宁省大连市金普新区金石滩海蚀平台

金石滩海蚀地貌现为大连滨海国家地质公园的核心景区,是大连市内最著名的地质景观,每年可吸引数百万游客,是集科普教育和赏石文化于一体的旅游佳地,对研究黄海岸基岩提供了良好的场所,见图 3-239、图 3-240。

图 3-239　辽宁省大连市金普新区金石滩海蚀地貌景观——向斜构造与背斜构造

图 3-240　辽宁省大连市金普新区金石滩海蚀地貌——揉皱

城山头海蚀地貌的地层是距今6.8亿年前的震旦系桥头组($Pt_3^2 q$)石英砂岩和甘井子组($Pt_3^3 g$)含燧石结核及条带的白云岩、灰质白云岩,岩石在近百万年来,遭受海水经年累月的溶(侵)蚀作用,使其形成世界上罕见的千姿百态、异常壮观的岩溶海岸地貌景观。这些地貌包括海蚀地貌类的海蚀柱、海蚀穴、海蚀洞、海蚀拱桥和海蚀崖等。如大李家镇靴子礁至城山头一带的朱家屯海蚀带,是中国北方温带地区典型、完整的滨海溶岩地貌。沿岸海崖悬垂,分布数处海蚀洞、海蚀穹桥和海蚀柱,形成全国少有的侵蚀海岸。

城山头海滨岩溶地貌现为国家级海滨地貌自然保护区,该区对第四纪全球地质研究意义重大,尤其对黄、渤两海成因、海进、海退和冰川期研究具有极其重要的科学价值。并且保护区内有丰富的自然资源和自然物种,特别是鸟类具有极高的科研价值和社会价值。城山头三面环海,一面临山,东部半岛横卧海底,与大陆山地之间由狭长的沙堤相连,形成陆连岛地貌,酷似一个巨大的鲸鱼尾,本身也是一处壮丽的自然景观,见图3-241、图3-242。

图3-241 辽宁省大连市城山头海滨岩溶地貌——连岛坝

图3-242 辽宁省大连市城山头靴子礁岩溶海蚀地貌

此处震旦纪地层最具典型性、系统性和完整性,是世界独一无二、不可再造的地史史料。与其他地区相比,其沉积层序叠置连续,厚度巨大,古生物化石丰富,组合明显,是当今世界最完整、最典型的震旦纪沉积地层;保护区震旦纪的古生物类群时限连续,种类繁多、清晰、组合明显,解决了中元古代存在的微体古生物与寒武纪节肢动物、腕足动物等类群间的断代问题,反映了由低级生物向高级生物的演化过程。城山头地貌保护区内有丰富多彩的地质构造变形和沉积构造、独特典型的海滨岩溶地貌等地质遗迹,为世界罕见。2001年8月,城山头海滨地貌自然保护区通过审定,被列为国家级自然保护区,也是大连滨海国家地质公园的景区,评价等级为国家级。

(3)辽宁省大连市长海县长山群岛海蚀地貌群。长山群岛位于辽东半岛东侧的黄海北部海域,属我国八大群岛之一,是我国黄海地区最大岛群和重要的渔业基地。主要岛屿有大长山岛、小长山岛、广鹿岛、獐子岛、海洋岛、格仙岛、瓜皮岛、哈仙岛、塞里岛、乌蟒岛、褡裢岛、大耗岛、小耗岛、鸟岛等,统称长山群岛,又称长山列岛。所属大地构造位置为复州凹陷。

长山群岛属长白山山脉的延伸部分,后随黄海北部平原一起沉陷为海,原生的岭峰突兀海面形成群岛。长海县属基岩海岸,诸岛屿岩性主要为古元古代盖县组(Pt_1gx)片岩和千枚岩、新元古代桥头组(Pt_3^2q)石英砂岩夹页岩构成。这里岸线曲折,岬湾间布,山丘临海,基岩裸露,山势低缓,一般不足百米,山脚下和沿海也分布零星平地。在波浪不断侵蚀下,形成了千姿百态的海蚀地貌景观,如大长山岛的圆门礁、小长山岛的祈祥园礁石、海洋岛的眼子山以及诸岛在曲折海岸线上的海蚀物等。

长山群岛系大陆岛屿,原属中朝古陆,后经断裂作用与辽东半岛分离。群岛所在的大陆架,主要为震旦系和寒武系,X型断裂非常发育,一组为北东东向,另一组为南东东向,还有一组为北北西向,半岛与群岛之间的里长山海峡,可能就是一条北东东向的深大断裂带。在这种断裂构造控制下,原先地面的岭谷排列成棋盘。冰后期的海侵,使高起的岭峰成为海岛。海岛周缘受海浪侵蚀,崖壁峭立,而泥沙的堆积,又把邻近的一些小岛连成大岛,如大长山岛、小长山岛、广鹿岛等。海岛之间的海底,除局部深水道受海流冲刷外,大部分基岩为浅海相的细沙和淤泥所覆盖。

长山群岛海蚀地貌发育,有大小不等、深浅不同、形状各异的海蚀洞,壮观的海蚀桥、海蚀柱等。海蚀地貌为长山群岛增添了无限风光,是长山群岛拥有的独特的海滩旅游景观,见图3-243。

图3-243 辽宁省大连市长海县长山群岛海蚀地貌景观

(4)辽宁省大连市黑石礁-老虎滩海蚀地貌群。黑石礁是距离大连市区最近的自然景观,也是大连市最著名的自然景观之一,是几亿年前形成的岩溶景观——滨海喀斯特地貌,具有很高的地学科普和美学观赏价值。现为大连滨海国家级地质公园的一部分。

黑石礁形成于距今7亿年前后的震旦纪,属于基岩海岸,岩性为甘井子组(Pt_3^3g)白云质灰岩、白云岩。岩石新鲜面为灰色,风化后呈黑色,风化面上多表现为刀砍状纹理,走向东西,产状向南倾,倾角±28°。

黑石礁地处潮间带,藻类资源十分丰富,如红藻、褐藻、马尾藻等藻类都喜欢依附在岩石上,这些海洋生物死亡后,尸体附着在礁石的上面,经过长时间一层一层地不断累积,加上海水侵蚀后变成黑色,因此得名黑石礁。

大片的黑石礁上有石英岩脉侵入,延伸400~500m,宽100m。该处区域上是一个典型的地堑构造,地堑的主体是黑石礁滩,岩性为震旦系白云岩,地堑断层四周岩性为青白口系石英砂岩。由于长期的海蚀及风化作用,形成当今独特的地质景观。

黑石礁的"海上石林"大约形成于第三纪,在湿热的气候条件下,露出地表的灰岩经过流水长期的溶蚀,形成"石林"。这也说明,在第三纪时,黑石礁地区是片陆地,后来经过地壳运动才变为海洋的,而当时这里的气候应该属于亚热带气候,见图3-244。

图3-244 辽宁省大连市黑石礁海蚀地貌

黑石礁岩溶海蚀地貌是海蚀和溶蚀作用的共同产物,是研究咸、淡水交汇区的物理、化学等动力学过程的重要样本。

老虎滩海蚀地貌群形成于南华系桥头组(Pt_3^2q)石英砂岩中,在燕山期构造运动过程中东西向正平移断层由此处通过,形成陡峭险峻的断层崖海岸。在断层平移错动过程中,产生的构造透镜体或构造扁豆体,形成独特的地貌景观,见图3-245。

黑石礁-老虎滩海蚀地貌为大连滨海国家地质公园的景区。

(5)辽宁省大连市营城子湾-金州湾海蚀地貌群,以震旦纪—寒武纪白云质灰岩为主,发育有拉树房黑礁石、大黑石等众多海蚀地貌景观。

拉树房黑礁石沿拉树房浴场东北侧海岸分布,位于金州湾,岩石主要为距今约7亿年的震旦系甘井子组(Pt_3^3g)灰岩、白云质灰岩,北侧海岸礁石较为密集,但礁石矮小,可观赏较差。东侧礁石较松散、高大,最大者高达5m,长宽约4m,观赏性较强。断裂和褶皱发育,岩石在海浪的溶蚀作用下形成多个巨大的海蚀柱,见图3-246。

图 3-245　辽宁省大连市老虎滩湾海蚀地貌

大黑石位于营城子湾南侧,是由 2 个岬角环抱着的小海湾,属于典型的港湾型基岩海岸海蚀地貌,岩性为营城子组灰岩、白云岩。其中的"哮天犬"海蚀柱景观,高约 10m,宽约 3m,见图 3-247。

图 3-246　辽宁省大连市拉树房
　　　　　黑礁石海蚀地貌

图 3-247　辽宁省大连市大黑石海蚀地貌

营城子湾-金州湾海蚀地貌群对研究基岩海岸动力地貌特征具有重要的地学意义,对研究全新世构造运动、全新世海平面变化等具有重要的科研科普价值。对掌握海岸的演变过程、预测海岸的变化趋势、港口建设、围垦、养殖、旅游和海岸能源等自然资源的合理开发利用,都有着十分重要的意义。

(6)辽宁省大连市庄河市蛤蜊岛海蚀地貌。蛤蜊岛位于庄河市南28km海中,地处复州凹陷,岩性为南华系桥头组(Pt_3^2q)石英砂岩,为海蚀残丘、海蚀柱,为研究黄海岸基岩提供了良好的场所,见图3-248。

图3-248　辽宁省大连市庄河市蛤蜊岛海蚀地貌

(7)辽宁省大连市瓦房店市驼山乡海蚀地貌群。驼山乡为基岩海岸,岩性主要为南芬组(Pt_3^3n)、钓鱼台组(Pt_3^1d)石英砂岩,沿海岸发育有众多海蚀地貌景观。如大连骆驼山海滨森林公园龙凤滩景区东部岬角处,有一排礁石伸向海中,垂直海岸线方向呈"一"字形分布,立于海中,高约100m,长约1 000m,大排石因而得名,见图3-249。大排石附近的驼山石壁海蚀地貌,高约20m,长约1 000m。驼山石壁岩层产状水平,齐齐整整,好似佛经摆放在那里,又称佛经岩或千层壁,见图3-250。驼山石壁崖体呈土黄色,十分陡峭,如刀削斧劈般屹立于海边,经海水长时间侵蚀,形成独特的海蚀崖。部分崖壁因为海水的侵蚀而形成上下贯通的海蚀洞、海蚀柱、形态各异的象形石等景观。驼山乡地区的海蚀地貌以巨大、松散、黄褐色的海蚀柱为主,极具旅游观赏价值,见图3-251～图3-254。

图 3-249 辽宁省大连市瓦房店市驼山乡海蚀地貌——大排石

图 3-250 辽宁省大连市瓦房店市
驼山乡海蚀地貌——佛经岩

图 3-251 辽宁省大连市瓦房店市
驼山乡海蚀地貌——扇形石

图 3-252 辽宁省大连市瓦房店市
驼山乡海蚀地貌——孔雀石

图 3-253 辽宁省大连市瓦房店市
驼山乡海蚀洞地貌

(8)辽宁省营口市鲅鱼圈区望儿山海蚀地貌。望儿山位于营口市鲅鱼圈区望儿山镇望儿山村,地处华北陆块、辽东新元古代—古生代坳陷带、辽吉古元古代裂谷,区域上为冲洪积近海平原,距海岸线5km,高出海面约60m,是经地质变迁形成的海蚀残山,呈孤岛状分布于全新世早期冲积平原中,残丘上有海蚀微地貌遗迹,如海蚀柱、海蚀天生桥、海蚀穴等。岩性为小岭组(K_1x)火山岩,呈紫灰色。山峰陡立,平地拔起,海拔高106m,近似圆柱形,方圆近百余米,以美丽的母爱传说而得名。据考证,大约3 000万年以前,这里是海中的一叶小岛,后来由于海水侵蚀和陆地的抬升等一系列地质构造运动作用,才形成现在这种奇特的地质景观。山上每一道痕迹都是海水冲刷所形成的海蚀平台。堪称辽东半岛最著名的单体海蚀地貌景观,是国家级文化遗迹和著名旅游区,见图3-255。

图 3-254　辽宁省大连市瓦房店市驼山乡海蚀地貌

图 3-255　辽宁省营口市鲅鱼圈望儿山海蚀地貌

(9) 辽宁省营口市盖州市团山子海蚀地貌。团山子海蚀地貌位于营口市盖州市渤海辽东湾东岸,沿渤海海岸南北分布,长约 2km,其特有的海蚀地貌是形成于 18 亿年前的古元古代变质岩系,其脉岩、析离体、捕房体以及纵横交错的节理造就本区独特的地质构造特征,再经海水侵蚀作用,形成众多的海蚀崖、海蚀平台、海蚀穴、海蚀拱桥、海蚀柱等海蚀地貌景观,与大连市的海蚀地貌相比,特点是比较平缓,具有很好的观赏性,见图 3-256。

(10) 辽宁省锦州市笔架山开发区笔架山海蚀地貌。笔架山位于锦州市南 35km 的天桥镇渤海湾中,是近海中的一个小岛。小岛南北长 1.5km,东西宽 0.8km,总面积约 1km²,海拔 78m。岛上 3 座山峰,形如笔架,实际上是 1 个海蚀作用的小型残岛,属单斜山地形。主要地层为中元古界长城系大红峪组(Pt_2^1d)石英砂岩夹页岩。大地构造单元属于北镇凸起,基底由太古宙变质杂岩构成。基岩出露于松山-石山站背斜两翼,以角度不整合覆盖于太古宙变质杂岩之上。

四周分布大小不等的多个海蚀洞、海蚀崖,笔架山南、西两侧礁石众多,造型奇特,东侧大面积海滩为泥滩。从北岸到笔架山,跨海 1.8km,其间有一条连接海岛与陆地的天然卵石通道,俗称天桥,属连岛沙坝地貌。组成沙坝的物质多是粗大砾石和粗砂,间有细砂和贝壳等。这座天桥,随着潮汐的涨落而时隐时现,每当涨潮时天桥就被海水淹没,落潮时露出海面,这一现象属天下一绝,具典型性和稀有性,堪称佳景奇观,见图 3-257。其形成原因是由于岛屿前方受波浪能量辐聚导致冲蚀破坏,而岛

图 3-256　辽宁省营口市盖州市团山子海蚀地貌

屿后方是波影区，是波浪能量辐散的区域，波能所携带的泥沙逐渐地在波影区形成堆积，再加之常有由岸上河流携入的泥沙，故形成的堆积体愈来愈大，并使两个岛屿或岛屿同陆地相连起来。

笔架山是构造与海蚀共同作用形成的，距今 10 亿多年前的笔架山处于浅海相，沉积了碎屑物质，后期经成岩作用和多期构造运动，成为与陆地相连的小背斜山，其岩性为长城系大红峪组石英砂岩夹绿色板岩。第四纪以来，由于冰期和间冰期的出现，气候变化，加之新华夏系构造作用的影响，区内曾发生过多次海侵。在地壳上升、海面间歇性下降的过程中，海蚀作用也在不停地进行，背斜轴部岩石受张力最大，节理裂隙最发育，而两翼岩石比较坚硬完整。在强大的海蚀作用下，背斜轴部首先被海水淘蚀成一个凹槽，凹槽逐渐延伸扩大，形成海蚀洞。海蚀洞不断扩大，其上部突出的岩石，因受自身重力影响，崩塌陷落，形成陡峭的崖壁，称海蚀崖，海水继续淘蚀，海蚀崖不断后退，最后就将整个岩体从背斜轴部截成两截，留在海里的那段就是现在的大笔架山，留在岸边的就是现在的陡岸。在这漫长的地质事件中，海蚀岛屿形成的同时，猪背岭、海蚀洞、海蚀崖等海蚀景观也随之形成。

海滩多发生在海岸线向陆地凹进的地方，沿岸物流的速度到此后便降低下来，携带碎屑物的能力也下降，使较粗的碎屑物沉积下来。随着时间的推移，沉积物不断增加，海滩便逐渐形成了。目前已经受到保护，为锦州笔架山风景区，见图 3-258。

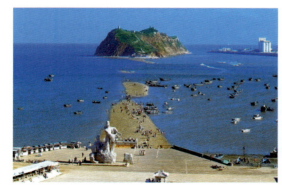

图 3-257　辽宁省锦州市笔架山天桥

图 3-258　辽宁省锦州市笔架山

(11)辽宁省葫芦岛市龙湾海蚀地貌。葫芦岛市地处辽西走廊沿岸,龙湾海滨地跨兴城市和葫芦岛市龙港区,属于渤海海岸,海岸线总长3 000多米,占地10.9km²。海湾的北边是葫芦岛市龙湾新区,海滨南路将自然的海滨和新兴的城区紧紧相连,大地构造位置为永安盆地。

海蚀、海积地貌皆发育,基岩岩性为太古宙片麻质二长花岗岩。岸边原生砂质海岸的形成始于距今9 000~6 000年前,沙滩为细砂,柔软洁白。龙湾海滨自1990年开始利用,这里山海相接,海岸弯曲,渔舟绰绰,景色秀丽,风光迷人。2003年评为国家AAAA级风景区,为全国罕有的自然海滩,是我国北方最大的天然浴场,与美国的西雅图市和山东省青岛市极为相似。

龙湾海滨一带山海相接,景色秀丽,是夏季海滩度假的胜地。龙湾海滨的沙滩沙质柔软、海水清透,在沙滩上漫步或是戏水,十分惬意。在海湾西北的山坡上建有新颖别致的望海楼,登楼远眺,海天一色,风光迷人。望海楼的南面坡地上还建有随山势弯转曲折、上下两层均可观海的观海长廊,见图3-259。

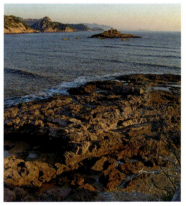

图3-259 辽宁省葫芦岛市龙湾海蚀地貌

2)海积地貌

辽宁省海岸线绵长,海积地貌发育,选出2处有代表性的遗迹点,其中1处为国家级,1处为省级。

(1)辽宁省葫芦岛市绥中县东戴河海积地貌(国家级)。绥中县地处辽西走廊沿岸,东戴河芷锚湾沿岸区域为典型的滨海湿地生态系统,该系统以潮间带沙滩为基底,海岸类型属于堆积平原砂质海岸,组成岩性为含贝壳砂、砂砾石、黏质砂土,形成时代为全新世早期。该类型海岸为陆域入海河流携带泥沙,经波浪作用而形成的庞大海岸堆积客体,由陆地向海依次分布平原、沿岸沙堤、海滩、沙嘴、水下沙堤等若干地貌,这些地貌景观独具特色,具有典型性、原生性和多样性,是辽宁省和环渤海地区重要的自然资源。大地构造位置为永安盆地。

海岸线长15.29km,原生砂质海岸结构较为完整、自然,为我国北方地区所罕见。绵长的砂质岸线等岛礁、海岸地貌景观独特。分布有渤海海域内少有的岩礁生态系统,并形成有碣石(姜女坟)、龙门礁、吊龙蛋礁等海蚀地貌景观。根据专家研究,绥中原生砂质海岸的形成始于距今9 000~6 000年前,其中河口沙嘴形成约在4 000年前。海滩以平直沙岸居多,细沙为主,沙质纯净,南北幅长,东西延长宽,后缘有永久性植物地带或沙丘地。海岸次一级地貌类型众多,景观奇特。

该海积地貌现已经得到保护,建立辽宁绥中碣石国家级海洋公园。评价等级为国家级,见图3-260。

(2)辽宁省营口市盖州市白沙湾海积地貌。白沙湾位于营口市盖州市辽东半岛西侧,渤海东岸,半弧形海岸,长约3km。海积地貌的形成是海浪侵蚀、搬运和堆积的结果。该区地势平坦,又远离河道,这里沙子细腻、均匀,沿海岸平行铺展。海浪通过冲刷、研磨和溶蚀作用不断侵蚀附近海岸,对岩石产生强烈的破坏,从而携带大量被侵蚀下来的泥沙,当海浪到达岸边时,受到阻挡,致使波浪破碎、

图 3‐260　辽宁省葫芦岛市绥中县东戴河海积地貌

失去能量,从而流速下降,于是海浪携带的泥沙就在这里堆积下来。由于粗大的泥沙会先沉积,因此越靠近下部泥沙粒度越细,这也说明泥沙主要是潮汐带来的。

白沙湾堪称辽南地区最好的沙滩。组成岩性为含贝壳砂、砂砾石、黏质砂土,形成时代为全新世早期,见图 3‐261。

图 3‐261　辽宁省营口市盖州市白沙湾海积地貌

6. 构造地貌

构造类地质遗迹主要是受构造作用形成的,本次确定的构造地质遗迹均匀峡谷地貌,共 6 处,有 2 处是地热(温)异常带,由于是构造成因,也归入构造类。其中 1 处为国家级、5 处为省级,见表 3‐13。

表 3‐13　构造类地质遗迹一览表

亚类	序号	遗迹点名称	评价级别
峡谷	1	辽宁省辽阳市弓长岭区冷热异常带	省级
	2	辽宁省本溪市桓仁县沙尖子地温异常带	省级
	3	辽宁省本溪市本溪县大石湖-老边沟小峡谷	省级
	4	辽宁省本溪市南芬区南芬大峡谷	省级
	5	辽宁省朝阳市朝阳县清风岭喀斯特峡谷地貌	省级
	6	辽宁省葫芦岛市建昌县龙潭大峡谷	国家级

(1)辽宁省辽阳市弓长岭区冷热异常带。弓长岭冷热异常带位于辽阳市弓长岭区姑嫂村白石砬子山脚下,上下宽约20m,东西长500m,面积约10 000m²。走向随山就势,背靠白石山,面对汤河。每到冬天,外面气温低于零下20°时,这里温度则为零上4℃左右,而到夏天,外面温度超过零上20℃时,这里温度则为零下4~6℃,属于气温异常带。

从目前收集到的资料和数据,进行综合分析研究后认为,形成冷热地地温异常现象的主要原因,是由当地的地质、构造、地貌、水文、气温、降水、降雪等条件综合作用,相互融合的结果。

初步调查结果表明,组成冷热地地温异常带的基岩岩石,为距今约8亿年前震旦纪时期形成的石英岩、泥灰岩、板岩;地貌上为距今3百万~2百万年第四纪早期大规模冰川作用形成的丘陵(即冰融丘陵)和宽谷(冰川U型谷),为冷热地地温异常带的形成创造了良好的空间条件。

组成冷热地地温异常带的岩石,均为风化的石英岩、页岩碎石,厚度大,在数十米以上,孔隙度极大,含大量空气,起到良好的保温、隔热作用,是冷热地地温异常带形成的外部因素。

因此,当炎热的夏季来临,大气气温迅速上升,温度高达20~30℃以上,大量降水,自基岩山一侧(东北方向一侧)汇聚的大量高温雨水,通过基岩裂隙和碎石岩块层的孔隙,很快下渗到地下,并得到碎石岩块层的隔热和保温作用。随着冬季来临,气温迅速下降至零下20~30℃时,保存在碎石岩块坡积层之下的高温雨水,沿碎石岩块间空隙向上释放热量,就形成寒冷的冬季在坡积层上部和顶部热气腾腾的自然现象。并且由于热气的凝结产生放热作用,大大提高热气气孔周边地面的温度。

冬季,降落在碎石岩块坡积层上的大量降雪,由于太阳热辐射作用,使碎石岩块层表面温度迅速上升至7~10℃,降雪迅速融化,雪融水顺坡面流淌、下渗,并在坡积层的坡脚下部,迅速冻结成冰层。同样,由于碎石岩块层的隔热保温作用,使冰层得以较长时间保存。到了来年的夏季,随着大气气温的迅速上升,冰层逐渐融化,释放冷气,形成寒冷地带。

弓长岭地温异常区在国内属规模又大又奇特的地温异常现象,堪称天下一绝。在同一构造带、同一地理坐标位置的地质点上,冷、热点并存出现在北纬41°处是罕见而奇特的,在国内地质学领域的资料中还未发现类似现象,具有典型性、稀有性、科学性。

许多地质学家曾对冷热地进行多次研究勘察,成因众说纷纭,至今未有公认的认识。冷热地现象引起社会广泛关注,据长春地质研究所和中国社会科学院专家的多次考察,认为此地温差异常带的出现属多年冻土。但此种现象应发生于北纬47°~49°,而此处为北纬41°,实属罕见。此地带具有很高的科研价值和经济开发价值,见图3-262。

图3-262 辽宁省辽阳市弓长岭区冷热异常带

(2)辽宁省本溪市桓仁县沙尖子地温异常带。地温异常带一端开始于浑江左岸桓仁县沙尖子镇船营沟,另一端结束于浑江右岸宽甸县内的牛蹄山麓,位于太子河-浑江分隔内的桓仁凸起处,鸭绿江、太平哨2条北东向壳型压剪性大断裂横贯其间。在船营沟一带出现长约15km、宽约1km的地温异常带，带内已发现4个异常区，均处于这2条大断裂之间的断块内，每个异常区都有冷点和热点，冷、热点相距不逾百米。冷点终年冷，在炎热的夏季也结冰；热点终年热，就是在三九寒天也能冒热气。

地温异常带的地质环境比较复杂，北东向及北西向断裂十分发育，有火山活动遗迹。由两大沉积间断面分隔而成的基底构造、下盖层构造及上盖层构造，构成基本的地质结构。下白垩统小岭组火山岩系地层，几乎覆盖整个地温异常带，主要岩性为灰色凝灰岩和黑色玄武质安山岩，其中发育北东向挤压片理和层间破碎带。小岭组底层自下而上有5个爆发喷溢韵律，3个喷发旋回，构成厚层的陆相火山岩建造。

从宏观地质背景上来看，其中一个异常区出露的基岩为灰紫色玻屑凝灰岩，另一个异常区出露的基岩为粉红色流纹岩。上述两区的地表普遍被残坡积碎石（或倒石堆）所覆盖。因此，地温异常带现象的产生，应与岩性、地质构造和地表覆盖层有关。

冷点的形成机制是地温异常区的冷点均出露在残坡积碎石层（或倒石堆）的根部。在厚厚的碎石堆中，因有较丰富的地表水渗入，经过寒冷的冬季，结成较厚的冰冻层。这里结冰期较长，结冻深度大，碎石的直径为20～50cm，空隙较大，含有大量空气。在碎石层上面不同地段覆盖着一定厚度的土壤层，因而形成良好的空气隔温层，它既阻隔向下传导的热，也延长冰冻层的解冻时间。因此，到第二年春、夏两季，冰冻层仍不能完全解冻，直到深秋季节，冰冻层的表层才有短时间的解冻现象。冬季的来临，又开始结冰过程。

盛夏季节，冰冻层解冻，地表水渗入碎石层中的冰冻层表面，并在其表面结了一层冰，特别是在冷点处可见结成的冰柱。这是冰冻层解冻时，吸收了深入到冰冻层表面的地表水的热量的结果。在碎石层上面没有土壤层覆盖，处于裸露情况时，随着气温的上升，碎石层的地温也在上升，并通过热点处不断的蒸发。蒸发的过程也是吸热的过程，它会吸收冰冻层的热量，特别是会使低处冷点的地温下降。

热点的形成机制，在冬季，热点附近的山石树木结满雾凇，并冒着热气。地表大气降水渗透到地壳深部的火山岩后，经增温、加压后的热水沿断裂构造循环至近地表潜水面附近流失，最后残余热气沿主干断裂释放到地表碎石层中形成热点。地下火山岩岩体的余热，以及岩体中的放射性元素亮度所产生的热能，通过断裂释放到地表碎石层中形成热点，见图3-263。

图3-263　辽宁省本溪市桓仁县沙尖子地温异常带夏季结冰的热点与外部环境

这只是一种理论,还有其他观点,本书不予介绍。

(3)辽宁省本溪市本溪县大石湖-老边沟小峡谷。大石湖-老边沟小峡谷位于本溪县兰河峪乡大石湖村,千山山脉东段的山丛中。地质构造位于太子河-浑江坳陷。

小峡谷是沿近东西向断裂破碎带被流水侵蚀所致。断裂破碎带产在中生代燕山期,马鹿沟酸性大岩基的岩性以似斑状二长花岗岩、钾长花岗岩、流纹斑岩为主,石英二长岩次之,规模东西长100km,南北宽20km。断裂走向近东西,倾向陡而有转换,属压-剪性断裂,近两盘岩石节理和劈理发育。在构造节理或断层处,由于抗侵蚀作用的强弱差异而使河床变得起伏不平,经过长期流水侵蚀,形成长10km、切割较深,两岸缓、陡交替出现的断裂谷。谷平面形状为"U"形,谷底宽一般5~10m,窄处只有1~2m,两侧直立陡峭,山峰层峦叠嶂,有鹰嘴峰、骆驼峰、鹿峰等大型山峰几十座,谷底似高低错落的石槽。峡谷内有常年性河流,河流沿岩性软弱带发育,形成多条阶梯状相连的天池湖瀑布、水晶宫瀑布、兔叶潭瀑布、龙潭瀑布、聚仙湖等五湖四瀑,高差5~10m,景色壮观,瀑布下可见深不见底的深潭,见图3-264。沟谷内多花岗岩石蛋,大者直径约达20m,小者不足1m,磨圆度一般。

在峡谷两岸,岩石陡峭险峻,山高林密,鸟兽众多,资源丰富,自然生态环境良好,是一个自然风光优美的天然公园,归属本溪国家地质公园。

图3-264 辽宁省本溪市本溪县大石湖-老边沟小峡谷瀑布

(4)辽宁省本溪市南芬区南芬大峡谷。南芬大峡谷位于辽宁省本溪市南20km的南芬区内,是一处经过10亿~8亿年漫长的地质构造作用,加之各种风化、侵蚀、搬运、地壳抬升等地质作用形成的天然峡谷。峡谷两壁陡立,谷深30~60m,谷内怪石林立,古树倒挂,鸟语花香。峡谷尽头飞流直下,瀑布景色巍巍壮观,形成世界著名的钓鱼台组峡谷地貌地质遗迹。峡谷两壁由青白口系钓鱼台组构成,大地构造位于太子河坳陷。

景区分西峡、东峡2个部分。西峡有观瀑台、摘星台、揽月台、拜佛台、飞云台、播雨台、落霞台、聚仙台的八瓣莲花观景台,另有小双峡、关门山、独秀峰、"金鸡报晓"、二仙峰、女儿石等有名景点,东峡有古老的钓鱼台、一线天、莲花台、剑门沟等胜迹,组成一曲雄峻野逸、收放独特的大峡谷交响诗画,是旅游休闲、猎奇探胜的绝妙佳境。

这里也是钓鱼台组地层的命名地,是钓鱼台组剖面的出露地和代表地,主要岩性为灰白色、浅褐色中厚层石英砂岩,偶夹页岩,底部为含砾石英砂岩或砾岩,中部和顶部的砂岩中含海绿石,上部石英砂岩质纯,下部砂岩具斜层理,中、上部交错层理发育,常见干裂构造,见图3-265。现为本溪国家级地质公园一部分,见图3-266。

图3-265　辽宁省本溪市南芬区南芬大峡谷瀑布与钓鱼台组地貌

图3-266　辽宁省本溪市南芬区南芬大峡谷

(5)辽宁省朝阳市朝阳县清风岭喀斯特峡谷地貌。清风岭位于朝阳县长在营子乡,为典型的喀斯特峡谷地貌。峡谷深度约百米,两岸喀斯特地貌发育,植被稀少,岩体景观多样。峡谷呈U形,分为主谷和副谷2条,主谷长约8km,副谷长约4km。水流稀少,为典型的辽西低山丘陵峡谷地貌。岩性为雾迷山组白云质灰岩,见图3-267。

图 3-267　辽宁省朝阳市朝阳县清风岭喀斯特峡谷地貌

(6)辽宁省葫芦岛市建昌县龙潭大峡谷(国家级)。龙潭大峡谷位于葫芦岛市建昌县要路沟乡与老大杖子乡交界处,在峡谷陡峭的崖壁边缘出现多个顶部相互隔离而基座彼此相连的成丛状分布的峰丛,属于形成阶段的峰林,又称类峰林地貌,是中国北方地区裸露型岩溶的代表,素有北方小西藏之美誉。风景独特,极具游览观赏价值,充分展现典型的北方地区岩溶特点,现为辽宁葫芦岛龙潭大峡谷国家地质公园,以典型的缓丘台地峡谷型岩溶地貌著称,属湿润半湿润亚热带-温带岩溶地貌区。

岩溶峡谷主要发育在蓟县系雾迷山组灰质白云岩中。受近东西向和近南北向断层与节理发育带的控制,在长期的溶蚀作用与新构造运动的强烈抬升作用影响下,峡谷切割深度 100~200m,长 12.5km,谷底最窄处小于 10m,最宽处达 210m,两侧悬崖高耸。由于两岸岩石软硬不同或构造条件的差异,峡谷呈狭谷与宽谷交替,重峦叠嶂。除主峡谷外,整个峡谷还分布有大大小小支峡谷数十条。

峡谷南部延伸至髫髻山组火山岩中,岩浆喷发地质遗迹类型较为丰富典型,具有很高的观赏价值,是开展旅游观光和科普教育的重要场所。上侏罗统—下白垩统义县组的碱性喷出岩中钾长石、辉石、角闪石、黑云母等斑晶含量丰富,气孔构造明显,原生节理十分发育。在熔浆喷溢过程中,由于压力降低,气体逃逸汇集成气泡,熔浆快速冷凝,形成气孔构造以及绳状构造,生动鲜明地展示当时形态柔软的塑性薄壳下部熔浆继续流动时的挤压和扭曲现象。

主要峡谷景观有 4 条,分别为龙潭峡、石林峡、鹰窝峡、情人谷,呈"Y"字形延伸,总长 11.2km。

龙潭峡位于"Y"字形的左上首,发育在雾迷山组燧石条带白云岩地层中,园区内峡谷长 2.83km,

主要受燕山期北西70°、北西20°走向的剪节理控制形成，为构造-冲蚀岩溶峡谷。龙潭峡地形形态复杂，呈"Z"形阶梯状在区内近东西向展布，峡谷较宽阔，谷宽15～30m，切割深度近100～150m。峡谷西侧上段突变曲折狭窄，谷宽仅3～5m，谷底与岩壁凹凸不平，堆积大量的巨石，布满洪水溶蚀、冲蚀和涡流侧蚀作用形成的溶沟、溶槽，多为长条状、圆状，大小不一，形状各异。在北坡底部流水溶蚀、侵蚀作用形成一个直径约4m，深约10m的溶井——龙潭，见图3-268。

图3-268　辽宁省葫芦岛市建昌县龙潭大峡谷龙潭瀑布与龙潭峡

石林峡位于"Y"字形的右上首，发育在雾迷山组白云岩地层中，园区内长5.92km，切割深度65～150m，两侧崖壁高耸，呈不对称"V"形，北侧崖壁近于直立，南侧谷坡大于50°，谷宽15～20m，谷底凹凸不平，溶沟、溶槽发育。石林峡不仅是3条峡谷中最长的，也是整个园区景色最秀美的景观，见图3-269。

图3-269　辽宁省葫芦岛市建昌县龙潭大峡谷石林峡

鹰窝峡是龙潭峡和石林峡相汇之后，转而向南切割侏罗系髫髻山组安山岩的构造-冲蚀峡谷，园区内长2.0km，其北半部位于建昌县内，南半部则位于河北省青龙满族自治县境内。整体呈南东80°走向，在航拍图上可见其形状延续龙潭峡"Z"形阶梯状，在雾迷山组地层中呈现近直角转折，进入侏罗纪地层，峡谷较顺直，在鹰窝峰附近，峡谷呈现和缓的"U"形转折。其形成主要受喜马拉雅期南北向张节理控制形成。峡谷切割深度150～200m，谷宽一般30～60m，窄处小于10m，火山地貌及构造剖面为峡谷内主要地质遗迹。

情人谷位于鹰窝峰南侧，是鹰窝峡的一条较大的支谷，为典型的构造嶂谷。呈北东70°走向展布，长近500m，宽5～6m，两侧崖壁陡立，岩石凹凸不平，呈锯齿状，切割深度150～180m，出露岩性为侏罗系髫髻山组安山岩。嶂谷的形成原因是由于岩层中有2组近垂直的"X"形裂隙，沟谷沿"X"形节理裂开,又经风化作用、崩塌、水流冲蚀,节理不断扩张而形成。谷内曲径通幽,怪石嶙峋,溪水潺潺,由于光线阴暗,气温较低,五月份谷内仍可见冰层覆盖,见图3-270。

图3-270　辽宁省葫芦岛市建昌县龙潭大峡谷情人谷

雾迷山组地层主要为燧石条带白云质灰岩,说明在距今14亿~10亿年间,辽西地区为一片浅海(燕辽海),沉积岩石为一套巨厚的海相碳酸盐岩,岩石多为灰色及深灰色,反映当时沉积环境为稳定的浅水陆表海且气候湿热的特点,对辽西地区古地理变迁、古气候演变具有重要的科学研究价值。区内先后经历印支、燕山、喜马拉雅3次大构造运动的洗礼,留下丰富、清晰的构造形迹,对研究辽西地区晚侏罗世燕山运动具有重要的科学价值,在这里不但可以欣赏旖旎秀丽的山水风光,还能学习和了解构造地貌所隐藏的地学奥秘。评价等级为国家级。

(三)地质灾害大类

辽宁省地质灾害相比南方省份不太发育,仅在辽东地区有泥石流、滑坡、崩塌等灾害发生,且规模大型的很少,多为中小型。海城市地震遗迹也已荡然无存,只有1块纪念碑,煤矿地质灾害在采矿遗迹中介绍,因此只确定1处泥石流地质遗迹,为省级。

辽宁省本溪市南芬区施家泥石流遗迹,位于本溪市南芬区下马塘施家村南山,山脚海拔518m。2001年8月5日9时许,辽宁省本溪市南芬区下马塘地区发生山体滑坡,进而爆发泥石流,导致20户60间房屋被冲毁,毁坏良田9.3hm^2,死亡13人,失踪5人,经济损失达2 000余万元。

泥石流形成区,位于施家村南,东西向山脉的一座朝北向支脉的西山坡,地形较陡,坡度大于45°,坡长150余米,坡地土壤为腐殖质棕黑土壤,厚度不大,植被生长良好。2条滑坡起头于上岗,宽20余米,形状如剃须刀刮过一样,呈长条状,滑坡面显露古元古代辽河群变质岩层的层面,长150余米。

流通区是一个深切的较窄的沟谷,沟床出露有辽河群高家峪组三段的板岩夹大理岩透镜体,层面顺坡,并发育陡坎和阶梯状瀑布,坡度在30°~60°之间,2条滑坡流到山谷就合流成泥石流,拥载和滚动巨大的石块,向北面奔腾前进50~60m。

堆积区是沟谷转弯处变平缓开阔的山间河谷，溪边有施家村，宽40～80m，泥石流冲泻进入该区后逐渐停留堆积，水分很快分散流失，石块呈扇状分散堆积，堆积区崎岖不平，形成光秃而单调的"石海"。在剖面中，大石块呈透镜状集结，层次不分明，石块在流动中互相撞击和摩擦，使同生滑塌褶皱发育的板岩石块中的小椭圆体形灰岩包体脱落而成大蜂窝状奇石块，石块岩石类型复杂，主要为花岗岩、灰岩和板岩，分选较差，大、小块混杂在一起。

目前处于自然状态，当地政府已经治理。这一典型的泥石流地质灾害遗迹，揭示地质灾害的发生、发展、演化及分布特征，具有地质科普价值，见图3-271。

图3-271　辽宁省本溪市南芬区施家泥石流治理前后

第三节　地质遗迹的分布规律

辽宁省位于柴达木-华北板块的东北部，以赤峰-开原断裂为界，其南隶属于华北板块，其北为西伯利亚板块的东南缘（内蒙古-大兴安岭和吉黑褶皱带南缘）。迄今已知辽宁省最早的岩石是采自鞍山市白家坟地区的奥长花岗岩，同位素测年结果为38亿年（万渝生等，1999）。鞍山地区前台岩组的锆石测年结果也达到33.57亿年（李景春，2006）。30多亿年来，辽宁省经历太古宙、元古宙和显生宙三大地质演化时期，其中显生宙包括古生代、中生代和新生代，各个时期均有代表性的地质遗迹资源形成并得以保留下来，从最早古太古代的岩体剖面，到元古宙的矿业类遗迹，中生代的燕辽生物群、热河生物群，以及新生代第四纪火山机构、类型多样的地貌景观类遗迹，这些地质遗迹的分布既受控于早期的地质构造演化，又与后期的地貌塑造作用密切有关，总体上可划分出8个地质遗迹类型分区。

一、辽西中生代古生物化石及火山地貌类地质遗迹分布区

中生代晚侏罗世—早白垩世时期，是地球生命进化史上最关键的时期之一。由于受太平洋板块向中国东部板块俯冲、挤压作用的影响，频繁且强烈的地壳运动致使北东向、北北东向断裂大量出现，使辽西地区产生一系列北东—北北东向盆岭相间的构造格架，形成大小不一、先后不同的16个构造盆地，期间火山喷发与沉积作用交替进行，使辽西地区成为辽宁省中生代地质遗迹集中分布的地区，其中以燕辽生物群、热河生物群、阜新生物群三大生物群和义县组标准剖面举世闻名，是国内外学者

研究的重点。同时义县期火山岩在本区广泛分布，经后期地质构造运动及剥蚀作用演化出许多极具观赏价值的火山地貌遗迹。这些地质遗迹的形成与分布受本区中生代盆地演化的直接影响，中生代沉积环境相比之前稳定的大地构造环境完全不同，取而代之的是地形起伏较大、相互分离的内陆湖盆环境，同时伴有强烈的火山活动及岩浆侵入作用。盆地类型主要为陆内断陷盆地，其演化过程如下。

前中生代的构造演化，属于华北克拉通盖层演化阶段。早—中三叠世华北克拉通不断地抬升，古地形不断地变化，古气候逐渐趋于炎热干旱。这一时期盆地范围逐渐缩小，是晚二叠世克拉通盆地演化的延续，属残留克拉通盆地。本期盆地的形成标志着克拉通盆地演化阶段即将结束，孕育着一个新的构造演化阶段——陆内造山作用阶段的开始。

中三叠世末，印支运动使得下—中三叠统与下伏地层一起褶皱、断裂，形成走向近东西的褶皱和断裂带。区域上基本结束了长期稳定的克拉通构造演化阶段，进入了燕山期陆内造山作用的演化过程。

早侏罗世，受早燕山期构造运动影响，朝阳、北票一带及金岭寺盆地内部经历晚侏罗世火山岩浆喷发，盆地进一步扩大，形成下侏罗统上部河流沼泽相的北票组灰色陆屑式含煤建造。伴随着燕山运动第一幕的挤压作用，在该区有花岗岩和闪长岩的侵入活动。

中侏罗世，由于区域挤压应力减弱，伸展作用加强，致使火山活动增强，早期盆地范围进一步扩大，同时也产生一些新的盆地，形成一系列既相互分离又局部相连的断陷盆地群。在这些断陷盆地群中堆积中侏罗世的含火山岩、含煤的河流沼泽相碎屑物。在金岭寺-羊山盆地的玲珑塔-大西山地区，髫髻山组河湖相沉积夹层中产燕辽生物群，是全球范围内燕辽生物群的核心产地。

晚侏罗世，气候逐渐变得干燥，早燕山晚期构造运动使得盆内普遍沉积一套土城子组红色复陆屑式建造。这个阶段，一方面火山活动增强，另一方面沉积环境比较稳定，盆地和盆地之间隆起组成本区第1个盆岭构造系统。

侏罗纪末，燕山运动第二幕强烈的第3次挤压作用，使得中、上侏罗统火山机构-火山碎屑-沉积岩系发生北东向中等程度的褶皱，形成一组北北东向的逆冲断层、褶皱和北西—北西西向的配套断裂，致使中—晚侏罗世沉积盆地萎缩、消亡，并对中—晚侏罗世的盆岭构造系统进行改造。

进入白垩纪，区域挤压作用减弱，北西-南东向的伸展作用进一步加强，岩石圈由缩短为主转向以伸展机制为主，变质核杂岩发育时期和断陷盆地发育时期开始。这一时期断陷活动首次波及下辽河地区，营口-佟二堡断裂带和高升-西八千户西倾断裂带发生断陷活动，在2条断裂带的西侧分别形成2个凹陷，即辽河东部和西部白垩纪凹陷，凹陷之间为辽河盆地中央白垩纪断块隆起、医巫闾山隆起、松岭山脉隆起、努鲁儿虎山断块隆起组成第2个伸展状态下的盆岭构造系统。辽西盆地在这一阶段发育至鼎盛时期，进入火山活动强烈期和动植物演化繁盛期。

义县期，火山活动达到高潮，义县期火山岩遍布全区，主要分布于锦州-义县-阜新盆地、凌源-三十家子盆地、四官营子-三家子盆地、大城子盆地、梅勒营子-老爷庙及建昌盆地、朝阳盆地、胜利-大平房盆地、东官营子盆地等，形成一套中基性火山岩系，在岩浆喷发的间歇期，出现多次短暂的湖盆沉积环境，使辽西地区一些盆地沉积了著名的热河生物群。

义县期强烈的火山喷发之后，在阜新-义县盆地、朝阳-北票盆地、建昌-喀左盆地和下辽河盆地东部凹陷、西部凹陷范围内形成一些断陷型陆相淡水湖盆地，沉积九佛堂组、沙海组-阜新组湖相、湖泊-沼泽相含煤泥质碎屑岩系。九佛堂组岩性为深灰—灰色泥岩夹泥质和钙质粉砂岩、灰色泥灰岩、凝灰质砂岩、深灰色凝灰岩、玄武岩，是辽西地区热河生物群的另一个重要产出层位。九佛堂组沉积物较细，基本以湖相泥岩和粉砂岩为主，钙质和凝灰质含量较高，是湖盆快速沉降期的产物，沉积速率为200m/Ma。阜新组以煤系地层为主，早期阶段沉积了湖相泥岩，是阜新生物群的主要产出层位；中晚期，由于断陷活动趋于停止，湖盆逐渐向沼泽平原化方向演化。早白垩世末，燕山运动第三幕使得该区普遍抬升，早白垩世地层遭受剥蚀。

晚白垩世,盆地范围缩小或消亡。燕山东段-下辽河地区部分白垩纪盆地内发育一套孙家湾组红色类磨拉石建造,与下伏地层呈整合或不整合接触。白垩纪末,燕山运动第四幕使得前新生代地层发生褶皱,形成一组北东向的背斜、向斜及北东向的逆冲断层。这一期构造运动导致燕山东段-辽河盆地全区抬升,遭受剥蚀,中生代盆地演化趋于结束。

综上所述,辽西地区中生代盆地的形成演化、火山喷发与沉积作用的交替进行,使本区成为中生代古生物化石分布最为丰富、保存最为完好的地区。此外,义县期强烈的火山活动和义县期火山岩广泛分布,以此为依托演化出一批中生代火山地貌遗迹,如建昌中生代破火山口火山机构、朝阳尚志乡火山岩地貌、锦州北普陀山火山岩地貌等,使本区成为中生代地质遗迹集中分布的地区,见图3-272。

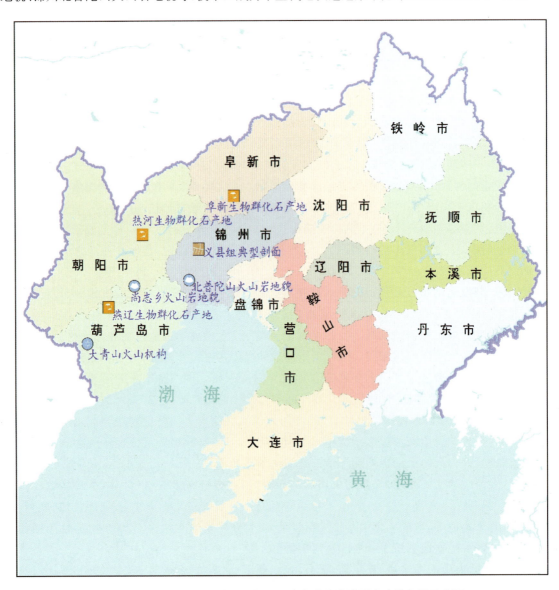

图3-272 辽西中生代古生物化石及火山地貌类地质遗迹分布区示意图

二、辽东重要岩矿石产地及地层剖面类地质遗迹分布区

辽东地区广泛出露新太古代鞍山岩群、清源岩群和古元古代辽河群地层,是全国范围内地质时代最为古老的地层分布地区。出露有全国最古老的古陆核——鞍山市白家坟地区38亿年古太古代花

岗岩岩体，同时该区也出露有33亿年的陈台沟岩组、31亿年的表壳岩包体、28亿～25亿年的鞍山岩群，是全球研究太古宙演化的最经典地区。同时，鞍山岩群、清原岩群和辽河群地层也是重要的矿床赋存层位，使本区成为全国大型矿床分布最为集中的地区之一。其中，铁、铜、菱镁矿、硼、滑石、玉石、金等矿产均在全国占有重要地位，在成矿规律研究和区域对比等方面具有重要的研究价值，是辽宁省矿业类遗迹集中分布的地区。

"鞍山式"铁矿因主要分布在鞍山地区而得名，为海相火山-沉积变质型铁矿，主要分布在鞍山地区、辽阳地区、本溪地区，该类矿山的特点是主要为贫矿，规模特大，是全国乃至世界上的重要铁矿类型。鞍本-抚顺地区太古宙含铁建造（BIF）变质层状岩系，西部出露于东鞍山、西鞍山、樱桃园-张家湾，中西部出露于辽阳弓长岭、本溪北台、南芬、大台沟、思山岭、歪头山，东至抚顺上马、傲牛、罗卜坎、通什村、小莱河，北至清原下甸子一带，总体走向北东50°，展布面积约10 000 m^2。在太古宙含铁建造层状岩系中，赋存有"鞍山式"超大型、大型、中型铁矿床42处，小型铁矿床百余处，是全国铁矿资源重要产地之一。

铜矿床赋存于清原岩群红透山岩组中，位于抚顺地区的红透山铜矿是东北地区最早的铜矿，是全国知名的铜矿产地，为海相火山沉积-变质热液矿床。其成矿模式可归纳为太古宙海相间歇性火山活动的中酸性火山岩喷发阶段，是铜、锌、铁、金等硫化物的矿源层形成时期，该矿源层在新太古代晚期，经区域热流变质作用，发生角闪岩相变质，在变质、变形作用的高峰期，在较高的温压环境中，矿源层中成矿物质被激发活化，向温压梯度减弱带迁移，发生铜、锌和铁的硫化物富集成矿作用。

菱镁矿典型矿床分布在大石桥高庄、小圣水寺、青山怀、海城铧子峪、海城王家堡子-下房身-金家堡子矿段及海城祝家等地，以储量巨大、矿质优良为特点，是国内外知名的菱镁矿产地。矿体主要产于古元古代大石桥岩组三段富镁碳酸盐岩建造，菱镁矿大理岩层、菱镁矿层（体）多数呈似层状-层状产出，矿层产状与顶、底板围岩一致，绝大部分为整合接触。

硼矿呈南西至北东方向分布在营口至丹东一带，以大石桥的后仙峪硼矿和丹东杨木杆子硼矿为代表，皆产出自辽河群里尔峪岩组，表现出明显的层控性。里尔峪岩组含硼岩系是一套以富钠、铁和硼为特征的火山沉积变质岩系-钙碱性火山沉积建造，其构成硼的矿源层。温压条件的改变是改造原来硼矿的主要因素。特别是温度的升高可以使沉积期前的硼矿发生转化而形成新的硼矿物（变质期），如遂安石、板硼镁石、柱状硼镁石等。在变质作用晚期，由于变质热液的参与使变质期矿物发生交代作用即纤维硼镁石交代柱状硼镁石及遂安石，为火山沉积变质-超变质热液交代富集成矿的复成矿床。

滑石矿与菱镁矿的分布类似，主要分布在大石桥—海城一带，以海城范家堡子滑石矿最为著名，为质量优异的大型滑石矿床。滑石矿体产自辽河群大石桥岩组菱镁矿层或菱镁矿大理岩层的构造带中，矿体与围岩为交代接触关系，接触界线一般为渐变过渡。矿体中常有围岩交代残留体。镜下观察矿石交代结构十分发育。区域变质作用为滑石矿提供必要的温度、压力、成矿热液及成矿空间。大石桥岩组镁质碳酸盐岩及黏土质、半黏土质岩正是在中压区域动力热液变质条件下，才得以释放出大量埋藏水—变质水，使硅和镁等造岩元素活化，迁移到有利的构造空间交代成滑石矿体，为受变质沉积型-变质热液交代型滑石矿。

岫玉矿主要产自鞍山岫岩地区，玉石矿体产在大石桥岩组三段顶部的菱镁大理岩中。矿石结构以鳞片变晶结构、纤维变晶结构为主。其次为网格变晶结构、束状变晶结构等。矿石自然类型为蛇纹石软玉。矿床成因类型属层控区域变质热液交代矿床。

金矿主要位于丹东五龙背地区，该区是辽东地区著名的金矿化集中区之一，区内产有五龙、四道沟大型金矿床以及众多小型金矿床及金矿点，金矿床均产于燕山期三股流花岗闪长岩岩体边缘，其中五龙金矿床为典型的含金石英脉型岩浆热液型金矿床。

另外，本区也是辽宁省地层剖面出露及保存相对完好的地区，本溪地区的钓鱼台组、桥头组、康家组、林家组、本溪组等标准剖面等均有出露,均保存在本溪国家地质公园内,抚顺地区出露有抚顺群标准剖面,铁岭地区出露有殷屯组标准剖面,详见图3-273。

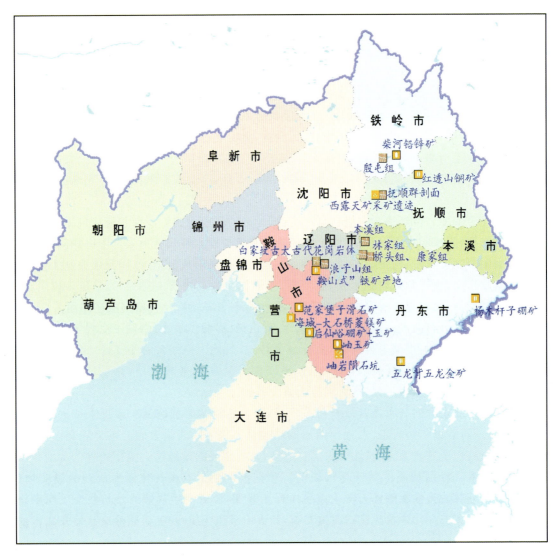

图3-273　辽东重要岩矿石产地及地层剖面类地质遗迹分布区示意图

三、大连震旦纪—寒武纪地质遗迹分布区

大连市是我国震旦纪地层最为发育的地区,在大连复州湾和棋盘磨地区均有较好的出露剖面。另外,大连的金州地区寒武纪地层也很发育,有国内外知名的萨布哈和龟裂石沉积构造,使本区成为辽宁省震旦纪—寒武纪地质遗迹集中分布的地区,是国内外研究震旦纪、寒武纪时期地壳运动、气候变迁、生物演化的代表地区。

震旦纪地层为一套沉积地层,辽宁省仅大连地区有出露。大连地区的震旦纪地层由于地质剖面的连续性而独具代表性,享誉国内外。自上而下划分为长岭子组、南关岭组、甘井子组、营城子组、十三里台组、马家屯组、崔家屯组、兴民村组。

长岭子期沉积是在温湿型气候条件下开阔陆棚相形成的产物,为稳定型含单陆屑式陆源碳酸盐岩建造。长岭子组主要分布于瓦房店市复州、泡崖、谢屯、金州大孤山、曲家屯、石河子、旅顺城山及大连长岭子等地。复州地区本组下部为黄绿色页岩、粉砂质页岩,夹薄层石英砂岩;中部为黄绿色薄层细粒石英砂岩、含海绿石石英砂岩、粉砂岩,夹砂岩;上部为灰色、黄灰色中厚层钙质细砂岩,含海绿石钙质细砂岩与泥晶灰岩,砂质泥晶灰岩互层。旅顺地区的长岭子组主要岩性为灰色、灰绿色钙质千枚岩、钙质板岩,夹薄层泥质灰岩、粉屑泥质灰岩和粉砂岩。

南关岭期-甘井子期沉积均是在温暖型气候条件下局限台地相形成的产物,其中南关岭期为单陆屑式陆源碳酸盐岩建造。该组主要分布于大连南关岭、大连湾、旅顺长岭子、金州曲家村、三十里台,瓦房店泡崖、谢屯、李家屯等地。瓦房店泡崖及谢屯地区,本组下部为灰色含泥质砂质泥晶灰岩,灰色薄—中层含泥晶粉砂质泥晶白云质灰岩;上部为灰色薄—中厚层粉晶灰岩夹灰色中厚层白云石化叠层石灰岩透镜体、灰色薄-中层粉晶灰岩夹砂屑灰岩。旅顺-大连地区的南关岭组,下部为灰褐色薄层、中厚层粉屑灰岩,夹砂屑灰岩;上部为灰色、深灰色薄—中厚层粉屑灰岩,夹叠层石灰岩及泥晶灰岩;底部以深灰色粉屑灰岩与下伏长岭子组分界。

甘井子期为白云岩型蒸发岩建造。该组主要分布于大连南关岭、大连湾、旅顺长岭子、金州曲家村、三十里台,瓦房店泡崖、谢屯、李家屯等地。瓦房店地区的甘井子组明显四分:下部为浅灰、粉灰色中厚—厚层叠层石白云岩,夹砂屑灰质白云岩;中部为深灰色中厚层泥晶灰质白云岩、砂屑灰质白云岩,夹碎屑灰质白云岩,局部夹硅质层和石英砂岩扁豆体;上部为浅灰色、灰白色中厚层灰质白云岩,夹叠层石白云岩;底部以浅灰色叠层石白云岩与下伏南关岭组分界,顶部被寒武系碱厂组平行超覆。大连地区的甘井子组,下部为灰黑色厚层含硅质结核灰质白云岩、灰白色中厚层硅化白云岩、硅化灰质白云岩;上部为灰白色薄层灰质白云岩、角砾状灰质白云岩。底部以含硅质结核白云岩与南关岭组分界,顶部以薄层灰质白云岩与营城子组分界。

营城子期属稳定型异地碳酸盐岩建造,为温暖气候条件下开阔台地相形成的产物。该组主要分布于大连南关岭、大连湾、旅顺长岭子、金州曲家村、三十里台,瓦房店泡崖、谢屯、李家屯等地,与下伏甘井子组平行不整合接触。大连地区出露完整,下部为深灰色中厚层含砾砂屑鲕粒细晶灰岩,灰色薄层灰岩,夹暗绿色钙质页岩、叠层石灰岩,上部为深灰色砾屑、砂屑鲕粒亮晶白云质灰岩;瓦房店地区营城子组出露较少,其中以谢屯镇赵坎子出露较全,下部为深灰色中厚层中细晶灰岩夹黄绿色页岩及钙质页岩;上部主要为深灰色中厚层细晶含砂屑、砾屑灰岩夹灰绿色钙质页岩,局部夹薄层泥质粉晶灰岩。营城子组灰岩是重要的石灰石矿产出层位。

十三里台期属次稳定灰岩型造礁碳酸盐岩建造,在干燥与潮湿交替的气候条件下开阔台地相形成的产物。该组主要分布于大连南关岭、大连湾、旅顺长岭子、金州曲家村、三十里台,瓦房店泡崖、谢屯、李家屯等地。大连地区本组下部为深灰色中厚层泥晶灰岩、含鲕粒泥晶灰岩、叠层石灰岩;中部灰色、紫色泥晶灰岩,叠层石灰岩,灰紫色、黄绿色页岩;上部以紫色、黄绿色页岩为主,夹叠层石灰岩。瓦房店地区出露较少,在谢屯镇赵坎子厚度较大,下部为深灰色厚层粉细晶含砾屑灰岩夹灰色厚层叠层石灰岩透镜体,局部为薄层鲕粒灰岩及纹层状砂屑灰岩;上部为紫色、黄绿色页岩与灰色、灰紫色中厚层叠层石灰岩互层;局部夹灰紫色中厚层灰质粉晶白云岩。十三里组为叠层石化石(玫瑰石)产出层位。

马家屯期为含单陆屑陆源碳酸盐岩建造,是温暖型气候开阔陆棚相形成的产物。早期沉积以夹风暴成因的砾屑灰岩为特点。该组主要分布于大连南关岭、大连湾、旅顺长岭子、金州曲家村、三十里台,瓦房店泡崖、谢屯、李家屯等地。大连地区的马家屯组,下部为灰紫、黄灰色中厚层含黏土质泥晶灰岩夹砾屑灰岩;上部为灰色、黄灰色薄层含黏土质泥晶灰岩夹黄绿色页岩。底部以2m厚的紫色薄层碳酸盐质细粒石英杂砂岩与十三里台组分界;瓦房店地区出露较少,其岩性下部主要为黄灰色薄层含砂质粉晶砾屑灰岩、灰紫色薄层粉晶白云质灰岩夹中厚层粉晶砾屑灰岩;上部为灰色微薄层含铁质粉晶灰岩,局部夹钙质页岩,底部见一层黄灰色微薄层方解石化白云质含海绿石砂岩。

崔家屯期沉积属稳定型单陆屑式净砂岩建造,为温暖型气候条件下障壁海岸相形成的产物。该组主要分布于大连南关岭、大连湾、旅顺长岭子、金州曲家村、三十里台,瓦房店泡崖、谢屯、李家屯等地。大连地区本组岩性以灰绿色、黄绿色粉砂质页岩和页岩为主,夹薄层细粒含海绿石石英砂岩,顶部夹叠层石透镜体;瓦房店地区本组出露较少,岩性为灰绿色粉砂质页岩及灰绿色、紫色薄层粉砂岩夹页岩,厚仅20m左右。

兴民村期沉积为稳定型含单陆屑式碳酸盐岩建造,为干燥与潮湿交替的气候条件下障壁海岸相-局限陆棚相形成的产物。该组主要分布于金州周围,瓦房店地区有少量出露。本组岩性为明显三分:下部为灰色薄—中厚层含铁质海绿石砂岩夹黄绿色、暗紫色页岩及粉砂质页岩,辽宁省地质勘查院命名为周家崴子砂岩段;中部以黄绿色页岩为主,夹紫色页岩及灰绿色砂质页岩,辽宁省地质勘查院命名为王家坦页岩段;上部以灰色薄层含黏土质粉晶灰岩为主,夹黄色钙质页岩、层纹灰岩,辽宁省地质勘查院命名为干岛子灰岩段。

寒武纪地质遗迹则主要以大林子组沉积构造和产自馒头组的三叶虫化石为代表。

寒武纪大林子期,属于障壁海岸相、萨布哈亚相沉积环境,气候条件属强干旱气候带,为白云岩型蒸发岩建造。金州地区盐沼沉积为紫色薄层状褐铁矿泥晶白云岩夹褐黄色薄层状中细粒钙质长石石英砂岩及少量黄绿色泥晶白云岩,发育泥裂、帐篷构造等暴露标志,产石膏细层及石盐假晶;复州地区盐沼沉积为一套灰紫色白云岩、白云质泥岩夹杂砂岩、石英砂岩及复成分砾岩。砂岩、砾岩常见干涉波痕及冲刷面构造,白云岩、泥岩具水平层理,发育帐篷构造及石盐假晶。大林子期萨布哈沉积构造在大连地区分布广泛,常以彩色崖壁的形式出现,加上大连地区独特的侵蚀海岸地理环境,使这些构造剖面具有极高的观赏价值。

大林子期强干旱气候结束后,进入碱厂期发生广泛的海侵。碱厂期气候温暖潮湿,以三叶虫化石出现为特征,伴有腹足类、瓣鳃类、棘皮类(始海百合)等化石,是寒武纪生物演化大爆发的开始。

在寒武纪馒头组地层中产有精美的三叶虫化石。该组在区内分布比较广泛,主要分布于瓦房店复州湾棋盘山、袁家沟、炮台小冯屯、谢屯赵坎子、西三台子石佛寺、长兴岛道士屯、金州七顶山大后海、拉树山、金州城郊三里、龙王庙等地。本组最好的剖面也是举世闻名的剖面,即为瓦房店磨盘山剖面,其优点为出露良好完整,化石丰富,为历年来中外地质工作者进行研究的剖面。

综上所述,本区独特的地理沉积环境和地质演化史,决定了本区以震旦纪—寒武纪地层为依托的地质遗迹资源集中分布的特点,使本区成为国内外沉积地质与构造变形交叉研究的最理想地区,具有极高的学术研究价值、地学科普价值和旅游观赏价值,见图3-274。

四、下辽河平原与鸭绿江流域湿地、水体地貌类遗迹分布区

辽宁省水体地貌遗迹主要有河流、湿地及温泉。

湿地、河流景观类遗迹主要分布在下辽河平原的辽河流域、辽东地区的鸭绿江流域以及辽西地区的大凌河流域。辽东地区由于河流下蚀作用较大,"V"形河谷发育,曲流较多,边滩少而窄;辽西地区河床则呈"U"形,边滩、河心滩较发育。另外,干河床较多,多辫状河;下辽河地区河床蜿蜒曲折,河谷宽而平(平底谷),多牛轭湖。

大凌河、辽河、大洋河、鸭绿江等河流入海口处有水下沙质扇形三角洲,国内著名的辽河口三角洲和鸭绿江口三角洲是在地壳下沉条件下,河流含沙堆积在湾内的三角湾状三角洲,近海口处潮滩、拦门沙滩、海底潮沟等均可见。辽河口、大凌河口见有古河道遗迹。辽河口-双台子河口湿地、鸭绿江口海滨湿地每年吸引各类鸟类至此繁衍生息,是辽宁省最著名的两处湿地。

辽河的下游段称双台子河,是辽宁省景色最为优美、水质良好的河流景观之一。双台子河河曲极为发育,形成诸如冯家湾河曲及吴家河曲等。在河流弯曲段,表层含沙未饱和的水流在离心力的影响下向凹岸集中,对岸边进行冲刷,掏蚀岸壁的下部,使其不断崩坍后退,从而不断增加底层水流的含沙

图 3-274　大连震旦纪—寒武纪地质遗迹分布区示意图

量,并通过横向环流沿河底沉积,并带到凸岸形成水下浅滩。随着河谷继续展宽,凸岸边缘的水下浅滩逐渐在平水期和枯水期出露水面成为河漫滩。

鸭绿江发源于吉林省长白山南麓,干流从浑江口处进入丹东市,流经宽甸县、丹东市城区,从东港市内注入黄海,因发源处水的颜色像公鸭头上绿色的羽毛而得名。流向在源头阶段先向南,经长白朝鲜族自治县后转向西北,再经临江市转向西南。中国境内全长 795km,流域面积 325 万 km^2,年径流量 3 276 亿 m^3,拥有浑江、虚川江、秃鲁江等多条支流。辽宁省内支流水系河网密度大,主要有浑江、浦石河、安平河、瑷河等,呈树枝状展布,有瀑布发育。该区雨量较为充足,水质良好,两岸山体连绵,植被茂盛,构成辽宁省景色最秀美的河流遗迹景观。

温泉类地质遗迹主要沿北东—北北东向活动断裂与北西向断裂交会部位出露,并常伴有燕山期岩浆岩类出露。其中以辽东半岛地热带的熊岳温泉、五龙背温泉,千山-哈达岭地热带的汤岗子温泉和辽西走廊地热带的兴城温泉最为著名,见图 3-275。

五、渤海、黄海海岸地貌类地质遗迹集中分布区

海岸地貌是指海洋沿岸的陆地部分以及潮间带和部分水下岸坡的地貌单元。辽宁省海岸线长 2 920km(包括岛屿岸线长 627.0km,李东涛等,2009),其中 1/3 为岩岸。第四纪以来受新构造运动断块不均衡升降作用的影响和沿海岩性特征的控制以及浪蚀地质作用与潮汐作用影响,海岸受到强大

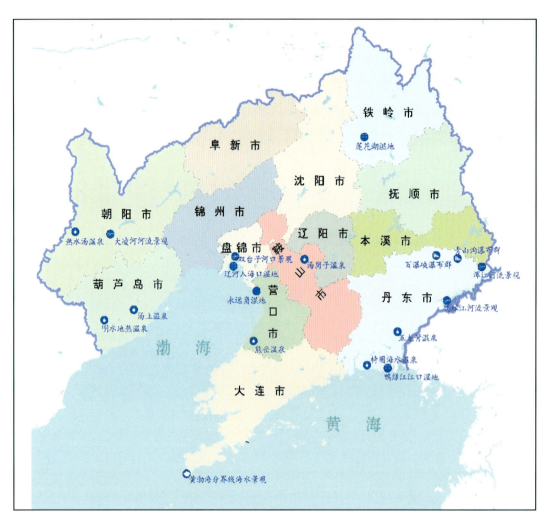

图3-275 下辽河平原与鸭绿江流域湿地、水体地貌类遗迹分布区示意图

的冲刷或物流的堆积从而形成复杂的海岸地貌景观,沿海局部地段上升,接受剥蚀形成海蚀地貌;局部地段下降,接受沉积,形成海积地貌。

海蚀地貌主要分布在大连地区,又以黄海海岸居多,并具有规模大、观赏性强的特点,其中金州城山头、大连海滨-旅顺口、金州金石滩等地以千姿百态的海蚀地貌闻名全国,使大连地区成为辽宁省海蚀地貌最为丰富、壮美的地区。其主要海蚀地貌包括海蚀崖、海蚀台、海蚀柱、石林、夷平面、海蚀天生桥(海穹)、海蚀蘑菇、海蚀穴、海蚀礁、海坨子、浪蚀洞等。此外,旅顺地区的老铁山岬角是黄海、渤海天然分界线,为著名的旅游景点。

另外,黄海沿岸及辽东湾沿岸有众多的露出海面的馒头形大陆岛,如长山列岛、大鹿岛、蛇岛、菊花岛以及辽西走廊沿岸芷猫湾中海蚀残石、营口地区望儿山海蚀残山、锦州地区笔架山连岛坝等,皆为辽宁省著名的海岸地貌景观。

海积地貌则主要分布在辽南地区的盖州、鲅鱼圈和辽西地区的绥中,其中以绥中东戴河海积地貌规模最大,最为著名。该类型海岸为陆域入海河流携带泥沙,复经波浪作用而形成的庞大海岸堆积客体,由陆地向海依次分布为平原-沿岸沙堤-海滩-沙嘴-水下沙堤等若干地貌,这些地貌景观独具特色,具有典型性、原生性和多样性,是辽宁省和环渤海地区重要的自然资源,见图3-276。

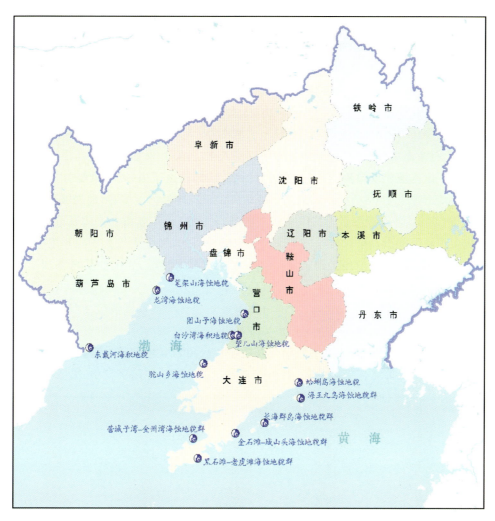

图 3-276 渤海、黄海海岸地貌类地质遗迹分布区示意图

六、本溪岩溶地貌地质遗迹分布区

本溪市地处太子河流域,古生代沉积范围较广的碳酸盐岩。在后期构造和地下水活动的共同作用下,形成较典型的北方岩溶景观。岩溶类型丰富,规模宏大,地表、地下岩溶相得益彰,充分展现典型的北方岩溶特点。发育岩溶地貌景观包括著名的本溪水洞、天龙洞、望天洞、金坑岩溶漏斗群,均为辽宁省内最具代表性的岩溶地貌景观。

七、辽东长白山、千山中低山、低山、丘陵区岩土体地貌分布区

该区范围包括下辽河平原以东的辽东山地及辽东半岛部分,是辽宁省大型花岗岩山体分布最多的区域。龙岗山、长白山及其支脉千山组成北东向断块隆起,形成中低山-低山、丘陵地形单元,是标准的山岳地貌形态。本区太古宙变质岩组成基底,盖层岩系厚度巨大,岩浆活动频繁,断裂和褶皱构造发育。从新近纪以来本区整体抬升,第四纪时持续抬升形成山高谷深、山势陡峻、分水岭狭窄以及山顶、山坡、山麓分布清晰的壮年期地貌旋回。该区雨水充沛,岩石在风化、流水作用下受到强烈侵

(剥)蚀而形成孤丘、岗丘。裂隙下切作用则常形成崎岖陡峻的峰岭地形及柱状山峰和林木苍葱的花岗岩地貌景观。常见有石蘑菇、摇摆石、石柱、岩壁等微地貌类型。

侵蚀隆起中低山海拔一般为800~1 000m,局部地段大于1 000m。地表起伏度小于500m,地表坡度较陡,组成岩性多为中生代花岗岩类、太古宙变质岩类,地壳上升强烈明显,构成太古宙基底隆起。岩石抗风化作用强,山顶形态为尖棱状,形成尖顶状中低山。呈东西向分布于苏子河盆地两侧,湾甸子—杨木顶子以及十花顶子一带。如砬子山、天女山、猴石山等。

侵蚀隆起低山海拔500~800m,地表地形起伏度200~300m,地表坡度10°~20°。组成岩性复杂,一般为抗风化侵蚀作用较强的岩石,如变质深成侵入体,各类片麻岩、花岗岩,山顶一般为尖棱状,形成尖顶状低山。山体地貌以山势陡峻,林木苍葱为特点,如鞍山千山、凤城凤凰山等。

侵蚀断褶中低山海拔800~1 200m,最高山峰达1 336m,地形切割厉害,地表坡度20°~30°,地表地形起伏度小于500m,组成岩性多为抗风化较强的花岗岩类、元古宙和古生代石英岩、大理岩、白云岩等。常形成尖顶状中低山。呈东西向分布于太子河流域两侧,为古生代太子河坳陷的主体部分,区内断裂褶皱发育。山体地貌以山顶尖峭、山脊狭窄,水系发育为特征,如桓仁县老秃顶子、老帽山、五女山、天华山和宽甸县天罡山、天桥沟等。

侵蚀断褶低山海拔一般500~800m,局部山体海拔达1 000m,地表坡度10°~15°。褶皱断裂发育,组成岩性为石英岩和砾岩、花岗岩者常形成尖顶状低山,如冰峪沟、步云山等。

辽东的丘陵地形以沿海分布为主,河谷两侧及中生代火山岩盆地亦较发育,但海拔均大于200m,其高度及比高由内陆向沿海呈倾斜的趋势,如丹东五龙山、大孤山、沈阳棋盘山,见图3-277。

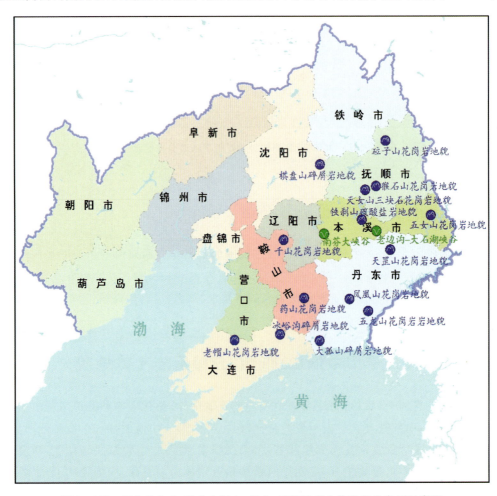

图3-277 辽东长白山、千山中低山、低山、丘陵区岩土体地貌分布区示意图

八、辽西努鲁儿虎山、医巫闾山中低山、低山、丘陵区岩土体地貌分布区

该地貌分布区其范围为下辽河平原以西的辽宁西部地区。第四纪时该区地壳整体持续缓慢隆起，大部分以残山丘陵地貌为特征。区内地势除建平以北努鲁儿虎山余脉较高外，其余地势均较低缓、平滑，构造形态与地形分布基本吻合一致，隆起伴随褶皱，形成北东向正向隆起山系与负向坳褶中生代盆地相间分布格局，形成背形为山，向形为谷或盆地地貌形态。反映了由北西向南东间歇性掀斜上升作用的不均衡性。整体地貌有向"准平原化"过渡，即由壮年期向老年期过渡地貌旋回。该区为干旱少雨地区，风力较大，常形成剥蚀构造地貌。

侵蚀隆褶中低山海拔800～1 000m，个别山体高达1 153m（北大青山）、1 223m（南大青山）。地形坡面20°～25°。组成岩性有中元古代石英岩、白云岩、中生代花岗岩和火山熔岩类等，山体形态多成尖顶状，形成尖顶状中低山。如大青山、劈山沟、白狼山，其山山体陡峻、林木苍葱、风景秀丽。

侵蚀隆褶低山海拔高度500～800m，坡度15°左右。地形起伏度受岩性影响较大，岩性为中生代侵入岩和火山岩系者地表切割强烈，常形成尖顶状低山，地貌因地形切割强烈，常山势宏伟尖峭，如北票大黑山、北镇医巫闾山、阜新海棠山等；标高在500m左右，地表坡度小于15°，岩性为火山碎屑岩和沉积岩系者，常形成圆顶状低山，如锦州北普陀山，见图3-278。

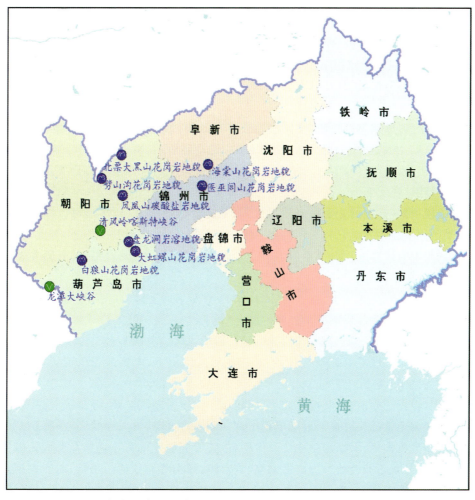

图3-278　辽西努鲁儿虎山、医巫闾山中低山、低山、丘陵区岩土体地貌分布区示意图

第四节　地质遗迹形成及演化

辽宁省地质遗迹资源类型十分丰富，从距今 38 亿年的古太古代岩体到新生代第四纪的火山机构，均有发育。地质遗迹的成因主要受地质构造演化控制，经后期地貌塑造作用，形成今天所见的地质遗迹资源。根据辽宁省重要地质遗迹分布规律、成因和地质时代背景，结合区域地质演化资料，可划分为 6 个重要地质遗迹形成与演化期。

一、太古宙地质遗迹的形成与演化

辽宁省太古宙地质遗迹资源以岩石剖面、重要矿产遗迹为代表，以具有极高的科研价值为特点，主要分布在辽东地区，其中以鞍山太古宙岩体享誉国内外地质界，为世界级的地质遗迹。其次还有分布在大连金州地区的太古宙糜棱岩岩体和鞍本地区的"鞍山式"铁矿产地，均为国家级的地质遗迹。

鞍山地区的太古宙岩体代表了本区漫长连续的地质演化历史，它包括从 38 亿年前到 25 亿年前各个阶段的古老岩石，其中涉及到的具体年代有 38 亿年前、37 亿年前、36 亿年前、34.5 亿年前、33 亿年前、31 亿年前、30 亿年前、27 亿年前、25 亿年前等，非常系统。据伍家善、耿元生（1998）等研究结果表明其演化模式如下。

36 亿年前，在地幔热对流作用下，原始的超镁铁质-镁铁质地壳底部发生部分熔融作用，生成硅铝质岩浆，并沿破裂面上侵，形成的白家坟花岗杂岩为我国最古老的岩体，与此同时也有镁铁质火山岩岩浆的喷溢，形成一些小型的火山堆积体。

36 亿～34 亿年前，原始超镁铁质-镁铁质地壳不断开裂，形成陈台沟最原始的火山沉积盆地，相伴基性火山岩岩浆喷发，堆积基性—超基性火山岩，火山活动间歇期，沉积长英质碎屑岩。

34 亿～30 亿年前，由于较薄的原始地壳不能承受上覆较厚的火山堆积物而下沉，产生垂向俯冲，火山沉积物发生褶皱、变质变形。俯冲至上地幔的部分岩片，由于密度较小，不能继续下沉而上浮到地壳底部与上地幔顶部，并被部分熔融岩浆上侵，形成陈台沟花岗岩；地幔热对流伴随的地幔上涌作用，由于其顶受已固结的原始地壳和部分俯冲岩片层的阻挡，岩浆上涌暂时停止，如此作用持续下去，形成以岩浆垫托为主的岩浆库。岩浆库内既有上地幔源区的部分熔融岩浆，又有俯冲岩片被熔融的再生岩浆，二者发生混熔，形成丰富的 TTG 岩浆。

其后由于地幔热对流持续发生，新生的 TTG 岩浆密度小而上浮，同时在岩浆库两侧的垂向俯冲产生的侧向挤压作用下，TTG 岩浆不断上侵，就位于地壳中上部。中太古代末，发生的前鞍山运动，导致中太古代花岗岩和表壳岩隆起至地表，并历经长期的风化、剥蚀。

经前鞍山运动后，于 28 亿～27 亿年间，在地幔热对流作用下，原始地壳再现裂解，形成新太古代初始洋盆。北部为建平-龙岗微古陆块、中部为绥中-鞍本微古陆块、南部为城子坦微古陆块。在 27 亿～26 亿年间，洋壳开始消减；26 亿～25 亿年间，陆-弧逐渐碰撞汇聚，历经新太古代末（25 亿年左右）鞍山运动，上述 3 个微陆块碰撞汇聚形成辽宁最古老的古大陆。

此后历经区域变质作用、多期次韧性变形作用，最终形成稳定的克拉通结晶基底。鞍山太古宙古陆核在此期间形成，分布于如今的鞍山市白家坟、陈台沟、深沟寺和铁架山一带，岩石类型为奥长花岗岩、石英闪长岩、陈台沟表壳岩、铁架山变质深成岩及其变质表壳岩（殷小燕，2000），是全球范围内始太古代—新太古代岩石出露最全的地区之一，但却是相对最易开展科学考察的地区，是世界级的地质遗迹，其变质时代不详。伍家善、耿元生等（1998）认为，中太古代有一期变质作用，变质作用类型为中温区域变质作用,变质程度为角闪岩相。

大连地区的太古宙糜棱岩岩体是在推覆剪切力的作用下形成的,是大连地区最古老的岩石和地层。该区变质岩为新太古代石英闪长质片麻岩和二长花岗质片麻岩。经动力变质作用形成,变质作用类型为中高温区域变质作用,变质程度为低压角闪岩相。燕山期叠加有动力变质作用,部分形成糜棱岩系,构成北东东向韧性剪切带。在漫长的地壳演化过程中,受地壳运动的影响,经历多期次的构造运动,发生复杂的变质变形,形成紧密褶皱、同斜褶皱、鞘褶皱、拉伸线理、云母鱼、旋转残斑等一系列典型的地质构造景观。

新太古代"鞍山式"铁矿属于海相火山沉积变质型铁矿床。铁矿赋存于太古宇鞍山岩群下混合岩层中。含矿岩系为黑云角闪斜长片麻岩、黑云角闪变粒岩、斜长角闪岩夹磁铁石英岩和绢云石英片岩、千枚岩夹磁铁石英岩组合。矿床类型有变质基性火山岩型铁矿(以茨沟岩组铁矿为代表)和沉积变质型铁矿(以樱桃园岩组为代表)。以西鞍山铁矿为代表,成矿模式(据辽宁省地质调查院,2012)如下。

沉积阶段:中太古代,古陆壳拉张形成海盆,海底基性-超基性火山喷发,西鞍山铁矿地理位置距火山口较远。在西鞍山古老克拉通结晶基底,首先沉积了陆源黏土质和砂质物质,随后继出现硅-铁物质韵律胶体沉积,凝灰质火山沉积,最后以中酸性英安岩、基性玄武岩灰及黏土质沉积物而结束。

区域变质成矿阶段:广泛的区域变质作用使沉积阶段形成的大面积沉积岩发生变质作用,形成太古宇鞍山岩群樱桃园岩组变质地层。区域变质作用使鞍山岩群樱桃园岩组矿源层中的铁矿变质重就位富集成矿,同时也发生了相应的变质变形。区域变质作用发展到一定阶段,发生了以形成二长花岗片麻岩为主的深层侵入体的侵入,新太古代二长花岗片麻岩呈岩基产出,为铁矿的再次富集提供了热源。

后期改造阶段:在鞍山岩群樱桃园岩组地层上部接受了辽河群(矿区外围出露地层)、青白口系钓鱼台组、南芬组、桥头组地层的沉积。同时后期的辽河期、青白口期区域变质作用又一次变质变形,使铁矿再次富集。此外,后期断裂构造的发育改变了矿体的产状及连续性,对矿体起到破坏作用。

二、古元古代地质遗迹的形成与演化

辽宁省古元古代变质岩系以辽东地区辽河群为主体,次之为辽西地区魏家沟岩组、迟家杖子岩组,它们是吕梁期构造运动的产物。该时期是辽吉古裂谷形成与发展的主要阶段,伴随着重要成矿作用,在辽东地区辽河群产出的矿床及其分布规律既具有全球可比性,又具有地区上的特殊性,是开展成矿学研究和矿业学科普的理想选区,形成了一大批矿业类地质遗迹。

辽河群包括浪子山岩组、里尔峪岩组、高家峪岩组、大石桥岩组、盖县岩组等,主要分布于营口—宽甸一带,为独具特色的古元古代变质岩系,赋存丰富的矿产资源。变质岩系的原岩多为泥质岩、碳酸盐岩、中酸性火山岩和泥砂质岩石,遭受中浅变质作用,产生相当丰富而又十分典型的变质矿物及矿物组合,其中以菱镁矿、滑石矿、硼矿、玉矿最为重要,在全国占有重要地位。

著名的海城-大石桥菱镁矿形成于大石桥期。大石桥期早前阶段气候适宜,氧气充足,藻类空前繁盛,沉积了钙质碳酸盐岩、富铝黏土岩、碎屑岩夹基性侵喷岩床建造;后期气候相对干热,地壳隆升,发生海退,在草河口复向斜南部残留的大石桥期海湾和北部海盆内沉积镁质碳酸盐岩夹碎屑岩含滑石、菱镁矿建造。由于区域变质作用的改造,镁质碳酸盐岩发生重结晶,形成菱镁矿、白云石大理岩;形变作用使岩层产生褶皱,并在褶皱的转折部位造成矿层加厚,矿石变富;此后由于南北向的强应力作用,发生区域性的热动力变质作用,形成扇形构造,使处于直立带部位的菱镁矿层中的菱镁矿再次重结晶,形成粗晶、巨晶、菊花状构造;由于矿层中发育破片理,因此菱镁矿沿破片理的两侧生长(重结晶),形成梳状构造。上述各种地质作用造成菱镁矿矿层直立、加厚,以致最终形成厚层巨晶优质菱镁矿矿床。

滑石矿床的形成主要受富镁碳酸盐岩地层、构造、含 SiO_2 热液及成矿时温度与压力等条件的控制。本区滑石产出的部位、形成的期次不同,最早的滑石是区域变质作用过程中形成的,无外来成分的加入与带出。滑石矿床主要受扇形构造控制,分布在扇形构造的直立带中,形成滑石的部位都是强应力的构造部位。滑石矿一般都发育在菱镁矿矿层与白云石大理岩类夹层之间。从区域上来看,所有滑石矿床都与菱镁矿矿床相间出现,所以此种滑石是在区域热动力变质作用中,由于受到强应力作用,同时含有大量 SiO_2 的热液而使菱镁矿与白云石大理岩同时被交代生成滑石矿。

赋存于辽东地区古元古代地质体中的硼矿,探明储量和年产量均居全国首位,是我国著名的硼矿床集中区,代表性的硼矿有营口后仙峪硼矿(伴生营口玉矿)和杨木杆子硼矿,均形成于里尔峪期。里尔峪期沉积了火山碎屑岩、碳酸盐岩、钙硅酸盐岩组成的复理石含硼建造,同期的与基性—超基性火山活动相关的火山沉积变质及条痕状花岗杂岩侵入热液交代作用富集形成硼矿。硼矿中常有蛇纹石玉矿伴生。

玉石矿主要产于大石桥岩组三段含硅的白云石大理岩中,沿着一定的层位分布,其上、下层都含有较多的条带状透闪石白云质大理岩。矿体呈不规则透镜状产于蛇纹石化带中,受层间破碎带控制。蛇纹石质玉石即为今天通称的岫玉。区内岫玉的形成,是含硅的白云石大理岩在区域变质作用中,形成镁橄榄岩,后又经蚀变成蛇纹石形成岫玉。

三、中—新元古代地质遗迹的形成与演化

中元古代长城纪—青白口纪为早期沉积盖层形成发展阶段,是辽宁省锰矿和铅锌矿的重要成矿时期。形成的地质遗迹资源主要分布在辽东地区,也有一些零散分布的具有典型代表性的矿业类地质遗迹。如早期,在地幔软流圈反向对流条件下开始近南北向伸展的拉张运动,辽西早前寒武纪克拉通基底发生裂解,形成近北东东向裂陷盆地。于辽西地区形成了沉积型锰矿——瓦房子锰矿;于辽北地区形成与沉积作用关联的层控型矿床——铁岭关门山铅锌矿。

长城纪为晋宁旋回早期发展阶段,地质年龄时限为18亿~16亿年(中国地层表,2013,下同)。辽东地区在古元古代末,辽吉裂谷褶皱隆升造山后,依然尚存残余海盆,接受榆树砬子期单陆屑建造沉积,不整合覆于盖县岩组之上。经区域低温热动力变质作用,形成榆树砬子岩组石英岩、片岩和板岩。大连庄河仙人洞地区的榆树砬子岩组石英岩,经长期风蚀及水流冲蚀作用,形成了一叶石、中流砥柱岩柱、明月剑岩柱、金雕石、仙人洞等地貌景观,即广为人知的冰峪沟风景旅游区,是辽宁地区最壮观的山水合一的地貌景观,被誉为北方的小桂林,现已经建成国家级地质公园。

蓟县纪—待建纪为晋宁旋回中期发展阶段,地质年龄时限为16亿~10亿年。蓟县纪沉积的雾迷山组地层在辽西地区分布较为广泛,雾迷山组白云质灰岩经后期地壳隆起、构造运动及溶蚀作用,在辽西地区形成许多著名的岩溶峡谷地貌景观,其中以建昌的龙潭大峡谷和朝阳的清风岭最有代表性,其融合了辽西地区独特的自然气候,是辽西地区著名的大型岩溶峡谷地貌景观。龙潭大峡谷现为国家级地质公园,清风岭为著名旅游风景区和影视基地。

青白口纪为晋宁旋回晚期发展阶段,时限为10亿~7.8亿年。辽东地区在青白口纪早期,结束辽东榆树砬子期长期隆升状态,地壳大幅度下降,在早期古陆内部出现多个坳陷区,形成桓仁牛毛大山、瓦房店永宁-庄河步云山、旅顺老铁山山间盆地,接受永宁期河流相巨厚的类磨拉石建造沉积。此时,桓仁牛毛大山盆地及瓦房店永宁-庄河步云山盆地为河流-冲积扇沉积,旅顺老铁山山间盆地为滨海三角洲沉积。钓鱼台-南芬期大规模海侵,海侵方向由西向东,海域由辽西地区经下辽河扩展到辽南大连地区和辽东太子河地区。

青白口纪南芬期末的太子河上升运动,导致辽宁省此时陆壳处于抬升状态,接受长期风化剥蚀。

南华纪为扬子旋回早期发展演化阶段,时限为7.8亿~6.35亿年。南华纪在辽宁省出露的地层主要有辽北铁岭的殷屯组和辽东地区的桥头组、康家组。

殷屯组标准剖面目前出露在铁岭殷屯地区,是研究辽宁地区新元古代冰期和我国北方南华系的

重点地区,为一套具有极高科研价值和地层划分对比意义的地层。在南华纪时期,辽宁地壳继承青白口纪末期构造格局。辽西地区处于隆升风化剥蚀期,缺失各类建造记录。辽北地区仅限于铁岭殷屯(大甸子)盆地接受殷屯期红色砂砾岩沉积。殷屯期沉积属次稳定型杂色复陆屑式建造,为冰期干旱-间冰期温湿气候条件下冲积扇相-河流相-障壁海岸相形成的产物。据王长清等(1986)研究,殷屯组砂砾岩中发现冰碛砾岩。岩石呈紫色、灰绿色、深灰色,砾石磨圆度相差较大,以次棱角状为主,次为浑圆-滚圆状。砾石大小混杂,砾径2～200mm,个别达300mm,含量变化大(20%～70%)。砾石成分主要为白云岩质,次为砂岩、燧石岩、脉岩质等。杂基为石英和白云岩碎屑及少量泥质、铁质胶结,胶结类型为接触式和杂基支撑,不显层理,呈块状构造,局部具有不连续的粉砂质泥质纹层。冰碛砾石呈拖鞋形、马鞍形、熨斗形等。灰岩质砾石常见压弯和压裂现象,在压弯部位尚有压裂错位现象。压坑和镶入现象主要出现于大理岩、白云岩和燧石岩质砾石上。钉子擦痕主要发育于白云岩和灰岩质砾石上。拖鞋形砾石扁平面上见有灰褐色铁质、泥质薄膜。

桥头组、康家组标准剖面均出露在本溪桥头地区,归属本溪国家地质公园,为具有重要地质科普和研究价值的基础地质类地质遗迹。桥头期海侵方向和海域面积与钓鱼台期、南芬期相同。太子河盆地在桓仁一带为滨海滩坝环境接受单陆屑建造沉积;在本溪桥头一带为无障壁海岸潮坪环境接受巨厚的石英砂、粉砂、泥质沉积;康家期太子河海盆大面积萎缩,沉积中心仅限于太子河海盆西部康家一带,于开阔陆棚相潮坪环境,接受陆源碎屑岩沉积。康家期末,晋宁运动二幕,地壳隆升成陆,处于长期隆升风化剥蚀期。康家组标准剖面也位于本溪桥头地区,整合于桥头组之上。

此外,大连地区也有桥头组地层分布。该区桥头组地层在印支运动时期伴随大黑山大型水平韧性滑脱构造而形成著名的石香肠构造——以棒棰岛石香肠构造闻名地质界。大连旅顺至金州地区的桥头组地层下部为灰白色、灰黄色薄—中厚层石英岩与千枚状板岩、板岩互层;中部为灰色厚层、中厚层石英岩;上部为灰白色厚层、中厚层石英板岩。这种板岩和石英岩互层岩石,为石香肠构造的形成提供了基本条件。岩层受到垂直层面的挤压后,较软的板岩会被压扁并顺着层面向两侧作塑性流动,虽然形状发生改变,但并没有断裂。夹在其中较硬的石英岩不容易塑性变形而被拉断。板岩变形过程中分泌出的物质填充到石英岩断裂形成的缝隙中,或由板岩流入呈褶皱楔入。裂开的石英岩块并列排列,看上去就像一串香肠,香肠断面呈矩形、菱形、藕结形等,既具有美学观赏价值,又具有极高的地学科研、科普价值。

震旦纪为扬子旋回晚期发展演化阶段,时限为6.35亿～5.41亿年,是辽宁省地质资源形成的重要时期。震旦纪是极具中国意义的地质年代名称,是在中国命名并向国际推荐的一个地质年代单位。大连地区的震旦纪按地层时代,依次为长岭子期、南关岭期、甘井子期、营城子期、十三里台期、马家屯期、崔家屯期和兴民村期,形成演化过程如下。

长岭子期伊始,辽东太子河海盆消亡,沉积中心向南迁移到大连海盆。大连海盆为浅海陆棚或陆棚边缘盆地环境接受长岭期沉积。沉积特点以加积为主,沉积物以粉砂、泥质为主,局部为碳酸盐岩、石英砂;南关岭期气候适宜,藻类繁盛,藻礁发育,于潮坪环境接受钙质碳酸盐岩沉积,形成碳酸盐岩台地,为石灰石矿主要层位;甘井子期气候较热,地壳抬升,海平面下降,于局限台地潟湖相接受镁质碳酸盐岩沉积;营城子期气候适宜,藻类繁盛,藻礁发育,于潮坪环境接受钙质碳酸盐岩沉积,形成碳酸盐岩,为石灰石矿主要层位;十三里台期气候炎热,藻类繁盛,于台地边缘形成生物礁,沉积物为富含藻类的红色灰岩建造;马家屯期—崔家屯期为浅海陆棚及陆棚边缘盆地沉积环境,以加积为主,沉积灰岩-页岩建造;兴民村期早期于滨岸碎屑浅滩环境接受砂质碎屑沉积,中期于陆棚边缘盆地接受泥质夹灰泥质沉积,晚期潮坪环境沉积灰岩夹页岩沉积建造。

震旦纪兴民村期末,受金州上升运动影响,辽宁地区地壳整体抬升成陆,经历长期风化剥蚀,形成广泛的区域夷平面。该时期以多变的沉积环境为主的地质演化史在大连地区得到了极为完好的体现和保留,使大连地区成为全世界范围内研究震旦系的典型地区。

另外,震旦纪地层也含有丰富的化石和矿产资源,如营城子组为辽宁省石灰石矿主要产出层位,位于大连甘井子地区的石灰石矿为辽宁省内最大的石灰石矿产地;十三里台组产叠层石(一种藻类化石)化石遗迹;兴民村组中页岩产丰富的"类水母"化石,至今仍随处可见。

四、古生代地质遗迹的形成与演化

辽宁古生代地质遗迹以大连寒武纪的沉积构造剖面、化石遗迹及瓦房店金刚石矿和本溪地区的石炭纪地层最为出名,它们很好地记录了当时地质时期的地质构造演化、古地理变迁及生物演化史。

寒武纪为加里东旋回早期演化阶段。冈瓦纳大陆开始裂解,全球生物大爆发。伴随古亚洲洋形成与演化,华北古陆块也相应开始坳陷,形成陆表海盆地。纽芬兰世(5.41亿~5.21亿年)起,辽宁古地理格局大部分属早前寒武纪古陆,仅于辽宁南部大连金州地区为局部坳陷,接受葛屯期—大林子期沉积。大林子期盐沼沉积形成于障壁海岸相萨布哈环境,气候条件属强干旱气候带,沉积红色碎屑蒸发岩-膏盐建造,晚期于潮坪和潟湖环境沉积钙质碳酸盐岩建造。因此,岩层间夹有膏盐层及钙结壳等,因而形成较发育的软沉积构造,由于海蚀作用形成陡峭的彩色岩壁。这些地质现象被完好地记录在大连金石滩的海岸岩壁上,是具有科学研究价值和极高观赏价值的宝贵地质遗迹资源,成为今天大连地区最著名的地质旅游景观。

寒武纪大林子期强干旱气候结束后,碱厂期发生广泛的海侵,古地理面貌发生了根本性的改观。此时,绥中剥蚀区、岫岩剥蚀区已沦为海底隆起,同时出现本溪-桓仁海底凹陷。沉积中心位于本溪—桓仁一带,沉积厚度可达119m。碱厂期气候温暖潮湿,以三叶虫化石出现为特征,伴有腹足类、瓣腮类、棘皮类(始海百合)等化石,是寒武纪生物演化大爆发的开始。

寒武纪生物种属与中—新元古代相比,发生了质的变化,三叶虫空前繁盛,迅速演化,在大连金州一带发现有大量形态完好的三叶虫化石。同时,腕足动物、牙形石也大量出现,寒武纪晚期(崮山期)笔石占据重要地位,也是华北大陆笔石的发源地,其化石遗迹在大连北部海岸被发现,使大连地区成为辽宁省寒武纪化石类地质遗迹最为丰富的地区。

奥陶纪属加里东旋回中期演化阶段。此时华北陆块区为陆表海盆地,辽西海盆、大连海盆、太子河海盆连为一体,它们在古地理特点上基本同寒武纪晚期,沉积物为内源碳酸盐岩建造。其中,早奥陶世海平面微有变化、气候温暖湿润,生物大量繁衍,以头足类、牙形石为主,其次为笔石、腕石、腹足等。有时出现水下高能环境,形成砾屑灰岩夹层;中奥陶世地壳活动趋于稳定,水体加深,沉积厚度较大、质地较纯的碳酸盐岩建造。

此时大连海盆为局限台地环境,沉积厚度由北东向南西递增,沉积中心位于复州—金州,中奥陶世沉积厚度达700m。马家沟期末,受西伯利亚板块与华北板块碰撞作用远程效应,辽宁省内华北陆块抬升造陆,长期风化剥蚀,形成区域夷平面。此时,陆块区岩浆活动微弱,仅在瓦房店地区有超基性岩浆沿隐伏的基底深大断裂上涌,在封闭的高压条件下隐爆,形成富含金刚石的金伯利岩隐爆岩管,形成我国最著名的金刚石矿——大连市瓦房店市金刚石矿。

志留纪属加里东旋回晚期演化阶段。南部陆块区自中奥陶世末隆升后,志留纪仍处于隆升过程,继续接受长期风化剥蚀。北部华北北缘古生代坳陷带残余海盆仅限于建平以北地区,接受泥质岩-碳酸盐岩建造沉积。在毗邻赤峰地区发育中性火山岩建造、珊瑚礁碳酸盐岩建造及复理石建造。

志留纪末加里东运动导致黑水-开原断裂强烈活动,伴随西伯利亚板块向华北板块俯冲造山远程效应,南部华北陆块处于隆升状态,未接受沉积。北部古生代坳陷带奥陶系、志留系发生绿片岩相变质作用,多期韧性变形褶皱造山,形成东西向山链。

泥盆纪辽宁省内处于隆升状态,无沉积记录。

石炭纪是海西旋回中期演化阶段。该时期柴达木-华北板块在辽宁省内黑水-开原断裂以南(陆块区)和以北(华北北缘古生代坳陷带)具不同的构造演化格局。由于海西期—印支期西伯利亚板块与华北板块的碰撞、拼合,最终形成对接带,其附近发育石炭纪—二叠纪的褶皱变质带。

这段时间,辽宁省内的陆块区在经历长期隆起剥蚀之后,地势趋于准平原化。自晚石炭世本溪期继承早古生代晚期凹陷区域背景复又坳陷接受沉积,在马家沟组之上形成古风化壳及山西式铁矿。此时,气候温暖湿润,植物茂盛,为重要成煤期。海水中蜓、腕足、珊瑚、刺毛虫、苔藓虫、海百合、鱼类大量繁衍。在频繁的地壳升降运动作用下,海平面时升时降,海进海退交替发生,形成本溪期含煤及铝土矿夹灰岩的海陆交互相沉积。在本溪期末短暂上升后,太原期复又坳陷接受沉积。这一时期形成著名石炭系本溪组标准剖面,分布在本溪的牛毛岭地区,该区石炭纪地层发育,上覆、下伏地层界线明显,层序韵律清楚,代表性很强。其不仅描述辽东太子河地区晚石炭世地史时期的地壳运动、地质作用、古地理变迁、生物演化及沉积成矿作用,而且与国内华北—东北地区的同地史时期地层对比性很强,具国内典型性。

其后辽宁省经历早—中二叠世是海西旋回晚期演化阶段、中二叠世末海西运动、晚—中三叠世的印支运动,但没有发现代表性的重要地质遗迹资源。

五、中生代地质遗迹的形成与演化

中生代是辽宁省地质遗迹资源形成的最重要时期,许多具有国内外代表性的地质遗迹资源均在这一时期形成并得到保留,且分布广泛,包括世界级别的辽西燕辽生物群、热河生物群,国家级别的大青山火山机构、义县组剖面、医巫闾山变质核杂岩、阜新生物群等。这些地质遗迹的形成得益于这一时期特定的地质构造演化背景。

晚三叠世—晚白垩世为燕山旋回重要发展演化阶段,地质时限6.55亿～2.35亿年。晚三叠世印支运动主幕后,燕山运动伊始,辽宁省内古地理格局发生了很大的变化,辽宁省多处于隆升状态。同时,受印支主幕羌塘-扬子-华南板块与柴达木-华北板块碰撞拼接造山作用远程效应,此阶段有大规模的岩浆侵入。

早侏罗世,辽西地区早侏罗世盆地范围进一步扩展,此时气候温暖湿润,生长大量银杏、松柏、苏铁、蕨类植物,各大盆地于湖沼相环境接受泥砂质含煤建造沉积,形成具工业意义的煤矿。北票期末,燕山运动第一幕,地壳变形强烈,北东向褶皱、断裂发育,并有中性、酸性俯冲型(同造山)岩浆侵入。

早燕山运动后,进入中侏罗世,为燕辽生物群形成时期。此时气候温暖湿润,动植物繁盛,有苏铁类、真蕨类、新芦木、松柏类、双壳类、腹足类、叶肢介、介形虫等。此时辽西地区地壳活动增强,在持续的北西—北东向挤压应力作用下发生断陷,金岭寺-羊山盆地、汤神庙盆地形成,范围逐渐扩大。髫髻山组大规模中基性、基性陆相火山喷发,在汤神庙盆地有道房沟、大西洼南、榆树底下北东3处北北西向串珠状分布的中心式火山机构,在金岭寺-羊山盆地有黑山科东1处中心式火山机构。火山活动间歇期有河湖相沉积,在金岭寺-羊山盆地的玲珑塔-大西山地区,髫髻山组河湖相沉积夹层中产赫氏近鸟龙、新疆龟、古鳕鱼、褶鳞鱼、蜻蜓和燕辽杉等珍稀动、植物化石,使该区成为世界范围内燕辽生物群的核心产地。

晚侏罗世末燕山运动第二幕,促使中、上侏罗统或前侏罗系发生北东向褶皱和逆冲推覆,辽西地区沿盆地边缘隆起带中—新元古界逆冲推覆下—中侏罗统之上;辽东地区沿太子河坳陷南缘,古生界、新元古界逆冲推覆中侏罗统之上。此外,大规模俯冲型(同造山)中—酸性岩浆侵入,携带钼、铜、铅锌多金属矿液,形成有工业意义的矿产。

早白垩世是著名的热河生物群、阜新生物群和医巫闾山变质核杂岩形成时期。

早白垩世早期,辽西地区再次进入火山活动强烈期和动植物演化繁盛期,大规模火山喷发之后,断陷盆地转为湖泊沼泽,气候转为温湿,适合动、植物生长,植物有苔藓类、石松类、有节类、真蕨类、种子蕨、本内苏铁类、银杏类、茨康类、松柏类、买麻藤类、被子植物类;动物有双壳类、腹足类、叶肢介、昆虫、鱼类、张和兽(热河兽哺乳类动物)、中华龙鸟、孔子鸟、全身长羽毛的奔龙等(王五力等,2004)。由于火山喷发产生有毒气体,导致鸟类集群死亡(张立军等,2003)。

早白垩世晚期,在伊佐奈岐板块向华北陆块持续俯冲作用下,辽宁地区地壳发生二次隆升造陆事件和一次褶皱造山事件,第一次造陆事件发生在张家口期末,义县组平行不整合或微角度不整合于张家口组之上;第二次造陆事件发生在义县期末,九佛堂组平行不整合于义县组之上;褶皱造山发生在早白垩世末,孙家沟组不整合于阜新组之上,称之晚燕山运动(燕山Ⅲ幕)。受其影响,郯庐断裂开始活跃,在郯庐断裂左旋剪切派生的力偶作用下,形成一系列北北东向走滑断裂和褶皱,部分早期断裂复活,盆地抬升闭合。

早白垩世期间,火山喷发作用与沉积作用交替进行,在火山喷发的间歇期,有河湖相沉积,使辽西地区留下许多保存精美完整、数量众多、生态特征栩栩如生的化石资源,是世界各地鸟化石保存状况最好的地区,吸引了世界各地的科学家。热河生物群主要产自义县组和九佛堂组沉积地层中,而冰沟组、阜新组中则产双壳类(额尔古纳蚌、球蚬、热河球蚬)、腹足类(冰沟似瘤田螺、塔假啄螺、中华小里氏螺)、介形类、叶肢介(冰沟延吉叶肢介)、昆虫(三尾拟蜉蝣)、鱼类、爬行类、哺乳类及植物等珍稀化石,是区内阜新生物群的重要含化石层位和产地之一。

早白垩世发生了强烈的构造-热事件,形成了医巫闾山变质核杂岩。变质核杂岩中心为晚燕山期的医巫闾山二长花岗岩岩体。北东向展布于阜新卡拉房子—瓦子峪—葫芦岛一带,对金矿有明显的控矿作用,如排山楼、大板、五家子金矿均与此构造有关(孟宪刚等,2002)。变质核杂岩由席状伸展构造、大型韧性剪切带构成,是辽西地区最为醒目壮观的构造,是燕山期变质核杂岩在东部出露的典型。

晚白垩世,辽宁地区地壳活动处于相对宁静期,火山活动减弱,古地理格局发生较大的变化。辽宁地区大部处于隆升阶段,晚白垩世盆地仅限于阜新盆地东缘、桓仁盆地西缘隆起带边部及下辽河断陷盆地北缘隆起区。该时期气候炎热,生物匮乏,早期于河流相接受磨拉石建造沉积,晚期有微弱的火山喷发,形成中酸性火山岩建造,称之大兴庄旋回。

伴随后燕山运动,郯庐断裂继续活动,同时出现规模相对较小及新生的北西向断裂和褶皱。此时,岩浆活动微弱,仅以三块石为代表的后造山富钾花岗质岩浆侵入。此后,地壳整体处于隆升状态,遭受风化剥蚀,在抚顺地区形成天女山三块石花岗岩地貌,建有辽宁抚顺天女山·三块石省级地质公园。

六、新生代地质遗迹的形成与演化

新生代是中国大陆形成的重要时期,喜马拉雅运动不仅构成了辽宁地区地壳"两隆夹一坳"的构造格局,同时也奠定了现代辽宁地理格架。该时期形成一大批以地貌景观类和化石类为主的地质遗迹资源。按形成时代,可分为古近纪时期和第四纪时期,古近纪时期形成的地质遗迹主要集中在抚顺盆地,包括抚顺昆虫琥珀化石、抚顺群地层和抚顺煤田(后期经人类开挖后形成矿业遗迹);第四纪时期则以广泛分布的地貌景观和古人类遗迹为代表,其中的辽河口湿地和大连地区的海蚀地貌景观闻名国内外,均已建成地质公园,也是著名风景旅游区。此外,丹东的第四纪火山地貌遗迹也极为知名。

抚顺盆地形成于古近纪时期。此时辽宁地区地壳进入喜马拉雅旋回活动期,气候温暖湿润,植物茂盛,昆虫大量繁殖,为辽宁地区重要成煤成油期。古新世伊始,辽东、辽西地区分别隆起,中部下辽河地区地幔上涌强烈,地壳拉张减薄,形成断陷盆地。辽宁省内郯庐断裂带活动强烈,在区域拉张构造应力作用下,二界沟活动断裂带、威远堡-盘山活动断裂带、辽中-大洼活动断裂带相继拉开,导致下辽河盆地形成中央隆起,其东部、西部及大民屯形成3个凹陷。

伴随盆地持续断坳,辽东、辽西地区隆起区剥蚀碎屑物源源不断地汇聚于盆地,于深湖相接受复陆屑含油建造堆积。盆缘边部沈北凹陷区,为湖沼相灰色复陆屑含煤建造沉积,构成具有工业意义的煤矿；伴随辽河盆地断陷，浑河断裂带复活，在拉张作用下，形成抚顺盆地。

抚顺盆地属陆内断陷盆地，在断陷初期形成一个较大的火山-沉积旋回，以发育厚—巨厚层煤系为特征，以滨湖相-湖沼相沉积为主，少量为湖泊三角洲相沉积。其煤层主要分布于古城子组，形成著名的抚顺煤矿，以厚度大、煤质好为特征。其中的抚顺西露天矿始建于1901年，是一个具有百年开采历史、规模宏伟的大型露天矿。自抚顺西露天矿露采至今，坑东西长6.6km，南北宽2.2km，总面积为10.87km^2，为全国闻名的矿业遗迹。

同时，矿坑出露的地层为辽宁省抚顺群标准剖面，自下而上分为老虎台组、栗子沟组、古城子组、计军屯组、西露天组、耿家街组，老虎台组与栗子沟组为平行不整合接触，其余各组为整合接触，总厚度为385～3 979m。古城子组产有抚顺昆虫琥珀化石，是由新生代古近纪柏科树脂经沉积、聚合等一系列活动形成的有机和无机混合物。抚顺琥珀是闻名世界的有机宝石，也是中国唯一的宝石级琥珀和昆虫琥珀。计军屯期—耿家街期，浅湖亚相泥岩中产丰富的植物、孢粉化石，含少量的鱼、鱼鳞、昆虫和爬行类化石。

第四纪地质遗迹主要形成于中更新世至全新世时期。更新世承袭新近纪古地理构造格局，下辽河地区继续整体下降，辽东、辽西地区山地差异性抬升。辽宁省内郯庐断裂带继续活动。

早更新世，全区气候变冷，进入第四纪第一次冰期，为冰川覆盖山岳，山谷堆积杂色冰积泥砾岩，下辽河平原堆积黏土质泥砂。此时，热带-亚热带植物南迁，变为疏林草原或荒漠植被环境。之后，气候开始转暖遂进入间冰期，辽东、辽西山地丘陵区堆积坡积碎屑物，干旱地带形成宁城黄土。辽西地区三门马、鼠类等脊椎动物化石常见，辽河平原区仍为河湖相碎屑物堆积，该期末发生抬升运动。

中更新世，初始阶段复有冰川覆盖山岳地带，木本植物衰亡，草本植物激增，山间沟谷堆积松散碎屑物，辽河平原沉积河湖相碎屑物。之后复又变为温暖，冰川消融，辽西地区河流湖泊发育，辽东地区河流奔腾山间沟谷之中，辽河平原堆积河湖相碎屑物。此时，发生第一次海侵，使中更新世地层中含有大量的有孔虫和介形虫。海侵使黄海大陆架海平面上升，长海诸峰成为岛屿，塑成现今辽东半岛海陆轮廓。海侵高潮阶段，辽河口变为三角洲环境，接受海陆交互相沉积。辽河平原植被发育，成为蒿属及阔叶林为主的森林草原。中、晚阶段有人类活动，栖居于山地丘陵区的灰岩溶洞中，利用旧石器捕获动物，引火取暖，逐渐熟食。此外，该时期由于地幔软流圈物质上涌，局部地壳拉张减薄，形成新的更新世宽甸断陷火山盆地。此期间受北东向宽甸活动断裂控制，在宽甸地区发生火山喷发，形成产状平缓、顶平坡陡的玄武岩台地，其中有黄椅山、青椅山等数十座锥状火山口构造，四周有火山弹堆积，为辽宁省著名的第四纪火山地质遗迹，现为丹东地区著名的风景旅游区。

中更新世末，地壳又经历一次抬升。

晚更新世初，山区再次出现冰川，这次冰期规模较小，多发生在雪线以上，强烈的冰蚀作用形成冰川地貌——U型谷，并有冰碛物沉积。丁村动物群常见野马、野驴、披毛犀和猛犸象化石。在营口市金牛山、瓦房店市古龙山、凌源市鸽子洞、本溪湖等均有古人类遗迹被发现。山间沟谷、河谷平原沉积河流相及河湖相碎屑物，构造砂砾层。在下辽河平原发生第二次海侵，沉积物为三角洲相砂泥，其间见有海相介形虫、有孔虫化石。晚更新世晚期，气候干燥，风沙大，在辽西、辽北地区形成较厚的风成黄土。

全新世，进入冰期后，气候环境与现代相近似。在辽西地区沙锅屯洞穴堆积中发现"沙锅屯人"及大量新石器。以辽河、大凌河、浑河、太子河、碧流河为代表的较大河流多次改道形成冲积平原，堆积较厚的松散沉积物。下辽河平原发生第三次海侵，海侵和河流淤积作用共同形成河口三角洲平原。其中辽河口三角洲平原是由大凌河、双台子河及大、小凌河等诸河流共同冲积而成的。由沼泽湿地、沙地、潮滩以及水下三角洲、拦门浅滩、海底潮沟组成的水底沙滩，是我国著名的七大河口三角洲平原之一，地面标高2～5m，坡度小于1°。地势低平，河渠密布，多牛轭湖及沼泽化湿地，如今天著名的辽河口湿地（盘锦红海滩），岩性为淤泥及淤泥质砂质黏土。

全新世为辽宁省海岸线变化发展时期,各地海岸线性质及类型复杂多变。受浪蚀地质作用和潮汐作用,海岸受到强大的冲刷或物流的堆积从而形成复杂的海岸地貌景观。沿海局部地段上升,接受剥蚀形成海蚀地貌,海蚀地貌以大连黄海海岸最为发育,如金石滩、海王九岛的海蚀地貌景观极为秀美,是国家级的地质遗迹资源,现为著名的旅游景区;沿海局部下降地段,接受沉积,则形成海积地貌,其中以营口白沙湾—鲅鱼圈一带和绥中东戴河的海积地貌最为典型。而位于营口熊岳城的望儿山,为典型的海蚀残山,距海岸线约5km,地面标高20~100m,呈孤岛状分布于全新世早期冲积平原中,岩性为中生代火山岩类。残丘上有海蚀微地貌遗迹,如海蚀柱、海蚀天生桥、海蚀穴等,是见证海岸变迁的地质遗迹景观,也是国家级文化遗迹和旅游景区。

第五节　地质遗迹3个亮点

辽宁省位于柴达木-华北板块东部,是中国迄今为止发现的最古老的地质体出露区之一,南华纪—中三叠世时期,辽宁省南部绝大部分属柴达木-华北板块东段的华北陆块,自晚三叠世以来属东亚活动大陆边缘陆缘活动带的一部分。辽宁省地势位于我国东部第三阶梯的东侧边缘,南部为黄海、渤海。自太古宙至新生代皆有火山活动,造就了辽宁省丰富多彩的地质遗迹景观。但最著名的要数辽西古生物化石、鞍山地区古太古代古陆核遗迹及大连地区寒武系、震旦系海岸地貌。

一、辽西古生物化石

化石是古生物在地层中保留下来的遗体或遗迹,是研究地壳的演化史以及生物进化的重要历史证据,是最精美、最生动的语言。辽宁省是我国古生物化石记录最早的省份,最早的化石记录发现于鞍山地区鞍山群的太古宙单细胞蓝细菌(也称蓝藻)和细菌化石,距今约30亿年。辽宁省也是我国古生物化石最丰富的省份,化石总量居我国首位,迄今已发现的化石近30个门类,1万多个物种,主要包括菌藻类;水母、三叶虫、笔石、古杯、珊瑚、海棉、苔藓虫、腕足类、头足类、蜓类、牙形刺、海百合、腹足类等海生生物;两栖类、爬行类、恐龙、鸟类、哺乳动物、鱼类、双壳类、叶肢介、介形类、虾类、昆虫、蜘蛛等;植物及孢子花粉等化石。辽宁中生代重要生物群有10个,其中最著名的为辽西地区的燕辽生物群、热河生物群、阜新生物群。

辽西地区在地质历史上沉积大量的古生物化石。在中生代晚侏罗世—早白垩世时期,正是地球生命进化史上最关键的时期之一。这里由于受太平洋板块的影响,产生一系列北东—北北东向盆岭相间的构造格架,形成构造盆地,孕育早侏罗世地层古生物,富含大量的鸟类、爬行类、鱼类等动物化石,以及银杏类、松柏类、真蕨类等植物化石。这些古生物化石,对于研究鸟类的起源、被子植物的起源等有非常现实的意义。辽西地区化石具有稀有性、典型性、独特性、完整性,是古生物及地学研究的教科书,是世界级的古生物宝库,几乎囊括中生代向新生代过渡的所有生物门类。

辽西古生物化石有5个特点:年代最早,鸟化石最多,属种最多,密度最大,含鸟化石层位最多。辽西古生物化石有最早的鸟类化石群(孔子鸟、娇小辽西鸟、朝阳鸟),打破了始祖鸟"一统天下"的局面;有世界上保存最好的早期哺乳动物骨架(张和兽);保存最完整的早期蛙类(三燕丽蟾);世界上第一批长有羽毛的恐龙:中华龙鸟、北票龙、原始祖鸟和尾羽鸟;有地球上第一朵"花"(被子植物的辽宁古果),因此辽西被誉为"地球上第一朵花绽开的地方"和"第一只鸟飞起的地方"。辽宁古果的发现,改写了被子植物起源史,中华龙鸟的发现改写了鸟类起源于德国始祖鸟的学说。鸟类、带羽毛恐龙和被子植物化石的发现,被称为20世纪最惊人的古生物发现。

1. 古生物化石的发现

1973年，朝阳县胜利公社农民阎志有打井时，发现一块紫红色的骨状石头，经中国科学院古脊椎动物与古人类研究所确认，标本属于新种鹦鹉嘴恐龙。这是辽西地区发现的第一件恐龙化石。1987年，阎志有又发现了辽西的第一件鸟类化石，经过饶成刚教授和美国古生物学家鲍尔·赛雷诺研究，命名为三塔中国鸟，生活在早白垩世，特征与始祖鸟相似，还具有恐龙的特征，很可能是由恐龙向现代鸟类进化过程中的过渡类型。

1990年9月，中国科学院古脊椎动物与古人类研究所的专家周忠和，在朝阳县波罗赤乡意外地发现了30多件鸟类化石，把这些新鸟类分别命名为燕都华夏鸟、始华夏鸟、郑氏波罗赤鸟、北山朝阳鸟和凌河松岭鸟。

1993年，中国科学院古脊椎动物与古人类研究所专家侯连海、周忠和、胡耀明等，在北票市上园镇一带又发现了1种新鸟类，认为这是除始祖鸟外世界上发现的最早也是最原始的鸟类，命名为孔子鸟。孔子鸟又分为圣贤孔子鸟、川州孔子鸟、孙氏孔子鸟和杜氏孔子鸟4个种。生活在早白垩世，和华夏鸟类群相比，离始祖鸟又近了一些，它与始祖鸟相比，已经有了角质喙。它是目前解剖特征上最接近始祖鸟的化石鸟类，能攀援树木，具有飞行能力，也是目前发现的最早具有角质喙的鸟类。辽宁鸟化石的发现代表了迄今时代最早的现代鸟类，飞行能力良好。始反鸟化石的发现代表了已知最原始的反鸟。娇小辽西鸟化石的发现是已知最小的中生代鸟类。这些化石的发现改写了鸟类的进化史，填补了鸟类演化的空白，它打破了100多年来始祖鸟在鸟类起源研究领域"一统天下"的格局。中国的鸟化石材料是认识早期鸟类的基础，是鸟类起源和早期进化历史研究的灯塔。1998年和1999年，美国的《发现》杂志把孔子鸟的发现评为该年度全球100件重大科技新闻之一。

1993年锦州市化石收藏者张和在北票市上园镇四合屯附近的尖山沟发现了哺乳动物化石五尖张和兽，地质时代属于早白垩世，距今1.25亿年。它不仅是探讨早期哺乳动物演化难得的材料，也为探讨现生哺乳动物类群的系统演化关系提供了可靠的证据。

1996年9月，时任中国地质博物馆馆长的季强博士在北票市四合屯发现了中华龙鸟。中华龙鸟不具有真正的羽毛，具有绒羽状结构，且骨骼特征与始祖鸟很接近，是形态特征上最接近于鸟类的兽脚类恐龙，为鸟类起源于小型兽脚类恐龙的学说提供了直接证据。

1997—1998年，先后发现2只长羽毛的恐龙——原始祖鸟和尾羽鸟。这些化石的出现以确凿的证据将赫胥黎提出的"假说"变为学说，基本解决了国际上140余年来未能解决的鸟类起源问题。

1996年，孙革在北票市四合屯发现了辽宁古果化石，它被认为是迄今最早的被子植物，把被子植物起源时间提前了近2 000多万年，大大推动了被子植物的起源与早期演化的研究工作。2002年在凌源市大王杖子乡发现中华古果，孙革等认为这是一种水生被子植物。

2000年，中国科学院古脊椎动物与古人类研究所在波罗赤镇、尖山沟和四合屯的化石发掘后，又在上河首村发现了朝阳长翼鸟和马氏燕鸟。2001年下半年，在大平房镇发现原始热河鸟，鸟的体内保存了许多植物种子化石，这表明鸟类的食种子行为在鸟类演化很早的阶段已经开始出现。同时，这一化石还为研究动植物的相互关系和协同演化提供了很好的材料。

辽西地区的鸟类化石，无论在种类方面还是数量方面或者保存之精美方面，在全世界都是无与伦比的。这些化石的发现与研究，为认识早期鸟类的辐射演化和古生态提供了独特的窗口。这些同期不同类的鸟，在大小、运动和生活方式等方面的差异表明，到了早白垩世鸟类已经出现快速的生态分化现象，并形成多个支系向前演化发展。代表原始、保守的一类，如孔子鸟、热河鸟、华夏鸟、中国鸟等，处在鸟类进化的旁系上，到白垩纪末或之前绝灭了。而代表进步一类的鸟，如辽宁鸟、朝阳鸟和松岭鸟等，它们有可能演化成现今鸟类。

2002年4月，季强等人在辽宁省北票市四合屯大板沟发现了一具保存极为完整的初鸟类化石——

东方吉祥鸟化石,很可能是目前世界上最古老、最原始、真正具有角质喙和飞行能力的原始鸟类。

这些发现与研究震惊全世界,在世界刮起阵阵中国风,把全世界古生物学家的目光从德国的索伦霍芬引向中国的辽西地区,辽西地区一跃成为国际古生物研究的前沿阵地。

2. 古生物化石形成的地质构造背景

在中生代,辽西地区是中国东部大陆边缘活动带的组成部分,属于太平洋构造域,由于受西伯利亚板块的向南运动和太平洋板块的北西向俯冲,辽西地区受到北西-南东向挤压作用而逐渐变成以北东向、北北东向构造为主(任纪舜,1999;张长厚等,2002;王根厚,2001),产生一系列近东西向、北东向、北北东向的盆、岭相间的构造盆地,这些盆地大小不同、先后不同。盆地沉积中心由早而晚自东南向西北迁移。

受印支运动最后一幕的影响,产生近东西向或北东东方向的构造盆地,孕育早侏罗世的古生物,如北票盆地,在北票组中成生优质煤层群和大量的古植物化石,如蕨类、苏铁、本内苏铁类、银杏类、少量的松柏类以及动物化石中的双壳类等。在早侏罗世末,受燕山运动第一幕的影响,产生一系列近北东向的构造盆地,如金岭寺-羊山盆地、汤神庙盆地、牛营子-郭家店盆地、凌源盆地、紫都台盆地等。这5个盆地在早期时,成生了海房沟组和髫髻山组,赋存大量的古植物化石和动物化石,如松柏类、银杏类、苏铁、本内苏铁类以及少量的蕨类等,在动物中已经发现鱼类以及大量的昆虫类、双壳类和叶肢介类等。后期盆地逐渐转为回返,成生了沙漠风成相和河流相的土城子组,气候转入严重干旱,生物几乎遭受了灭顶之灾。在局部绿洲中仅存少量的动、植物化石,如恐龙类及其足印、叶肢介类和植物中的松柏类以及孢粉等。

在中侏罗世末和晚侏罗世初,由于受燕山运动第二幕的影响,又成生一系列北北东向的构造盆地,如八道壕-彰武盆地、务欢池盆地、铁营子盆地、平庄盆地、朝阳盆地、梅勒营子-老爷庙盆地、波罗赤-喀左盆地、建昌盆地、四官营子-三家子盆地、大甸子盆地10个盆地。形成魏家岭组、义县组、九佛堂组、沙海组和阜新组的沉积,繁育热河生物群和阜新生物群。燕山运动第二幕,在辽西地区表现最为强烈,不仅成生新的构造盆地,而且对前期的构造盆地还加以改造利用,因而使魏家岭组、义县组和九佛堂组等几乎分布区内各个盆地中,在这一时期,繁衍生息了鸟类、恐龙类、鱼类、植物类等大量的动、植物,组成有名的热河生物群。并且与构造前的生物组合有天壤之别。这些现象说明受构造运动的影响,辽西地区形成有山、有河、有湖的地理分异,从而为生物发展繁衍带来生机,淘劣生优,在动物群中出现了鸟类,在植物群中出现了买麻藤类和被子植物,组成了新的动物群和植物群。

3. 古生物化石群的生存环境

在义县组内陆相湖泊沉积层沉积时期,由土城子期的干旱气候逐渐向温暖潮湿转变,古气候的演变为生物的生存与发展带来新的机遇。当时的地形可能起伏较大,山高水阔。在湖岸附近的浅水中生活着极其丰富的底栖生物(如双壳类、腹足类)、游泳生活的节肢动物和鱼类。在近岸和湖边,生活着大量的两栖类、爬行类、鸟类。同时陆地植物繁茂,在沼泽湿地生长着蕨类、苏铁类、罗汉松科等植物,在湖泊附近的坡地和高地生长着松柏类、银杏类等植物,在远离水体的贫瘠的荒坡地上,生长着一些耐干旱的植物,高山上有云杉、松等针叶林分布。同时,有大量的水生昆虫和陆生森林沼泽昆虫生活、栖息。这些动、植物在这个地区生息繁衍。

在早白垩世义县期晚期,九佛堂期早期,火山喷发后,有较为短暂的宁静时期,在这里沉积形成厚度较大的页岩、泥岩、粉砂岩,其中赋存有丰富的动、植物化石。在动物界,有鸟类(以圣贤孔子鸟为主)、爬行类、陆地以鹦鹉嘴龙为主的动物群,空中有翼龙类,水中有凌源潜龙类,此外还有鱼类、叶肢介类、昆虫类、双壳类等多门类化石;在植物界,有以松柏类和银杏类为主的植物群。通过这些化石,可以推断当时在湖的两岸繁衍生息了庞大的爬行类动物群及鸟类动物群,它们之所以能大量的繁衍,应具有良好的居住条件、饮水和食物的保证,而这里正是具有这样的生存环境,使得它们能安祥久居。从化石赋存的岩石保存状态分析,多呈灰白色、黄绿色、灰色、灰黑色的页岩、泥岩和粉砂岩。层理清晰平坦,表明当时的湖泊处于平静的环境,适于上述多种类型的小生物生存。从出现的植物化石看,有蕨类、银杏、松柏类等,证明那时的气候是温暖而湿润的,适宜动植物生存。

4. 古生物化石群的埋藏环境

庞大的动植物群随着时间的推移,新陈代谢,生老病死。陆地上的生物,包括鸟类、爬行类、昆虫、植物等,死亡后随着雨水、河水被及时载入湖中飘浮或滚动一定距离后而沉积下来,被迅速掩埋而演变成现今所见的化石。当湖中的生物死亡后,有的在原地、有的随着水的流动到异地,亦如上述而演变成化石。现今所见的化石,不管是陆生的还是水生的鸟类、恐龙类、鱼类、虾类、昆虫类和植物类等,绝大部分是在页岩、粉砂岩和泥岩中所埋,极少在砂岩中,这充分说明它们绝大多数是异地埋藏,即死亡后,被水体载到湖中心附近,或深水位置,水的动力变小或静止,即是沉积页岩、粉砂岩、泥岩的部位,这就是绝大部分化石为什么在页岩、粉砂岩、泥岩中能找到,而在砾岩或粗砂岩中很少有化石的原因。但有的化石如双壳类和叶肢介类,它们中有的类型就生活在滨浅湖地带,死亡后即原地埋藏而演变成化石。

5. 古生物化石的产出层位和产地分布

产出层位有海房沟组(J_2h)、髫髻山组(J_2t)、土城子组(J_3t)、义县组(K_1y)、九佛堂组(K_1jf)、冰沟组(K_1b)、阜新组(K_1f)。海房沟组、髫髻山组为燕辽生物群赋存层位,土城子组、义县组、九佛堂组为热河生物群赋存层位,冰沟组、阜新组为阜新生物群赋存层位。

产地分布于整个辽西地区,燕辽生物群产地主要有建昌县玲珑塔大西山、葫芦岛市连山区三角城、朝阳市北票市羊草沟等地区;热河生物群主要产地有北票市四合屯、黄半吉沟、尖山子、海房沟—于家沟,朝阳市上河首、胜利(梅勒营子)、波罗赤、凌源范杖子、大王杖子,建昌县喇嘛洞喇嘛沟、肖台子、上五家子、下五家子、要路沟、义县宋八户—马神庙一带;阜新生物群主要产地有建昌县冰沟煤矿、阜新煤矿等。

6. 科研、科普价值

古生物化石是地层对比、探讨生物演化、了解地质演化史的重要依据,是研究动物与人类起源、发展历史及其规律的珍贵材料,也是群众学习并认识自然和人类历史及其发展规律、建立唯物主义世界观的实物资料。科学家们指出,辽西地区的古生物化石解决了演化问题的世界悬案,在鸟类的起源、被子植物的起源、现代哺乳动物的起源、昆虫与开花植物协同演化方面,无疑是窥视大自然奥秘的一扇天窗。

1996年,以中华龙鸟为代表的长羽毛恐龙化石的发现,不仅从实际化石材料上证明恐龙类与鸟类之间的演化关系,为解决困绕国际学术界100多年的科学难题做出了重大的贡献。同时表明羽毛不再是鸟类独有的特征,羽毛的出现要早于鸟类的飞行。对于飞行的起源问题,国际上有两种观点:一是树栖滑翔起源说,二是陆地奔跑起源说。辽西化石的发现有力地支持了飞行的陆地奔跑起源说。

各种古脊椎动物近于原位埋藏,保存完好,形态逼真。除骨骼等硬体部分完整保存外,相当多的化石还较完整地保存了包括羽毛在内的皮肤印痕、胃脏残余物物和其他软体组织,为生物的进化及古环境研究提供了宝贵的资料。最典型的为孔子鸟化石,虽然仍存在原始的特征,但发育有完善的飞行羽毛系统,为目前已知唯一没有牙齿的早期鸟类。

哺乳动物化石主要集中在四合屯景区和凌源大王杖子景区。首先发现的此类化石叫张和兽,属已绝灭的对齿兽类,代表了非兽类哺乳动物向兽类哺乳动物进化过程中的中间过渡类型。热河兽是第2个发现的哺乳动物化石,是哺乳动物中比较古老的类型。凌源大王杖子义县组凝灰质页岩中,发现了始祖兽化石,为有胎盘类哺乳动物(真兽类),是包括我们人类在内的真兽类的最早化石记录,其地质年龄估计为距今1.25亿年,比已知此类化石的最早记录提前了5 000~4 000万年。这些化石的发现,为研究哺乳动物的起源和早期演化提供了弥足珍贵的化石资料。

辽西地区昆虫化石极为丰富,保存数量之多、精美程度之高、科学意义之大,举世罕见。其中有我国独有的类型,也有在世界上分布层位最低的属种。尤其是通过对侏罗纪发现的喜花昆虫的研究,根据协同演化的理论,中国科学家提出了被子植物在侏罗纪已经出现的科学预言,而后在朝阳国家地质公园范围内发现的晚侏罗世地层中早期被子植物化石,证明了此预言的正确性。

朝阳市北票八家子发现的恐龙足印化石,地层层位为上侏罗统土城子组。足印保留在紫红色含砾粗砂岩和细砾岩的两个层面之上。以三趾的食肉型兽脚类足印为主,少量圆形的蜥脚类和可能的鸟臀类足印。这些足印的发现,可能表明在朝阳地区长羽毛的小型兽脚类恐龙生活的时代可能更早。

植物化石也极为丰富。包括蕨类、银杏类、松柏类等,既有高大的乔木,又孕育低矮的植物。植物的大量繁盛为杂食的恐龙类、鸟类提供了赖以生存必不可少的食物来源和理想环境。

可以想象,当时的辽西地区,玉界琼田、碧波万顷、植物繁盛、气候温湿,各类生物和谐共生,构成了当时地球上最丰富多彩的生命乐园,为我们展示了一幅最美妙、最生动、立体的生命画卷!

当时,著名的燕山运动导致本区构造运动频繁并伴有火山的活动。在整个中生代时期,间歇性的火山喷发造成大量火山灰遮云蔽日,各种有毒气体导致局部气候和环境的周期性恶化,致使生物周期性的大量死亡。大量火山灰的迅速回降使得生物遗体得以快速掩埋,而辽西地区众多宁静的沉积盆地为化石的埋藏和最终的形成提供了理想的场所。许多化石产地,大量生物集中在同一层面保存,有成对雌雄孔子鸟同时保存在一起,指示了集中死亡的发生。

正是在这样的地质背景下,生物群呈水、陆、空爆发性辐射演化,不同类群和同一类群中原始和进步的种类共生。周期性的火山喷发导致生物周期性的大量死亡可能不仅仅是灾难,而有可能更利于促进生物快速的辐射演化。因此,对这一生物群的发生、发展、灭绝、复苏和辐射,与古地理、古气候,以及与火山频繁喷发制约关系的深入研究,可为进一步揭开东亚中生代晚期以来的环境变化规律提供宝贵的科学依据。

二、鞍山地区古太古代古陆核遗迹

鞍山地区岩浆岩十分发育,侵入岩、火山岩及变质火山岩均广泛分布,按形成时期可划分为古太古代、中太古代、新太古代、元古宙、印支期、燕山期等多个构造岩浆活动旋回。

其中始太古代—中太古代变质岩系隶属于古陆核的组成部分,具有漫长连续的地质演化历史,分布于鞍山市东部白家坟沟、铁架山、立山、陈台沟一带,呈岩株状(穹隆)产出,北部、西部和南部被第四系覆盖,东部与新太古代弓长岭花岗岩呈侵入接触。主要岩性分别为古太古代陈台沟奥长花岗质片麻岩、二长花岗质片麻岩;中太古代立山奥长花岗质片麻岩;中太古代—新太古代铁架山二长花岗质片麻岩。包括从38亿年到25亿年前各个阶段的古老岩石,非常系统,且类型、成因十分复杂,记录太古宙地壳形成演化历史,为华北克拉通乃至全球地壳演化的缩影,是中国太古宙研究立典的首选地区和全球早前寒武纪研究的天然实验室,具有极高的科学研究价值。

三、大连地区寒武纪、震旦纪海岸地貌

本次工作对辽东半岛南部大连地区进行了重点调查。大连地区位于千山山脉西南延伸部分,濒临黄海、渤海,形成碧海环抱、低山丘陵起伏的地形,见图3-279。

大连地处日本-台湾太平洋岛弧地震带的外侧，地质构造复杂，先后经历了新太古代、元古宙、古生代至新生代等构造运动，是中国青白口系、南华系、震旦系、寒武系发育区，这些地层顶底界线明显、关系清楚、出露完整、层序良好，地层中保留有较好的各种沉积构造、古生物化石等。尤其震旦系中产有水母类、叠层石、宏观藻类及蠕虫化石，寒武系中盛产三叶虫、古杯等化石及生物活动遗迹，成为研究古地理、古环境和古气候变迁的有利证据，也是享誉中外的地质科考基地。

由于第四纪以来的新地质构造活动和海水动力对陆地的长期作用影响，本区地貌多为山地丘陵，少平原低地，且海岸线长，皆为岩岸，因此海岸地貌复杂多样、极其发育。

海岸地貌是指海洋沿岸的陆地部分，以及潮间带和部分水下岸坡的地貌单元。第四纪以来，新构造运动断块不均衡升降作用和沿海岩性特征的控制，以及波浪、潮汐作用等，均改造着和塑造着大连海岸带地形地貌的变化。因而从渤海沿岸到黄海沿岸形成了复杂的海岸地貌景观及海成微地貌景观。大连沿海局部地段上升，接受剥蚀形成海蚀地貌，局部地段下降，接受沉积，形成海积地貌。

海蚀地貌遗迹点占大连地区地质遗迹点的大多数，其中以金州金石滩-城山头、大连海滨-旅顺口、庄河海王九岛等地的海蚀地貌著称；主要海蚀地貌有海蚀崖、海蚀平台、海蚀柱、石林、夷平面、海蚀天生桥（海穹）、海蚀蘑菇、海蚀穴、海蚀礁、海坨子、浪蚀洞，见图3-280。

图3-280 海蚀地貌示意图

海积地貌主要为沙嘴（大连沿海）、沙坝（仙浴湾、长岛子）、海滩（砂砾滩、泥滩）、城山头的连岛坝、大连旅顺双岛湾的陆连岛、离岸坝以及众多的海岸岬角等。著名的旅顺老铁山岬角是黄海、渤海分界线。

沿海海岸地貌是辽宁省宝贵的国家级自然景区，一旦失去将无法挽回。因此，对海岸带的开发和利用要做到周密规划，首先不要在滨海地貌保护区建设高层建筑物以及乱采乱挖，从而不失为辽宁山、海、城为一体的旅游景区。

第四章 地质遗迹评价

DIZHI YIJI PINGJIA

第四章 地质遗迹评价

地质遗迹评价是对地质遗迹的科学价值、观赏价值、经济价值与环境价值进行客观评价。地质遗迹评价工作是地质遗迹调查工作中一项非常重要的内容，与调查工作同等重要，目的是实现合理保护与科学利用地质遗迹。通过地质遗迹的评价来确定重要地质遗迹的级别，根据评价级别来确定保护级别。地质遗迹评价包括评价原则、评价方法、评价依据等方面。

第一节 评价原则

1. 分类评价的原则

地质遗迹类型不同，评价指标的标准、侧重点不同。从地质遗迹大类上分类，基础类地质遗迹侧重科学性，地貌景观类地质遗迹侧重观赏性，地质灾害类地质遗迹侧重地学意义与科普意义。

2. 对比评价的原则

同亚类地质遗迹进行对比。相同亚类的地质遗迹基本特征和描述内容是相同的，根据其科学性、观赏性、完整性、稀有性与世界的、国内的、省内的等方面进行对比评价，确定遗迹等级。

3. 点的评价和面的评价相结合的原则

点面结合评价原则就是首先以地质遗迹点评价为基础，然后再结合区域内所有地质遗迹点的组合关系、成因演化特点、地质事件的发生发展等，进行最终的整体评价。

4. 定性评价和定量评价相结合的原则

在定性评价的基础上，给予量化指标进行定量评价。定性评价侧重于对地质遗迹在地学上的意义、美学上的观感、地质遗迹在人们心中的知名度等方面加以评价。

5. 单因素评价和综合评价相结合的原则

地质遗迹的每个评价指标（科学性、稀有性、完整性和系统性、观赏性、通达性、可保护性等）都可以单独进行评价，定出级别。但多数情况下需要全部评价指标都参与，即综合评价。在确定地质遗迹级别时，必须坚持单因素评价和综合评价相结合的原则。

6. 尊重事实、符合科学的原则

评价地质遗迹应尊重实际，对其价值和开发前景做出实事求是、恰如其分的评价，既不夸大、也不贬低。对地质遗迹的形成因素、地学价值等核心问题，要用科学的观点予以解释，而不能用神话传说解释。

第二节 评价方法

评价方法主要有对比分析、专家鉴评、定性评价和定量评价、单因素评价和综合评价。

1. 对比分析方法

对比分析是选择相同类别的地质遗迹进行对比,对比的特征与要素(属性)应反映地区遗迹的重要特征和价值,对比的对象不少于2个。在重要特征和价值方面得出恰当的结论,从而达到评价地质遗迹的目的。

在对比对象的选择上,只能选择不具唯一性的地质遗迹,地质遗迹赋存的地质体或地质现象完整,保存程度基本完好,或处于自然状态;地质遗迹对比对象是同一亚类地质遗迹,地质遗迹评价等级在同一级别上,在成因演化、物质组成、地质背景、遗迹特征、保存状态等方面具有可比条件。省级地质遗迹对比对象可在省内范围进行对比,确定国家级以上地质遗迹需要进行全国(或世界)范围的对比。对比对象一般不少于2处。

对比分析方法适用于地貌景观大类地质遗迹的评价。

2. 专家鉴评方法

专家鉴评是指聘请相关专业的专家、学者组成专家组,涉及专业有地层、岩石、构造、古生物、矿产、地理地貌、水工环等专业,每个专业专家不少于3人,按地质遗迹评价标准进行集体讨论、统一认识,确定地质遗迹级别;也可以将待鉴评的地质遗迹材料函寄给专家,进行单独咨询鉴评。这种方法是地质遗迹评价不可或缺的重要环节,也是获取最新认识和成果的途径,是集体智慧的结晶。

专家鉴评方法多应用于基础地质大类地质遗迹的评价,也应用于地貌景观大类地质遗迹和地质灾害大类地质遗迹。这种方法可以避免地质遗迹调查的盲目性,提升地质遗迹调查的质量。

3. 定性评价和定量评价

(1)定性评价:按照地质遗迹分类选取相对准则与相对重要性原则,把地质遗迹的自然属性和社会属性的评价内容分解成科学性、观赏性、稀有性、完整性、系统性、历史文化价值、环境优美性、保存程度、通达性、可保护性等评价指标,然后分级别界定标准,进行定性评价。

世界级地质遗迹评价标准:是否能为全球演化过程中的某一重大地质历史事件或演化阶段提供重要地质证据的地质遗迹;具有国际地层(构造)对比意义的典型剖面、化石及产地;具有国际典型地学意义的地质地貌景观或现象。

国家级地质遗迹评价标准:是否能为一个大区域演化过程中的某一重大地质历史事件或演化阶段提供重要地质证据的地质遗迹;具有国内大区域地层(构造)对比意义的典型剖面、化石及产地;具有国内典型地学意义的地质地貌景观或现象。

省级地质遗迹评价标准:是否能为区域地质历史演化阶段提供重要地质证据的地质遗迹;具有区域地层(构造)对比意义的典型剖面、化石及产地;在地学分区及分类上,是否具有代表性或较高历史、文化、旅游价值的地质地貌景观。

(2)定量评价:按评价指标赋分定量的评价方法。对地质遗迹的自然属性和社会属性,共7个评价指标进行评价,将地质遗迹划分为3级,即世界级、国家级、省级。

7个评价指标为科学性、稀有性、完整性、观赏性、保存现状、通达性、可保护性,对7个评价指标分别给出评分,按重要程度分别赋予不同权重,用数学加权的方法对地质遗迹的价值做出数值判断,依据数值确定级别。

4. 单因素评价和综合评价

(1)单因素评价:主要从地质遗迹点的科学价值、美学价值、保护与开发条件三方面进行评价。此种方法适用于所有类型地质遗迹的评价。

①科学价值:侧重评价地质遗迹对于科学研究、地学教育、科学普及等方面的作用和意义,地质遗迹的科学涵义和观赏价值在国际、国内或省内的稀有程度和典型性,以及地质遗迹所揭示的某一地质演化过程的完整程度及代表性。

②美学价值:侧重评价地质遗迹在形态上、色彩上、造型上让人产生的视觉优美舒适和心情愉悦程度。

③保护与开发:评价地质遗迹点保存的完好程度,影响地质遗迹保护的外界因素的可控制程度,潜在的经济效益、社会效益和环境效益。

(2)综合评价:在对地质遗迹的科学性、美学性、开发与保护评价的基础上,对地质遗迹点进行综合评价。

对那些已经经过专家和学者讨论、论证,公开发表取得重大地质成果、获得公认的地质遗迹,可以直接定级。比如《辽宁省区域地质志》《辽宁省区域矿产总结》《辽宁岩石地层》,以及全省不同比例尺的地质调查报告、矿调报告、水文地质工程地质及环境地质报告、各类矿产勘查报告等,已经取得的成果,都可以直接利用。各级地质公园的地质遗迹名录中的遗迹也可以直接利用。

第三节　评价依据

地质遗迹点评价主要从遗迹点的科学性、稀有性、完整性、观赏性、历史文化价值、环境优美性、通达性、保存程度、可保护性等方面进行评价。科学性,侧重评价地质遗迹对于科学研究、地学教育、科学普及等方面的作用和意义。稀有性,评价地质遗迹的科学涵义和观赏价值,在国际、国内或省内的稀有程度和典型性。完整性,评价地质遗迹对揭示某一地质现象的完整程度和代表性及规模。观赏性,侧重评价地质遗迹的优美性和视觉舒适性。保存程度,评价地质遗迹点保存的完好程度。可保护性,评价影响地质遗迹保护的外界因素的可控制程度。

不同地质遗迹类型有不同的评价标准。基础地质大类地质遗迹和地质灾害大类地质遗迹侧重其科学价值,地貌景观大类地质遗迹侧重其观赏价值。

地质遗迹等级划分3级:世界级、国家级、省级,定性评价标准如下。

1. 世界级地质遗迹点

①能为全球演化过程中的某一重大地质历史事件或演化阶段提供重要地质证据的地质遗迹。
②具有国际地层(构造)对比意义的典型剖面、化石产地及矿产地。
③具有国际典型地学意义的地质地貌景观或现象。

2. 国家级地质遗迹点

①能为一个大区域演化过程中的某一重大地质历史事件或演化阶段提供重要地质证据的地质遗迹。

②具有国内大区域地层(构造)对比意义的典型剖面、化石产地及矿产地。
③具有国内典型地学意义的地质地貌景观或现象。

3. 省级地质遗迹点

①能为区域地质历史演化阶段提供重要地质证据的地质遗迹。
②有区域地层(构造)对比意义的典型剖面、化石产地及矿产地。
③在地学分区及分类上，具有代表性或较高历史、文化、旅游价值的地质地貌景观。
地质遗迹价值等级评价参考标准，见表4-1～表4-3。

表4-1 地质遗迹评价指标

序号	评价指标	说明
1	科学性	在地学中的意义和价值
2	稀有性	与省内、国内、世界3个范围比较
3	完整性	形态的多样和丰富及完整性
4	观赏性	是否具有观赏价值
5	保存程度	是否受到保护和利用
6	可保护性	其成因的可控制程度

表4-2 不同类型地质遗迹科学性和观赏性指标及对应标准

遗迹类型(类)	评价标准	级别
地层剖面	具有全球性的地层界线层型剖面或界线点	世界级
地层剖面	具有地层大区对比意义的典型剖面或标准剖面	国家级
地层剖面	具有地层区对比意义的典型剖面或标准剖面	省级
岩石剖面	全球罕见稀有的岩体、岩层露头，且具有重要科学研究价值	世界级
岩石剖面	全国或大区内罕见岩体、岩层露头，具有重要科学研究价值	国家级
岩石剖面	具有指示地质演化过程的岩石露头，具有科学研究价值	省级
构造剖面	具有全球性构造意义的巨型构造、全球性造山带、不整合界面，具有重大科学研究意义的关键露头地(点)	世界级
构造剖面	在全国或大区范围内区域(大型)构造，如大型断裂(剪切带)、大型褶皱、不整合界面，具有重要科学研究意义的露头	国家级
构造剖面	在一定区域内具有科学研究对比意义的典型中小型构造，如断层(剪切带)、褶皱及其他典型构造遗迹	省级

续表 4-2

遗迹类型（类）	评价标准	级别
重要化石产地	反映地球历史环境变化节点，对生物进化史及地质学发展具有重大科学意义；国内外罕见古生物化石产地或古人类化石产地；研究程度高的化石产地	世界级
	具有指准性标准化石产地；研究程度较高的化石产地	国家级
	系列完整的古生物遗迹产地	省级
重要岩矿石产地	全球性稀有或罕见矿物产地（命名地）；在全球独一无二或罕见矿床	世界级
	在国内或大区域内特殊矿物产地（命名地）；在规模、成因、类型上具有典型意义	国家级
	典型、罕见或具工艺、观赏价值的岩矿物产地	省级
岩土体地貌	极为罕见的特殊地貌类型，且在反映地质作用过程有重要科学意义	世界级
	具观赏价值的地貌类型，且具有科学研究价值	国家级
	稍具观赏性地貌类型，可作为过去地质作用的证据	省级
水体地貌	地貌类型保存完整且明显，具有一定规模，其地质意义在全球具有代表性	世界级
	地貌类型保存较完整，具有一定规模，其地质意义在全国范围具有代表性	国家级
	地貌类型保存较多，在一定区域内具有代表性	省级
火山地貌	地貌类型保存完整且明显，具有一定规模，其地质意义在全球具有代表性	世界级
	地貌类型保存较完整，具有一定规模，其地质意义在全国范围具有代表性	国家级
	地貌类型保存较多，在一定区域内具有代表性	省级
冰川地貌	地貌类型保存完整且明显，具有一定规模，其地质意义在全球具有代表性	世界级
	地貌类型保存较完整，具有一定规模，其地质意义在全国范围具有代表性	国家级
	地貌类型保存较多，在一定区域内具有代表性	省级
海岸地貌	地貌类型保存完整且明显，具有一定规模，其地质意义在全球具有代表性	世界级
	地貌类型保存较完整，具有一定规模，其地质意义在全国范围具有代表性	国家级
	地貌类型保存较多，在一定区域内具有代表性	省级
构造地貌	地貌类型保存完整且明显，具有一定规模，其地质意义在全球具有代表性	世界级
	地貌类型保存较完整，具有一定规模，其地质意义在全国范围具有代表性	国家级
	地貌类型保存较多，在一定区域内具有代表性	省级
地震遗迹	罕见震迹，特征完整而明显，能够长期保存，并在全球范围具有一定规模和代表性	世界级
	震迹较完整，能够长期保存，并在全国范围具有一定规模	国家级
	震迹明显，能够长期保存，并在本省范围具有一定的科普教育和警示意义	省级
地质灾害遗迹	罕见地质灾害且具有特殊科学意义的遗迹	世界级
	重大地质灾害且具有科学意义的遗迹	国家级
	典型的地质灾害所造成的遗迹且具有教学实习及科普教育意义的遗迹	省级

表 4-3 地质遗迹评价其他指标及对应标准

评价因子	界定标准	级别
稀有性	属全球范围罕有或特殊的遗迹点	世界级
	属全国范围少有或唯一的遗迹点	国家级
	属全省范围少有或唯一的遗迹点	省级
完整性	反映地质事件整个过程都有遗迹出露，表现现象保存系统完整，能为形成与演化过程提供重要证据	世界级
	反映地质事件整个过程，有关键遗迹出露，表现现象保存较系统完整	国家级
	反映地质事件整个过程的遗迹零星出露，表现现象和形成过程不够系统完整，但能反映该类型地质遗迹景观的主要特征	省级
保存程度	基本保持自然状态，未受到或极少受到人为破坏	世界级
	有一定程度的人为破坏或改造，但仍能反映原有自然状态或经人工整理尚可恢复原貌	国家级
	受到明显的人为破坏和改造，但尚能辨认地质遗迹的原有分布状况	省级
可保护性	通过人为因素采取有效措施能够得到保护的工程或法律，如古生物化石产地，遗迹单体周围没有其他破坏因素存在	世界级
	通过人为因素采取有效措施能够得到部分保护、部分控制，如溶洞等，周围一定范围内没有破坏因素存在	国家级
	自然破坏能力较大，人类不能或难以控制的因素，如自然风化、暴雨、地震等，有一定被破坏的威胁	省级

第四节 单因素评价

单因素评价是指对地质遗迹的科学价值、稀有性、典型性、观赏性、环境优美性、保存程度、通达性、安全性等方面进行定性或定量评价，再对评价结果进行登记划分。单因素评价几乎适用于所有类型的地质遗迹。一般来说，基础地质大类地质遗迹侧重其科学性，而地貌景观大类地质遗迹则侧重其观赏性。

一、基础地质大类地质遗迹科学价值

对基础地质大类的地质遗迹来讲，科学价值是最重要的单因素，是地质遗迹定级的关键，各类地质遗迹科学性的指向不尽相同。

1. 地层剖面

层型剖面能反映出形成环境和演化历史，在区域上有显著的代表性，在区域地层层序对比和基础理论研究方面具有重要意义。如地层剖面中所蕴含的古地理、古沉积环境、古地球化学、古生物、古地磁、古构造等信息是揭示本区乃至周边地区众多地质谜团的钥匙,也为研究地质演化、地层对比提供了重要的地质依据。

如大连上升为典型的不整合沉积界面,发育于金石滩海滨,为寒武系和震旦系界面,它是华北板块典型的沉积间断面,是整个华北板块大区域层序对比的标志界面之一。金州上升发生于寒武系内部海相灰岩与萨布哈环境的界面,区内在金石滩及龙王庙海滨发育非常完整,从大的区域对比上来看,该界面代表华北陆表海形成的开始。大连地区经历复杂的地质演化历史,保存震旦纪、寒武纪以及南华纪地质时期的地质遗迹,不同时期的地层不整合面、每个时代沉积的地层岩性特征、构造以及第四纪新构造运动形成的灰岩、叠层石和白云岩等均记录地球和构造演化的历史,反映大连地区近28亿年间地质构造演化和沉积过程,为研究大连地区以及辽宁区域的地层层序、沉积次序等提供丰富可靠的素材,在本区的地质发展史中占有重要的地位,具有重要的科学研究意义。

金石滩的海相沉积发育代表我国北方地区沉积特点,构成贯通我国南方和北方震旦系的桥梁纽带。金石滩的叠层石对地质专家研究大连地质时期(震旦纪)的沉积作用和考证大连地区的古地理环境,都起到重要的作用。同时由于叠层石形态的特殊,极大地增加了叠层石的观赏价值,更有利于大连市对叠层石科普活动的开展。

本溪牛毛岭中石炭统本溪组地层剖面描述辽东太子河地区中石炭世地史时期的地壳运动、地质作用、古地理变迁、生物演化及沉积成矿作用,具有重大的科学价值,是教学实习的最佳剖面。

义县马神庙-宋八户义县组的研究确定了热河生物群的生态环境:气候环境为亚热带-暖温带,半干旱-半潮湿,有季节变化;地理环境为具有植物分带性的斜坡、丘陵、平地、湿地、湖泊5种不同生态环境。

地质事件剖面是地质事件留下的、能被识别的显著标志,即地质历史时期稀有的、突发的、短时间的、影响范围广大的地质事件,如地震、生物灭绝、火山爆发、海侵和海退等。古地震作为研究活动断裂的一部分,具有极其重要的意义,首先它延长了地震的记录时间,其次古地震是证明断裂活动特征的因素之一,是进行断裂分段、活动强度对比、动力学研究等不可或缺的重要的内容。金石滩震积岩地震遗迹的特殊性以及其罕见性已成为我国岩石圈结构及其动力学机制领域的重要研究基地。

2. 岩石剖面

侵入岩剖面记录了典型完整的岩石类型、成因、来源、岩性岩相、含矿特点等,具有突出的科学价值。

变质岩剖面能恢复原岩及形成的物化条件,能反映大地构造环境和地壳演化过程之间的关系,通过典型变质岩剖面可以说明问题的重要程度。

3. 构造剖面

构造形迹具有重要的研究价值,如不整合面、褶皱与变形、断裂等,能揭示地质体在动力作用下运动学和动力学的演化规律。辽宁省先后历经多次不同的构造阶段,形成复杂的构造格局,具有清晰的构造形迹。

大黑山太古苑形成于古老基底——太古宙变质岩,是辽东半岛南部地区最古老的变质基底。受印支期韧性剪切作用影响,岩石在构造带中被改造成黑云斜长质糜棱岩、绿帘黑云斜长质糜棱岩、绿泥二云斜长质糜棱岩等。受多次强烈变形改造,岩石呈片麻状或条带状,太古宙时期变质程度为角闪岩相,形成紧密褶皱、同斜褶皱、鞘褶皱、拉伸线理、云母鱼、旋转残斑、石香肠等一系列典型的地质构造景观。顺层滑脱面形成于古老基底——太古宙变质表壳岩与盖层——新元古代的石英砂岩、泥灰岩之间,两者之间的糜棱岩系构成主滑脱带,全长80余千米,宽1～5km,代表了华北板块东北缘印支—燕山造山旋回的主要形迹。近几十年来,在研究太平洋大陆边缘活动带特征时,国内外著名地质学家都将本区作为考察地点,也被第三十届国际地质大会确定为重点考察区。

大连地区另外一个构造形迹是位于大连白云山庄的莲花状构造，是由著名地质学家李四光先生在1956年发现并命名的，是我国第一个被发现的莲花状构造。莲花状构造的形成，是由于它所在的地区遭受到水平扭转运动的结果。围绕着白云山庄的东南山地，有几条新月形和环形的深沟，把它周围的山地切割成重重叠叠的环形山岭。构成山地和沟谷的是坚硬的震旦系石英岩。石英岩层的山地一般走向北东60°~70°，倾向北西，倾角很缓，岩层的层理明显。深谷中的石英岩破碎强烈，证明深谷是断层破碎经风化侵蚀造成的。每一条环形深沟都是由垂直的环形横冲断层构成。在这些环形横冲断层的两旁，经常发现分支断裂，这些分支断裂和作为主干断裂的环形断层结合起来便构成"入"字形构造。在深沟的两侧岩层中，也经常出现小型帚状构造和拖曳现象，这些地质现象表明，构成白云山庄莲花状构造的环形断层是近于垂直的扭性断层，并且对每一个旋钮面来说，靠近中央高地方面，即外旋方面是顺时针扭动。这一莲花状构造的形成，是由于西侧台子山南北向扭性大断层错动，引起白云山庄一带岩层沿大断层相对向南动，导致白云山庄地区发生顺时针旋扭运动。

4. 重要化石产地

重要化石产地类，根据化石分布的特点、分布地质时代、数量、特征等，可以确定地层年代，对研究生物灭绝和古地理环境、生物演化等具有重要地学科研价值。

震旦系、南华系、寒武系—奥陶系、石炭系剖面里都含有丰富的古生物化石，有叠层石、水母类、三叶虫、鹦鹉螺、腕足类、牙形刺等化石。其中三叶虫化石是寒武纪生物地层的主要划分依据，鹦鹉螺化石是奥陶纪生物地层的主要划分依据。笔石化石对确定寒武系与奥陶系的界线具有科学价值。寒武纪三叶虫化石是中外古生物学家研究的内容。这些古生物化石的发现对研究生物的起源，恢复大连地区寒武系、奥陶系、震旦系的古地理、古气候具有重要的意义。

热河生物群是研究鸟类、恐龙类、哺乳类的基地，燕辽生物群具有极高的科研价值，为鸟类起源于兽脚类恐龙假说提供了有利的证据。

5. 重要岩矿石产地

根据地质遗迹规模、成矿类型、矿产是否有特殊用途等方面进行衡量，结合其在全球、国内、省内的重要地位，来确定这类地质遗迹的级别。

二、地貌景观类地质遗迹观赏价值

地貌景观类地质遗迹的观赏性、稀有性、完整性是最重要的因素，是单因素评价最重要的环节，是定级的关键。而景观类地质遗迹的科学性往往局限在其成因研究和科普教学实习方面。与基础类不同的是地貌景观类遗迹在观赏性、稀有性、完整性上的指向是基本相通的。

1. 海岸地貌

第四纪以来，海水进退频繁，海水的侵蚀，在海岸线及海岛边缘雕塑了无数的礁石奇观。海蚀柱、海蚀蘑菇、海蚀锥、海蚀塔、海蚀桥、海蚀窗、海蚀穴及海蚀洞密布，形态各异，或似飞禽走兽，或像各种动态的雕塑。各种类型海蚀地貌的巧妙组合，宛如一座座天然博物馆，又好像是一处处迷宫；"海龟探路""石猴观海""恐龙吞海""大鹏展翅"等海蚀地貌奇观在金石滩分布错落、点线成面，既相互关联，又独立成景，有着极高的观赏价值。在这里不但可以欣赏旖旎秀丽的海滨风光，而且还能学习和了解海蚀海积地貌所隐藏的地学奥秘。

大王家镇海王九岛沿海岸带集中发育海蚀地貌，景观形态逼真、惟妙惟肖，在国内沿海均属罕见。其中"黑白奇石""神熊吸水""依附""支柱"等众多奇礁异石让人不得不为大自然的鬼斧神工惊叹，似如神力雕塑的公园,天然的地质博物馆。同时也是海鸥、海鸭和白鹭等珍奇鸟类集中繁殖栖息的地方,闻名遐迩的鸟岛是鸟类的天堂。在1988年4月,原中国建筑科学院院长、著名风景专家汪之力等一行5人亲临这里考察时说:"这里的风景就其本身价值及其海岛特色而言,在国际国内是属第一流的。"海王九岛具备了"海水、阳光、沙滩"现代海上旅游的三要素,在我国是一处不可多得的海上旅游区,具有很高的旅游开发价值。

2. 岩土体地貌

冰峪沟的石英岩峰林地貌,以它独特的艺术魅力,耸立于英纳河、小峪河河谷两侧,岩石裸露,形态各异,气势宏伟,大有叠峰摩岩、千岩竞秀之势,是石英岩地貌中的典范、地貌景观中的佳品,国内罕见,被称为北方小桂林。峰林地貌岩性为中元古界榆树碇子组(Pt_2y)石英岩。由于地质构造发育,多种地质营力交错形成丰富的峰林地貌景观。

大黑山的峡谷地貌主要表现为高山深谷、奇峰怪石、山光水色、惊涛险滩、悬崖徒壁、曲折隐深。如果说山与湖泊的组合是山与水在面上的相对静态的结合,那么峡谷则是在线状方向山与水最紧密的动态组合。这种动态表现出上升力与下切力之间的抗衡,表现出强大的自然活力和生命力。这种活力和生命力真正体现峡谷景观的内涵,也是峡谷真正美之所在。峡谷段山水动态组合并形成特殊的小气候,这里的环境有利于生物的发育,因而使峡谷段林深叶茂,鸟鸣猿啼,是大自然中充满活力和生命力的五彩缤纷的艺术长廊。

3. 火山地貌

火山地貌主要有丹东市宽甸县黄椅山火山群,从上新世至晚更新世期间,共发生3期玄武质岩浆喷发,加上其上多处火山锥体中心式喷发,计为4期。形成的地貌主要有火山口锥体地貌景观、蒲石河柔蛇状峡谷石林和壁画状剖面景观、波状玄武岩台地景观。

在上述系列火山地貌景观中,基性玄武岩为地质主体,其间嵌蕴着火山喷发过程形成的浮岩、火山玻璃和宝石级的橄榄石、歪长石、尖晶石等包体矿物,其粒径个别达0.5~1.5cm,可视为宝石级矿物。

宽甸火山群地质遗迹含多期大量携带地幔岩包体喷发的橄榄玄武岩系列产物,为典型地质景观和地貌生态群体景观、人文历史景观的集中结合,具有很强的特殊性、科学性、稀有性和观赏性,是大自然赋予我们的珍贵自然遗产。

三、地质灾害类地质遗迹科学价值

本次区地质灾害主要为抚顺市西露天矿滑坡以及本溪市南芬区施家泥石流。抚顺市西露天矿矿坑周缘边坡地段滑坡、泥石流、地裂缝等地质灾害时有发生,几乎所有类型的滑坡都出现过,研究该区地质灾害的发育特点,对防灾减灾具有重要意义。

第五节 综合评价

综合评价是指在对地质遗迹的科学性、观赏性、稀有性、完整性、历史文化价值、环境优美性、通达性、保存程度、可保护性等评价的基础上,对地质遗迹点进行价值等级综合评价。

本次工作调查的120处地质遗迹点,通过专家的综合评价,确定其中世界级5处,见表4-6;国家级36处,见表4-7;省级79处,见表4-8。

表 4-6　世界级地质遗迹综合评价一览表

序号	亚类	地质遗迹点名称	综合价值	评价等级
1	地质事件剖面	辽宁省大连市金普新区金石滩萨布哈（古盐坪）沉积构造地质事件剖面	为标准完美的潮上带萨布哈（古盐坪）沉积序列，是频繁海陆作用的证据，也是大林子组正层型剖面，具有重要科研价值。岩石裸露地表，保持自然完整。全球罕见且规模最大，国内独有。具有很高的观赏性，已得到保护，交通条件十分便利	世界级
2	侵入岩剖面	辽宁省鞍山市千山区白家坟地区古太古代花岗岩岩体	中国唯一最古老的岩石（38亿年），世界最古老的岩体之一，研究太古宙地壳形成与演化的经典地区，出露较好，具有极高的科学研究价值。交通条件便利	世界级
3	古生物群化石产地	辽宁省辽西地区热河生物群古生物群化石产地	化石的年代最早，鸟化石最多，属种最多，密度最大，含化石层位最多，是地球上第一朵"花"绽开的地方和第一只鸟飞起的地方，是研究被子植物的起源和鸟类起源的地方。国际罕见。属原地埋藏，基本保护生物死亡后掩埋的自然状态，完整、集中，科研价值极高。得到保护，交通条件便利	世界级
4		辽宁省辽西地区燕辽生物群古生物群化石产地		世界级
5	湿地	辽宁省盘锦市辽河入海口芦苇湿地	目前亚洲保存最为完好的、最大面积的芦苇湿地，2005年被列入《国际重要湿地名录》，具有国际对比意义。保持原始状态，系统完整，观赏性极高。交通条件便利	世界级

表 4-7　国家级地质遗迹综合评价一览表

序号	亚类	地质遗迹点名称	综合价值	评价等级
1	地层剖面	辽宁省本溪市溪湖区牛毛岭本溪组剖面	出露完整，描述辽东太子河地区中石炭世地史时期的地壳运动、地质作用，古地理变迁、生物演化及沉积成矿作用，是本溪组正层型剖面，是华北地台石炭系的标准地点，具有重大科学价值和国际国内大区域地层对比意义，已经保护，交通便利	国家级
2		辽宁省本溪市平山区桥头组、康家组典型地层剖面	正层型剖面，保存较完整，具有一定规模，其地质意义在全国具有代表性，交通便利	国家级
3		辽宁省锦州市义县马神庙-宋八户义县组剖面	正层型剖面，保存完整，规模大，其地质意义在全国具有代表性，它确定了热河生物群的生态环境。东北地区多个高校的野外教学基地，具有基础地质学习和科学研究价值。交通便利	国家级
4		辽宁省铁岭市铁岭县殷屯组典型剖面	出露良好完整，化石丰富，为历年来中外地质工作者进行研究的剖面，具有区域地层对比意义，极具科研价值，在华北板块演化史中具有重要的构造意义，交通便利	国家级

续表 4-7

序号	亚类	地质遗迹点名称	综合价值	评价等级
5	变质岩剖面	辽宁省大连市金普新区太古宙糜棱岩岩石剖面	为早白垩世变质核杂岩构造，代表华北板块北缘印支—燕山造山旋回的主要形迹，对于研究地壳演化、构造运动及变质作用有重要的科学价值，辽东半岛南部最古老的岩石，交通便利	国家级
6	褶皱与变形	辽宁省大连市金普新区龙王庙褶皱与变形	属于金州-大连区韧性滑脱-褶皱推覆构造，集海蚀地貌及褶皱构造地貌于一体，具重要科学研究意义和极高的观赏性	国家级
7	褶皱与变形	辽宁省大连市金普新区金石滩震积岩	其特殊性以及罕见性，是我国岩石圈结构及其动力学机制领域的重要研究基地，可进行大区域的碳酸盐岩地层的对比，保存完好。古地质标志特征非常完善和典型，是国内外对比的重要层位，具有地学科普和研究古地震的科学价值，交通便利	国家级
8	褶皱与变形	辽宁省大连市中山区白云山庄莲花状构造	著名地质学家李四光发现的我国第一个莲花状构造，具有地质学科普、构造运动研究、观赏价值等，交通便利	国家级
9	古植物化石产地	辽宁省大连市金普新区玫瑰园震旦纪叠层石化石产地	震旦纪叠层石标准化石产地，对研究古地理、古环境及古气候变迁具有重要意义，具有观赏性，研究程度较高，出露完整，交通便利	国家级
10	古动物化石产地	辽宁省大连市金普新区金石滩寒武纪三叶虫古动物化石产地	研究地球变迁不可多得的实物例证，全国乃至世界著名的寒武纪三叶虫化石产地，具有观赏性，研究程度较高，出露完整，交通便利	国家级
11	古动物化石产地	辽宁省大连市金普新区骆驼山第四纪古动物化石产地	其动物群组合非常相似于北京周口店北京猿人遗址的动物群，具有重要的科研意义。具有观赏性，研究程度较高，出露完整，交通便利	国家级
12	典型矿床露头	辽宁省大连市金普新区瓦房店市金刚石矿产地	是中国发现最早的原生金刚石矿之一，其颗粒之大、品位之高、质量之好，均居全国首位，露天采坑保存完好，代表当时世界先进的采矿科技水平。交通便利	国家级
13	典型矿床露头	辽宁省鞍本地区新太古代"鞍山式"铁矿产地	是"鞍山式"铁矿的命名地及主要产地，是我国最重要的沉积变质铁矿产地之一，也是我国超大型铁矿床最密集的区域之一，是世界重要的铁矿类型。规模、成因、类型上具典型意义。交通便利	国家级
14	典型矿床露头	辽宁省海城市-大石桥菱镁矿产地	规模大、储量丰富、矿石质量好，适宜露天开采，储量居全国首位。规模、成因、类型上具典型意义。交通便利	国家级
15	典型矿床露头	辽宁省鞍山市海城市范家堡子滑石矿产地	储量和质量均居全国第二。规模、成因、类型上具典型意义。交通便利	国家级

续表 4-7

序号	亚类	地质遗迹点名称	综合价值	评价等级
16	典型矿床露头	辽宁省鞍山市岫岩县岫玉矿产地	国内该类玉石矿中规模最大,规模、成因、类型上具典型意义。交通便利	国家级
17		辽宁省抚顺市清源县红透山铜锌矿产地	是东北地区最大的铜锌矿床,规模、成因、类型上具典型意义。交通便利	国家级
18		辽宁省丹东市宽甸县杨木杆子硼矿产地	我国著名硼矿产地,规模、成因、类型上具典型意义。交通便利	国家级
19		辽宁省营口市大石桥市后仙峪硼镁矿及营口玉矿产地	是我国特有的硼矿成因类型,具有重要的理论意义和找矿意义,营口玉矿个体最大达2 100t,为世界之最。具观赏性,交通便利	国家级
20	采矿遗址	辽宁省阜新市太平区海州露天矿遗址	亚洲最大的露天煤矿之一,新中国第一座大型机械化、电气化露天煤矿,记录矿业发展史,首批国内矿山公园之一。具科普、教学意义。阜新生物群产地,阜新组剖面命名地。具观赏价值,交通便利	国家级
21		辽宁省抚顺市抚顺煤田西露天矿采矿遗迹	亚洲第一大矿坑,具有不可取代的矿业历史纪念意义。中国宝石级琥珀和昆虫琥珀的唯一产区,抚顺群命名地,具有地层区域对比意义,记录了古近纪—新近纪湖泊沉积作用,科研意义重大。具观赏价值。各种地质灾害大全,对边坡工程及研究来说是一个很好的天然实验室,具有重要的工程地质学习、研究价值,有教学实习及科普教育意义。交通便利	国家级
22	陨石坑及陨石体	辽宁省鞍山市岫岩县岫岩陨石坑	我国首个被证实的陨石坑,对研究现代行星地质学、古生物突变事件、矿产资源、成岩成矿以及地球深部物质状态等领域具有极高的科研价值,同时可以作为科普教育基地。交通便利	国家级
23	碳酸盐岩地貌	辽宁省本溪市本溪县地下充水溶洞岩溶地貌	我国北方属罕见的喀斯特岩溶地貌,本溪水洞是国内迄今水量最大的灰岩溶洞,对研究我国北方的岩溶洞穴具有科学价值。交通便利	国家级
24	侵入岩地貌	辽宁省锦州市北镇医巫闾山花岗岩地貌	为早白垩世间山变质核杂岩构造,具观赏价值,且具科学研究价值。交通便利	国家级
25	碎屑岩地貌	辽宁省大连市庄河市冰峪沟碎屑岩地貌	我国东北地区十分罕见的碎屑岩地貌景观,全国著名的第四纪冰川遗迹,具有极高的观赏性,地貌类型保存较完整,规模较大,其地质意义在全国具有代表性。交通便利	国家级

续表 4-7

序号	亚类	地质遗迹点名称	综合价值	评价等级
26	河流	辽宁省大连市旅顺口区黄、渤海分界线海水景观带	全国仅有的天然海水分界线，具有极高的观赏性，交通便利	国家级
27		辽宁省丹东市宽甸县鸭绿江河流景观	我国水质最好、景色秀丽的自然河流之一，环境优美，规模大，具观赏性，入海口沼泽湿地发育。是我国原始滨海湿地的代表和野生生物的重要基因库。交通便利	国家级
28	湿地	辽宁省丹东市东港市鸭绿江入海口湿地		国家级
29		辽宁省铁岭市银州区莲花湖湿地	中国第6个、中国北方第1个国家湿地公园，东北地区具有代表性的水网结构湿地，具有特殊的生态景观价值，是湿地生态旅游胜地及生态环境教育和自然保护教育基地。交通便利	国家级
30	泉	辽宁省鞍山市千山区汤岗子温泉	我国四大温泉康复中心，全国最大的天然热矿泥区，具有很高的地热学开发、构造研究方面的价值。交通便利	国家级
31	火山机构	辽宁省丹东市宽甸县青椅山火山机构	宽甸火山群在国内和大区域内具有典型地学和对比意义，对研究火山岩由碱基性岩—基性岩—安山岩的演化具有重要价值，规模之大全国罕见。交通便利	国家级
32		辽宁省葫芦岛市建昌县大青山火山机构	保存完整，规模较大，自然原始，全国著名，具观赏性，具有科研、教学价值。交通便利	国家级
33	海蚀地貌	辽宁省大连市金普新区金石滩-城山头海蚀地貌群	东北地区最大、最美、全国著名的海蚀地貌景观，有很高的观赏性，具有地学科普价值和研究海蚀地貌成因的价值，拥有震旦纪地层和典型的海滨岩溶地貌景观。交通便利	国家级
34		辽宁省大连市庄河市海王九岛海蚀地貌群	全国少见的规模大、形态多样的海蚀地貌景观，自然原始，保存完好，具观赏性。交通便利	国家级
35	海积地貌	辽宁省葫芦岛市绥中县东戴河海积地貌	典型的滨海湿地生态系统，原生堆积平原砂质海岸，国内罕见，具观赏性，在全国具有代表性。交通便利	国家级
36	峡谷	辽宁省葫芦岛市建昌县龙潭大峡谷	典型的北方岩溶特点，保持自然原始状态，四季展现别样之美，极具游览观赏价值。交通便利	国家级

表 4-8 省级地质遗迹综合评价一览表

序号	亚类	地质遗迹点名称	综合价值	评价等级
1	层型剖面	辽宁省大连市甘井子区棋盘磨金县群典型剖面	出露完整,辽宁省该组地层的典型代表剖面,具有地层区域对比意义和科研意义。交通条件好	省级
2		辽宁省大连市瓦房店市复州湾寒武系—奥陶系典型剖面	最具代表性的寒武系剖面,全省唯一。辽宁省代表性的寒武系、奥陶系界线剖面,自然出露。交通较好	省级
3		辽宁省大连市金普新区七顶山寒武系—奥陶系界线典型剖面		省级
4		辽宁省鞍山市千山区浪子山(岩)组地层剖面	出露较好,最具代性。具有地层区域对比意义	省级
5		辽宁省本溪市平山区林家组典型地层剖面		省级
6	褶皱与变形	辽宁省大连市中山区棒棰岛窗棂、石香肠构造	辽宁省少见的、出露较好的小型构造地貌群,具有地学科普、构造运动、沉积构造研究等价值,具有不错的观赏性。原始自然,保存好。交通便利	省级
7	古人类化石产地	辽宁省鞍山市海城市小孤山古人类化石产地	目前国内保存最完整的古人类遗址之一,具有系列完整的古生物和古人类遗迹,具有极高的科学研究价值。交通便利	省级
8		辽宁省本溪市本溪县庙后山古人类化石产地	对研究早期人类的分布、体质特征和迁移发展等课题具有重要的科研价值。交通便利	省级
9		辽宁省营口市大石桥市金牛山古人类化石产地	中国东北地区最早旧石器时代古人类遗址,是继周口店北京猿人之后我国北方旧石器时代古人类研究又一重大发现。具有重要的科研价值。交通便利	省级
10		辽宁省喀左县鸽子洞古人类化石产地	我国旧石器时代中期遗址中最晚的一处,代表我国东北地区旧石器时代中期一个重要文化类型,东北地区唯一一处	省级
11	古动物化石产地	辽宁省大连市甘井子区茶叶沟古脊椎动物群化石产地	该脊椎动物群反映华北脊椎动物群和东北脊椎动物群的过渡性质,具有科学研究和教育意义,为大连地区的第四纪地层划分和对比提供依据	省级
12		辽宁省大连市甘井子区震旦纪水母动物群古动物化石产地	对恢复大连地区震旦纪的古地理、古气候具有重要的意义	省级
13		辽宁省大连市金普新区骆驼石古杯化石古动物化石产地	对研究古杯动物的起源以及恢复大连地区早寒武世的古地理、古气候具有重要的意义	省级

续表 4-8

序号	亚类	地质遗迹点名称	综合价值	评价等级
14	典型矿床露头	辽宁省大连市甘井子区石灰石矿产地	辽宁省内质量最好、最大、最重要的石灰石矿床,形成巨大矿坑,颇为壮观	省级
15		辽宁省丹东市振安区五龙金矿产地	具有成矿学、找矿学教学及研究价值	省级
16		辽宁省阜新市阜蒙县玛瑙矿产地	储量大、品种多、颜色全、纹理美、质地优、料形奇六大特点闻名于世,国内水草玛瑙唯一产地	省级
17		辽宁省铁岭市铁岭县柴河铅锌矿产地	规模、成因、类型上具典型意义。交通便利	省级
18		辽宁省朝阳市朝阳县瓦房子锰矿产地		省级
19	碳酸盐岩地貌	辽宁省大连市金普新区金石园碳酸盐岩地貌	我国北方唯一一处滨海天然喀斯特地貌景观,具有很高的地学科普价值,极高的观赏性	省级
20		辽宁省本溪市明山区卧龙镇金坑村岩溶漏斗群	是集典型性、科学性于一身的北方岩溶地质遗迹,省内比较罕见。保存系统而完整,观赏性极佳。交通便利	省级
21		辽宁省本溪市本溪县九顶铁刹山碳酸盐岩地貌		省级
22		辽宁省本溪市桓仁县望天洞岩溶地貌		省级
23		辽宁省丹东市凤城市赛马岩溶洞穴群	辽宁省规模最大的岩溶洞穴之一。交通便利	省级
24		辽宁省葫芦岛市南票区盘龙洞岩溶地貌	具有科考、科研、科普价值,省内稀有。自然原始,完整。观赏性极好。交通便利	省级
25		辽宁省朝阳市双塔区凤凰山碳酸盐岩地貌	自然原始,出露完整。观赏性极好。交通便利	省级
26	侵入岩地貌	辽宁省大连市普兰店市老帽山花岗岩地貌	具科研、教学价值,省内少见。自然原始,都基本保持着原有的自然风貌。观赏性极佳。交通便利	省级
27		辽宁省抚顺市抚顺县三块石花岗岩地貌		省级
28		辽宁省抚顺市新宾县猴石山花岗岩地貌		省级
29		辽宁省抚顺市清源县砬子山花岗岩地貌		省级
30		辽宁省丹东市凤城市凤凰山花岗岩地貌	对于研究早白垩世火山运动、太平洋与欧亚板块运动均具重要科学意义。具很高的观赏性。交通便利	省级

续表 4-8

序号	亚类	地质遗迹点名称	综合价值	评价等级
31	侵入岩地貌	辽宁省丹东市宽甸县天罡山花岗岩地貌	对于研究晚白垩世燕山期火山运动有很高的科学价值，具有很高的观赏性。交通便利	省级
32		辽宁省丹东市振安区五龙山花岗岩地貌	为辽宁省最重要的金矿成矿带，五龙背侵入岩体为该区出露最好的岩体	省级
33		辽宁省丹东市宽甸县天桥沟花岗岩地貌	是集典型性、科学性于一身的花岗岩地质遗迹，省内比较罕见。保存系统而完整，观赏性极佳。具有地学科普价值和很高的观赏性。交通便利	省级
34		辽宁省丹东市宽甸县天华山花岗岩地貌		省级
35		辽宁省鞍山市千山区千山花岗岩地貌		省级
36		辽宁省鞍山市岫岩县药山花岗岩地貌		省级
37		辽宁省朝阳市北票市大黑山花岗岩地貌		省级
38		辽宁省朝阳市朝阳县劈山沟花岗岩地貌	具科研、教学价值，省内少见。自然原始，基本都保持着原有的自然风貌。观赏性极佳。交通条件便利	省级
39		辽宁省葫芦岛市建昌县白狼山花岗岩地貌		省级
40		辽宁省葫芦岛市连山区大虹螺山花岗岩地貌		省级
41		辽宁省阜新市阜蒙县海棠山花岗岩地貌		省级
42	碎屑岩地貌	辽宁省沈阳市沈北新区棋盘山碎屑岩地貌	具有地学科普价值和很高的观赏性。交通便利	省级
43		辽宁省丹东市东港市大孤山碎屑岩地貌	具有很高的观赏性。交通便利	省级
44	河流（景观带）	辽宁省丹东市宽甸县浑江河流景观		省级
45		辽宁省盘锦市双台子区双台子河河流景观	辽宁省比较大的几条河流，河流地貌类型完整，具有很高的观赏性。交通便利	省级
46		辽宁省朝阳市朝阳县水泉乡大凌河河流景观		省级

续表 4-8

序号	亚类	地质遗迹点名称	综合价值	评价等级
47	湿地	辽宁省营口市西市区永远角湿地	是湿地生态旅游胜地及生态环境教育和自然保护教育基地。交通便利	省级
48	瀑布	辽宁省丹东市宽甸县青山沟瀑布群	辽宁省最大、最密集的瀑布群,具有较高的观赏性和旅游价值。交通便利	省级
49		辽宁省丹东市宽甸县百瀑峡瀑布群		省级
50	泉	辽宁省营口市鲅鱼圈区熊岳温泉	辽宁省著名的天然温泉,具有地热研究、医疗价值	省级
51		辽宁省丹东市东港市椅圈黄海海水温泉	全世界目前已发现仅有的5处海水温泉之一	省级
52		辽宁省丹东市振安区五龙背温泉	辽宁省著名的天然温泉,具有地热研究、医疗价值	省级
53		辽宁省葫芦岛市兴城市汤上温泉		省级
54		辽宁省葫芦岛市绥中县明水地热温泉		省级
55		辽宁省凌源市热水汤温泉		省级
56	火山岩地貌	辽宁省本溪市本溪县关门山火山岩地貌	具科研、教学价值,省内罕见。自然原始,出露完整,观赏性极佳。交通便利	省级
57		辽宁省本溪市桓仁县五女山火山岩地貌		省级
58		辽宁省丹东市宽甸县黄椅山火山岩地貌	辽宁省最为著名的玄武岩火山地貌景观,具有地学科普价值,学习火山地质构造特征和区域对比研究意义,观赏性极高	省级
59		辽宁省朝阳市朝阳县尚志乡火山岩地貌	具科研、教学价值,省内罕见。自然原始,出露完整,观赏性极佳。交通便利	省级
60		辽宁省锦州市太和区北普陀山火山岩地貌		省级
61	现代冰川遗迹	辽宁省大连市庄河市步云山-老黑山"古石河"冰缘地貌	辽宁省东部地区最大的第四纪冰川冻融作用形成的冰川遗迹,具有地学科普价值和研究辽东地区第四纪冰川作用的科学意义,石瀑规模宏大、壮观,具有很高的观赏性。交通便利	省级
62		辽宁省丹东市宽甸县花脖山"石瀑"冰川遗迹		省级
63		辽宁省本溪市桓仁县双水河洞穴群冰川遗迹	辽宁省唯一一处,具观赏性、科研价值。交通便利	省级

续表 4-8

序号	亚类	地质遗迹点名称	综合价值	评价等级
64	海蚀地貌	辽宁省大连市黑石礁-老虎滩海蚀地貌群	全国著名的海蚀地貌景观,具有地学科普价值和研究海蚀地貌成因的价值,具有很高的观赏性	省级
65		辽宁省大连市长海县长山群岛海蚀地貌群		省级
66		辽宁省大连市营城子湾-金州湾海蚀地貌群		省级
67		辽宁省大连市庄河市蛤蜊岛海蚀地貌		省级
68		辽宁省大连市瓦房店市驼山乡海蚀地貌群		省级
69		辽宁省锦州市笔架山开发区笔架山海蚀地貌		省级
70		辽宁省营口市鲅鱼圈区望儿山海蚀地貌		省级
71		辽宁省营口市盖州市团山子海蚀地貌		省级
72		辽宁省葫芦岛市龙湾海蚀地貌		省级
73	海积地貌	辽宁省营口市盖州市白沙湾海积地貌	全国著名的海积地貌景观,具有很高的旅游观赏价值、地学研究价值。交通便利	省级
74		辽宁省辽阳市弓长岭区冷热异常带	具有科研价值,全省只有这2处地温异常带	省级
75		辽宁省本溪市桓仁县沙尖子地温异常带		省级
76	峡谷	辽宁省本溪市本溪县大石湖-老边沟小峡谷	具观赏性,在省内具有代表性。自然原始,出露完整。具旅游价值。交通便利	省级
77		辽宁省本溪市南芬区南芬大峡谷	具观赏性,在省内具有代表性。自然原始,出露完整。具科研价值和旅游价值。交通便利	省级
78		辽宁省朝阳市朝阳县清风岭喀斯特峡谷地貌		省级
79	泥石流	辽宁省本溪市南芬区施家泥石流遗迹	具有教学实习及科普教育意义。交通便利	省级

第五章 地质遗迹区划

DIZHI YIJI QUHUA

第一节 区划的原则和方法

一、地质遗迹区划原则

根据《地质遗迹调查规范》(DZ/T 0303—2017)中地质遗迹区划指导思想,按照地质遗迹出露的地貌单元、构造单元,并结合地质遗迹的分布规律、出露范围,进行辽宁省地质遗迹区划,分为地质遗迹区、地质遗迹分区、地质遗迹小区3个层次。划分时保证地质遗迹分布的空间区域连续性和完整性,以利于地质遗迹保护规划与管理。

(1)地质遗迹区的划分大致与地貌区划或大地构造三级分区相对应,考虑成因相关性,在宏观上能反映出辽宁省地质遗迹资源的总体特征与形成背景。

(2)地质遗迹分区的划分基本上与四级构造单元相对应,能够反映出辽宁省地质遗迹资源的分布规律及组合关系。

(3)地质遗迹小区与五级构造单元相对应,综合考虑遗迹点区域聚集性、连续性,能突出反映遗迹点的具体特征。

二、地质遗迹区划方法

工作区地质遗迹区划属于自然区划,是在开展地质遗迹调查的基础上,根据地质遗迹的分布位置、出露范围、区域聚集性、成因相关性和组合关系等,最终以构造单元为主要分区依据进行划分。

地质遗迹区的命名原则为大地貌单元名称+地质遗迹区。

地质遗迹分区的命名原则为地名+四级构造单元名称+地质遗迹分区。

地质遗迹小区的命名原则为地名+五级构造单元名称+地质遗迹小区。

三、地质遗迹区划结果

(一)地质遗迹区

辽宁省地势大致为自北向南,自东西两侧向中部倾斜,山地丘陵分列东西两厢,向中部平原下降,呈马蹄形向渤海倾斜。东部山脉是长白山支脉哈达岭和龙岗山的南西延续部分,由南北两列平行山地组成,主要山脉有清原摩离红山、本溪和尚帽子山、桓仁老秃子山、宽甸四方顶子山、凤城凤凰山、鞍山千山和大连大黑山等。西部山脉是由内蒙古高原向辽河平原过渡构成的,主要有努鲁儿虎山、松岭、黑山和医巫闾山等。根据辽宁省地形地貌特征,二级构造单元和三级构造单元,将全省划分为4个地质遗迹区,分别为辽西低山丘陵地质遗迹区、辽北波状平原地质遗迹区、辽东山地丘陵地质遗迹区、下辽河平原地质遗迹区。

（二）地质遗迹分区

在地质遗迹区的基础上，考虑地质遗迹的成因、分布规律，根据四级构造单元划分地质遗迹分区，共划分出9个地质遗迹分区。

辽西低山丘陵地质遗迹区划分为3个地质遗迹分区：绥中-北镇隆起地质遗迹分区、辽西中生代上叠盆地地质遗迹分区、建平隆起地质遗迹分区。

辽北波状平原地质遗迹区划分为2个地质遗迹分区：法库残留海盆地质遗迹分区、西丰岩浆弧-开原残留海盆地质遗迹分区。

辽东山地丘陵地质遗迹区划分为4个地质遗迹分区：龙岗隆起地质遗迹分区、太子河坳陷及鞍山古陆核地质遗迹分区、桓仁-凤城中新生代盆地地质遗迹分区、大连坳陷及城子坦-庄河基底隆起地质遗迹分区。

下辽河平原地质遗迹区为一个完整的地貌单元，不再进一步分区。

（三）地质遗迹小区

在地质遗迹分区的基础上，综合考虑地质遗迹的区域聚集性、分布的连续性，结合五级构造单元，划分地质遗迹小区。将上述9个地质遗迹分区共划分为18个地质遗迹小区。

综上所述，辽宁省地质遗迹自然区划分为4个区，9个分区，18个小区，见表5-1，图5-1。

表5-1 辽宁省地质遗迹资源区划表

区	分区	小区
辽西低山丘陵地质遗迹区Ⅰ	绥中-北镇隆起地质遗迹分区I_1	北镇凸起地质遗迹小区I_{1-1}
		绥中凸起地质遗迹小区I_{1-2}
	辽西中生代上叠盆地地质遗迹分区I_2	义县中生代叠加盆岭地质遗迹小区I_{2-1}
		朝阳中生代叠加盆岭地质遗迹小区I_{2-2}
	建平隆起地质遗迹分区I_3	建平凸起地质遗迹小区I_{3-1}
		旧庙凸起地质遗迹小区I_{3-2}
辽北波状平原地质遗迹区Ⅱ	法库残留海盆地质遗迹分区II_1	
	西丰岩浆弧-开原残留海盆地质遗迹分区II_2	
辽东山地丘陵地质遗迹区Ⅲ	龙岗隆起地质遗迹分区III_1	汎河盆地地质遗迹小区III_{1-1}
		清原花岗绿岩带地质遗迹小区III_{1-2}
		新宾凸起地质遗迹小区III_{1-3}
	太子河坳陷及鞍山古陆核地质遗迹分区III_2	太子河坳陷地质遗迹小区III_{2-1}
		鞍山太古宙古陆核地质遗迹小区III_{2-2}
		盖州-岫岩岩裂谷地质遗迹小区III_{2-3}
	桓仁-凤城中新生代盆地地质遗迹分区III_3	桓仁盆地群地质遗迹小区III_{3-1}
		凤城岩浆弧地质遗迹小区III_{3-2}
	大连坳陷及城子坦-庄河基底隆起地质遗迹分区III_4	金州凸起地质遗迹小区III_{4-1}
		庄河凹陷地质遗迹小区III_{4-2}
		复州凹陷地质遗迹小区III_{4-3}
		永宁凹陷地质遗迹小区III_{4-4}
下辽河平原地质遗迹区Ⅳ		

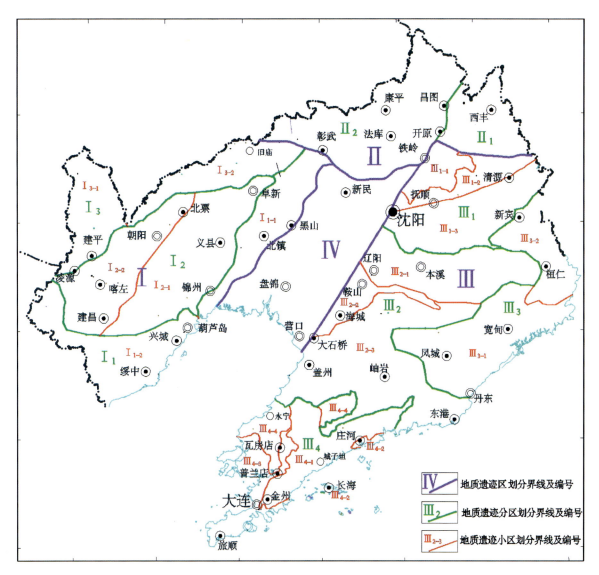

图 5-1 辽宁省地质遗迹区划示意图(比例尺 1∶5 000 000)

第二节　分区论述

一、辽西低山丘陵地质遗迹区(Ⅰ)

区划范围:辽宁省西部,包括锦州市、朝阳市、葫芦岛市、阜新市南部。

地貌特征:大致包括新立屯—北镇—辽东湾以西的广大地区。地势由西北向东南呈阶梯式降低,到渤海沿岸形成狭长的滨海平原,即辽西走廊。主要山脉有努鲁儿虎山、松岭、医巫闾山。努鲁儿虎山为大凌河与辽河上游的分水岭,主峰大青山海拔1 153m。医巫闾山位于本区东缘,除主峰望海寺在867m以外,一般多为300～600m的低山丘陵。

该地质遗迹区划分为3个地质遗迹分区,6个地质遗迹小区。

(一)绥中-北镇隆起地质遗迹分区(I_1)

区划范围:辽西地区南部,东西沿海岸带展布,包括北镇市、黑山县、凌海市、兴城市、绥中县等地区。

地貌特征:该区整体为低山丘陵区,海拔0～900m。丘陵盆地间错,坡度平缓,属于辽西低山丘陵区东南部。地势自北向南缓倾。

地质特征:位于华北陆块东部南缘,北邻喀左裂陷,向东止于柳河断裂,向西进入河北省内。绥中新太古代隆起是辽宁省内太古宙克拉通之一,呈北东向展布。由太古宙变质深成岩、绥中花岗岩(锆石LA-ICP-MS年龄2 522Ma,郑培玺等,2009)、变质表壳岩组合组成。此外,沿隆起带断续分布中、新元古代盖层、中生代侵入岩及白垩系。该地质遗迹区可划分北镇凸起地质遗迹小区(I_{1-1})、绥中凸起地质遗迹小区(I_{1-2})2个地质遗迹小区。

1. 北镇凸起地质遗迹小区(I_{1-1})

该小区位于绥中凸起北部,医巫闾山地区。东到柳河断裂与下辽河断坳分界,西邻辽西中生代上叠盆地带。由新太古代变质深成岩-花岗质片麻岩组成,属钙碱岩石系列。沿凸起边部,零星分布长城纪、蓟县纪碎屑岩及碳酸盐岩建造。2 500Ma鞍山运动导致新太古代变质深成岩发生麻粒岩相、角闪岩相变质作用及多期次韧性变形作用。燕山期,在区域伸展作用下,形成闾山变质核杂岩,西侧相伴阜新断陷盆地。侏罗纪大规模岩浆侵入,构成北东向侏罗纪侵入岩浆岩带。

新太古代变质深成岩再造为糜棱岩系,构成北东向韧性剪切带。蓟县纪碎屑岩及碳酸盐岩建造滑覆于太古宙变质深成岩之上。本区北东向、北北东向断裂极其发育,构成密集断裂带。

区内地质遗迹资源包括4处:阜新市海棠山花岗岩地貌、阜新市玛瑙矿、北镇市医巫闾山花岗岩地貌、锦州市笔架山海蚀地貌。其中北镇市医巫闾山花岗岩地貌为国家级,其余为省级遗迹点。

本区已建成国家级地质公园1处,即锦州医巫闾山花岗岩和义县化石国家地质公园。此外,笔架山海蚀地貌、海棠山花岗岩地貌均为AAAA级景区。

阜新玛瑙矿资源已经基本枯竭,但当地形成了全国最大的玛瑙加工交易中心。

2. 绥中凸起地质遗迹小区(I_{1-2})

绥中凸起由新太古代片麻状二长花岗岩和遵化岩群变质火山岩-碎屑岩含铁建造组成。岩石化学特征显示岩浆弧特点。晚印支期到燕山期岩石圈破裂,在刚性的基底上产生断裂,同时形成大小不等的早白垩世断陷盆地,并伴随中酸性火山喷发。区内岩浆活动较强烈,沿要路沟-葫芦岛断裂,有碱厂、圣宗庙等岩体侵入,呈北东东向展布,侵入岩石组合为石英二长闪长岩-花岗闪长岩-二长花岗岩。

区内地质遗迹资源较多,共有6处,包括葫芦岛市龙湾海蚀地貌、兴城市汤上温泉、建昌县大青山火山口、建昌县明水地热、建昌县龙潭大峡谷、绥中县东戴河海积地貌等。其中建昌县大青山火山口、建昌县龙潭大峡谷、绥中县东戴河海积地貌为国家级遗迹点,其他为省级遗迹点。

建昌县龙潭大峡谷为国家级地质公园,绥中县东戴河海积地貌已建成绥中碣石国家海洋公园,葫芦岛市龙湾海蚀地貌为AAAA级景区,兴城市汤上温泉及建昌县明水地热为辽西地区著名的温泉旅游度假区。

建昌县大青山火山口目前处于自然状态,其地貌景观优美,火山构造保存完好,极具进一步开发的价值。

(二)辽西中生代上叠盆地地质遗迹分区（I₂）

区划范围：辽西地区中部及北部，包含辽西大部分地区，包括义县、阜新市西南部、朝阳市除建平县外的全部地区、葫芦岛市建昌县等。

地貌特征：该区整体为低山丘陵区，平均海拔约426m，最高海拔1 226m。丘陵盆地间错，坡度平缓，整体上北高南低。

地质特征：该区为中国东部中新生代活动大陆边缘重要组成部分，有人称之板内造山带（郑亚东等，2000），空间上叠加于燕山中新元古代裂陷带之上，仅局部见有燕山中新元古代裂陷带构造层北东向出露。单元内发育一系列逆冲推覆构造和北东向、北北东向、北西向断裂构造以及压陷盆地、断陷盆地、变质杂岩构造。可划分为义县中生代叠加盆岭地质遗迹小区（I₂₋₁）和朝阳中生代叠加盆岭地质遗迹小区（I₂₋₂）2个地质遗迹小区。

1. 义县中生代叠加盆岭地质遗迹小区（I₂₋₁）

义县长盆岭系从瓦房子-北票隆起带为西部边界，下辽河盆地为东部边界。由金羊盆地、紫都台盆地、义县-阜新盆地、新立屯盆地、锦州-间山隆起带组成。盆地受北东向基底断裂控制。盆地内堆积巨厚的火山岩、碎屑岩含煤、油页岩建造，中部有白马石、南票、柳河沟隆起断续呈北东向展布，由新太古代变质深成岩和中新元古代、古生代沉积岩系组成；东部由新太古代结晶基底间夹中元古代沉积岩系构成锦州-间山北东向隆起带，为变质核杂岩重要组成部分。

本区地质遗迹资源发育且价值较高，包括阜新市海州露天矿坑遗址、义县马神庙-宋八户义县组剖面、热河生物群古生物群化石产地（义县产区）、锦州市北普陀山火山岩地貌、葫芦岛市南票区盘龙洞岩溶地貌、葫芦岛市连山区大虹螺山花岗岩地貌、朝阳县尚志乡火山地貌7处。

阜新市海州露天矿坑遗址已经建成国家矿山地质公园，免费对游客开放。

义县马神庙-宋八户义县组剖面、热河生物群化石产地（义县产区）已建成锦州医巫闾山花岗岩和义县化石国家级地质公园。

锦州市北普陀山火山岩地貌为AAAA级景区，朝阳县尚志乡火山地貌和葫芦岛市连山区大虹螺山花岗岩地貌则为免费游览的景观资源，葫芦岛市南票区盘龙洞岩溶地貌以及葫芦岛连山区新台门哑路沟岩溶洞穴正在由地方政府规划开发成旅游景区。

2. 朝阳中生代叠加盆岭地质遗迹小区（I₂₋₂）

朝阳盆岭系由北票盆地、朝阳-四官营子盆地、建昌盆地、建平断隆、瓦房子断隆组成。盆地受北东向基底断裂控制。盆地内堆积巨厚的火山岩、碎屑岩含煤建造。建平、瓦房子断隆，断续呈北东向展布，由中、新元古界和古生界组成。

区内地质遗迹资源包括热河生物群古生物群化石产地（建昌产区、北票四合屯产区）、燕辽生物群古生物群化石产地（建昌玲珑塔大西山）、朝阳市凤凰山碳酸盐岩地貌、朝阳市清风岭喀斯特峡谷地貌、朝阳市瓦房子镇锰矿产地、大凌河河流景观、鸽子洞古人类化石产地、建昌县白狼山花岗岩地貌8处。

热河生物群古生物群化石产地已经建成朝阳鸟化石国家地质公园，已经建成上河首和四合屯2个园区，凌源大王杖子园区正在施工建设。

燕辽生物群古生物群化石产地、热河生物群古生物群化石产地（建昌产区、北票四合屯产区）于2016年申报省级地质公园，目前公园正在进一步规划建设中。

白狼山为2016年申报的辽宁建昌省级地质公园的一个主要园区。

朝阳市凤凰山碳酸盐岩地貌、朝阳市清风岭喀斯特峡谷地貌为当地著名旅游风景区。

朝阳市大凌河河流景观、鸽子洞古人类化石产地为免费开放的景区，当地镇政府正在投资修建观景设施。

朝阳市瓦房子镇锰矿产地仍处于矿山开采阶段，但不阻碍考察人员进入。

（三）建平隆起地质遗迹分区（I_3）

区划范围：该区范围较小，仅包括建平县、阜新县中北部及北票市北部部分区域。

地貌特征：该区整体地貌特征为山地丘陵区，区内群山起伏，沟壑纵横。努鲁儿虎山山脉横贯中部，自东北向西南延伸。

该单元地质特征空间上位于叶柏寿断裂以北，开原-黑水断裂以南、柳河断裂以西区域，北北东向展布于建平—阜新以北旧庙一带。主要由变质深成岩、小塔子沟岩组及古元古代迟家杖子岩组和魏家沟岩群构成。其中，变质深成岩由石英闪长质片麻岩、二长花岗质片麻岩组成，具钙碱系列和TTG岩系特点，阜新地区石英闪长质片麻岩锆石SHRIMP年龄2 559.2Ma；小塔子沟岩组见于北部，由变质火山岩夹碎屑岩含铁建造组成，呈孤岛状赋存太古宙变质深成岩中；古元古代迟家杖子岩组和魏家沟岩群由变质碎屑岩-变质碳酸盐岩建造组成，分布局限，仅见于建平、阜新北部魏家沟一带。

2500Ma鞍山运动导致新太古代地质体发生麻粒岩相变质作用、角闪岩相变质作用，多期韧性变形，其后吕梁运动对其改造，使其退变为绿片岩相，同时发生元古宙迟家杖子岩组和魏家沟岩群绿片岩相变质作用。该区包括建平凸起地质遗迹小区（I_{3-1}）和旧庙凸起地质遗迹小区（I_{3-2}）2个地质遗迹小区。

1. 建平凸起地质遗迹小区（I_{3-1}）

该小区呈北东东向展布于建平-宝国老地区。主要由变质深成片麻岩类（原岩为石英闪长岩、英云闪长岩、二长花岗岩）和少量变质表壳岩（含"鞍山式"铁矿）构成，也是辽宁省内太古宙克拉通之一。此外，见有古元古代被动陆缘背景下沉积的迟家杖子岩组变质碎屑岩-大理岩建造。沿燕山裂陷边缘发育中元古代前造山辉长岩-正长岩-二长岩侵入岩组合。晚三叠世以来，隶属中国东部中新生代活动陆缘构造背景，断陷盆地发育，火山喷发强烈，中酸性岩浆大面积侵入。

区内地质遗迹资源较少，仅1处，为凌源热水汤温泉，现为辽西地区著名的温泉旅游地。

2. 旧庙凸起地质遗迹小区（I_{3-2}）

该小区呈近东西向展布，主要由变质深成片麻岩类（原岩为石英闪长岩、英云闪长岩、二长花岗岩）和少量变质表壳岩（含"鞍山式"铁矿）和古元古代基性、酸性侵入岩及魏家沟岩群构成。此外，见有269.5Ma（锆石SHRIMP）后造山富钾花岗岩侵入。晚三叠世以来，隶属中国东部中新生代活动陆缘构造背景，板内造山强烈，断陷盆地和中生代岩浆岩发育。

区内遗迹资源较少，仅2处，为大黑山花岗岩地貌、劈山沟花岗岩地貌，均为著名的旅游风景区，同时也是国家级自然保护区。

二、辽北波状平原地质遗迹区（II）

区划范围：位于辽宁省北部，包括铁岭市开原市、西丰县、昌图县、调兵山，沈阳市康平县、法库县以及阜新市彰武县。

地貌特征：该区整体为低丘区，海拔50～250m。丘陵盆地间错，坡度平缓，属于松辽平原南部。

地势自北向南缓倾。

地质特征：由古生代低绿片岩相-绿片岩相层状变质岩系组成。东部法库-开原地区包括奥陶纪下二台群变质火山岩-变质碳酸盐岩-泥质岩建造；石炭纪碳酸盐岩建造；二叠纪变质火山岩-变质碳酸盐岩-泥质岩建造。西部建平-阜新地区为奥陶纪变质碳酸盐岩、志留纪变质泥质岩夹变质碳酸盐岩建造；石炭纪变质碎屑岩夹变质碳酸盐岩建造；二叠纪变质碎屑岩夹变质碳酸盐岩建造及变质火山岩-碎屑岩建造。此外，沿该单元南部边缘发育同造山（俯冲型）284～265Ma 酸性侵入岩浆建造和前造山超基性—基性侵入岩。

伴随西伯利亚板块与华北板块碰撞造山远程效应，本区古生代地层均发生绿片岩相区域变质作用和韧性变形。

该地质遗迹区可划分为法库残留海盆地质遗迹分区（II_1）、西丰岩浆弧-开原残留海盆地质遗迹分区（II_2）2个地质遗迹分区。

（一）法库残留海盆地质遗迹分区（II_1）

该分区分布于黑水-开原大型断裂以北，西至柳河断裂，东以郯庐断裂为界与开原残留海盆毗邻。出露地层有石炭系磨盘山组变质碳酸盐岩建造；二叠系开原岩群佟家屯岩组变质中性火山岩建造；照北山岩组变质碳酸盐岩夹碎屑岩建造。此外见有十间房岩体花岗闪长岩，五龙山杂岩。十间房岩体、五龙山杂岩与层状变质岩系构成复杂的海西期构造岩系。

区内地质遗迹资源不发育，本次未发现可列入的重要遗迹资源。

（二）西丰岩浆弧-开原残留海盆地质遗迹分区（II_2）

该分区分布于黑水-开原大型断裂以北地区，西至郯庐断裂，向东延入吉林省内。主要由中二叠世俯冲型花岗闪长岩-二长花岗岩组成，沿本区南部边缘出露新太古代变质深成岩基底残块及发育前造山基性—超基性岩和二叠纪俯冲型酸性侵入岩。

区内地质遗迹资源不发育，本次未发现可列入的重要遗迹资源。

三、辽东山地丘陵地质遗迹区（III）

区划范围：位于辽宁省东部，包括沈阳市东南部地区、抚顺市、大连市、丹东市、本溪市、鞍山市及营口市东南部。

地貌特征：为长白山脉的西南延续部分，地势由东北向西南逐渐降低，构成辽河与鸭绿江水系的分水岭。本区北部为山地区，系长白山支脉吉林哈达岭和龙岗山脉的延续部分，走向西南，1 000m以上的山峰不多。龙岗山脉海拔1 000m左右，其中花脖子山海拔1 336m，老秃顶子山海拔1 325m，为辽宁省内最高的2个山峰。南部半岛为丘陵区，以千山山脉为骨干，走向与半岛方向一致，北宽南狭，北高南低，除绵羊顶山、魏家岭、步云山等少数山峰海拔在1 000m以上外，其余大部分均在500m以下，坡降平缓，山势浑圆。

地质特征：本区为新元古代—古生代坳陷带，西以郯庐断裂与新生代华北盆地毗邻，北以黑水-开原大断裂与华北北缘古生代坳陷带（辽北波状平原地质遗迹区）分界，向东进入吉林省内。由太古宙—古元古代克拉通基底、新元古代—中三叠世沉积盖层、晚三叠世—新生代沉积岩系—基性火山岩组成。此外分布有大面积不同时代、不同岩石类型的侵入岩，并发育有北东向、北北东向、北西向断裂构造和北东向、北西向褶皱构造。

其结晶基底是中国最古老的陆块,发育始太古代38亿年白家坟奥长花岗岩、古太古代34亿年陈台沟花岗岩及变质表壳岩、中太古代28亿年铁架山花岗质片麻岩、新太古代钙碱系列和TTG系列变质深成岩、鞍山岩群含铁变质岩系、清原岩群含铜变质岩系。鞍山运动,使其北部清原地区发生麻粒岩相和角闪岩相变质作用相伴多期韧性变形作用,面理置换强烈,趋于平行化。由于地幔热点不同,中部和南部鞍本及城子坦地区变质作用主要表现为绿片岩相。相伴多期韧性变形作用,片麻状、条带状、构造发育,常见片内褶皱及变质构造分异长英质脉体贯入。鞍山运动导致胶辽吉古陆块第一次克拉通化,形成早期结晶基底。

古元古代初,太古宙古陆块裂解,形成裂谷,裂谷内底部发育浪子山岩组变质富铝泥质碎屑岩夹变质碳酸盐岩建造、里尔峪岩组变质火山岩-碎屑岩夹变质碳酸盐岩含硼建造;中部发育高家峪岩组变质碎屑岩夹变质火山岩及碳酸盐岩含石墨建造、大石桥岩组变质碳酸盐岩夹碎屑岩含菱镁滑石建造;上部发育盖县岩组富铝泥质碎屑岩建造。伴随基底裂解,早期酸性岩浆、基性岩浆大规模顺层或穿层侵入,大面积出露条痕状花岗杂岩、基性侵喷岩墙。

吕梁运动,在南北向挤压作用下,裂谷消亡,形成近东西向复杂山链。与此同时,相继发生低角闪岩相和绿片岩相变质作用、三期韧性变形作用。与之关联的同造山二云母花岗岩和后造山钾长花岗岩和正长岩侵入。辽吉古陆块(裂谷)第二次克拉通化,在局部残存海盆,沉积了榆树砬子碎屑岩建造,其后发生绿片岩相变质作用和二期韧脆性变形作用,构成上部结晶基底。

中新元古代青白口纪、南华纪、震旦纪沉积岩系,构成下部盖层,寒武纪、奥陶纪沉积岩系组成中部盖层,受西伯利亚板块向华北板块俯冲远程效应,中奥陶世末期,地壳抬升,在经历晚奥陶世—早石炭世剥蚀夷平的基础上,地壳下降,接受晚石炭世、二叠纪、早三叠世—中三叠世海陆交互相-陆相沉积,构成上部构造层。

瓦房店早古生代金伯利岩形成时岩石圈厚度大约200km。北部归州-桓仁地区呈北东向幔凹,海城构成幔凹中心。南部大连-庄河地区,为一近东西向的地幔隆起带,隆轴位于金州-长海-鸭绿江口外。

本区划分为4个地质遗迹分区:龙岗隆起地质遗迹分区(Ⅲ$_1$)、太子河坳陷及鞍山古陆核地质遗迹分区(Ⅲ$_2$)、桓仁-凤城中新生代盆地地质遗迹分区(Ⅲ$_3$)、大连坳陷及城子坦-庄河基底隆起地质遗迹分区(Ⅲ$_4$)。

(一)龙岗隆起地质遗迹分区(Ⅲ$_1$)

龙岗隆起北以黑水-开原大断裂与华北北缘古生代坳陷带分界,南与太子河坳陷毗邻,西止郯庐断裂,向东进入吉林省内。可划分为3个地质遗迹小区。

1. 汎河盆地地质遗迹小区(Ⅲ$_{1-1}$)

该小区位于浑河断裂以北,郯庐断裂以东,章党-柴河保环形断裂以西区域。西以郯庐断裂与下辽河断坳盆地区分界,东与清原新太古代绿岩带毗邻。由新太古代克拉通结晶基底、中新元古代沉积盖层组成,叠加侏罗纪压陷盆地。

基底岩系为新太古代石英闪长质片麻岩、二长花岗质片麻岩。历经绿片岩相变质作用相伴韧性变形,强烈的韧性变形构成区域东西向片麻理。

中新元古代,汎河太古宙基底发生裂解,形成裂陷盆地,盆地内堆积巨厚的沉积岩系夹基性火山岩。主要有中元古代长城系大迫山组、康庄组泥质碎屑岩夹镁质碳酸盐岩及碎屑岩建造;关门山组镁质碳酸盐岩建造;蓟县系佟家街组泥质-碎屑岩夹镁质碳酸盐岩建造;虎头岭组镁质碳酸盐岩夹碎屑岩建造;二道沟组细碧岩建造;石门组镁质碳酸盐岩、泥质碎屑岩建造;宋家沟组泥质碎屑岩夹钙质碳酸盐岩建造；杨士屯组泥质碎屑岩碳酸盐岩建造。待建系于北沟组泥质碎屑岩建造；腰末台冲组砂岩建造。南华系殷屯组具冰水沉积特点的磨拉石碎屑岩建造。

由于局部热流作用，导致中新元古代地层发生低绿片岩相变质作用，以此构成特殊的盖层。受印支运动影响，盖层发生北东向紧密褶皱。

本小区地质遗迹点有2处，1处为地层剖面类（典型地层剖面），为国家级；1处为主要岩矿石产地（柴河铅锌矿），为省级。

柴河铅锌矿位于本区柴河堡向斜南翼，出露地层主要为太古宇鞍山群混合岩，成矿主要地层为辽河群三岔子组，岩石以碳酸盐岩为主，碎屑岩次之。

南华系殷屯组标准地层剖面为辽宁省殷屯组建组剖面，是研究辽宁地区新元古代冰期和我国北方南华系的重点地区。

2. 清原花岗绿岩带地质遗迹小区（III_{1-2}）

该小区北以黑水-开原大型断裂与华北北缘古生代坳陷带分界，西与汎河中新元古代裂陷盆地及下辽河断坳盆地相邻，南以浑河断裂与新宾凸起为界，向东进入吉林省内。主要由新太古代红透山岩组变质基性火山岩含铜、铁火山岩建造、英云闪长质片麻岩、二长花岗质片麻岩组成，统称为花岗绿岩带，表壳岩。此外零星分布新元古代摩里红前造山英云闪长岩，新元古代铁镁质超基性岩。其中新太古代英云闪长质片麻岩隶属于TTG岩系，花岗质片麻岩为钙碱系列。红透山岩组为绿岩带重要组成部分，也是辽宁省重要含铜火山岩建造。

本小区地质遗迹点有3处：重要岩矿石产地1处，为国家级；岩土体地貌1处，为省级；花岗岩地貌1处，为省级。

红透山铜锌矿是东北地区最大的铜矿矿厂，经过30多年开采，目前开拓深度已达1 300 m，采矿深度达1 000余米，是我国有色矿山最深的矿井。矿床位于浑河断裂的北侧，铁岭-靖宇台拱的南缘。出露岩层均属太古宇鞍山群，矿体赋存在由花岗片麻岩及角闪片麻岩等薄层互层岩组构成的含矿岩系内，上盘围岩主要为矽线石黑云母片麻岩，下盘围岩主要为黑云母片麻岩。

棋盘山国际风景旅游开发区是沈阳市最大的自然风景区，位于本区东部。棋盘山山顶斜下方有1个巨石棋盘，为典型的碎屑岩地貌。清源碇子山岩体也分布在本区。

3. 新宾凸起地质遗迹小区（III_{1-3}）

该小区北以浑河断裂与清原太古宙绿岩带相邻，南与太子河坳陷毗邻，西与下辽河断陷盆地相接，向东延入吉林省内。主要由变质表壳岩和变质深成岩组成，变质表壳岩为石棚子岩组含铁变质火山岩建造、通什村岩组含铁变质火山岩-碎屑岩建造，为辽宁省重要含铁火山岩建造；变质深成岩为英云闪长质片麻岩、二长花岗质片麻岩。此外零星分布侏罗纪陆相复陆屑建造、白垩纪火山岩-碎屑岩建造。

抚顺盆地位于该小区西北部，属陆内断陷盆地。在断陷初期形成一个较大的火山-沉积旋回，发育厚—巨厚层煤系。该古近纪煤矿为一套河沼相、湖沼相形成的河湖相含煤碎屑岩组合，古城子组为主要含煤地层，煤层厚度大、质量好，在煤层中还产煤精和琥珀。

本小区地质遗迹点有3处，其中花岗岩地貌2处，均为省级；重要岩矿石产地1处，为国家级。

（二）太子河坳陷及鞍山古陆核地质遗迹分区（III_2）

本区划分为太子河坳陷地质遗迹小区（III_{2-1}）、鞍山太古宙古陆核地质遗迹小区（III_{2-2}）、盖州-岫岩古裂谷地质遗迹小区(III_{2-3})3个地质遗迹小区。

1. 太子河坳陷地质遗迹小区(III_{2-1})

该小区主要包括本溪市大部分地区、辽阳市北部。太子河坳陷北与新宾凸起毗邻,南与辽吉古裂谷分界,西与鞍山古陆核、下辽河断陷盆地相接,向东进入吉林省内。受燕山期构造改造作用,南北界线呈现锯齿状。总体呈东西向展布。

太子河坳陷为陆表海盆地。基底不发育,由新太古代变质深成岩、古元古代辽河群组成,沿坳陷边界零星分布。盖层由青白口纪、南华纪、寒武纪、奥陶纪、石炭纪、二叠纪沉积岩系组成。其中,青白口系钓鱼台组砂岩建造、南芬组泥质碳酸盐岩和泥砂质碎屑岩建造组成第一构造亚层;南华系桥头组砂岩建造、康家组粉砂岩建造构成第二构造亚层;寒武系第二统碱厂组碳酸盐岩夹碎屑岩建造、寒武系第二统—第三统馒头组碳酸盐岩及碎屑岩建造、寒武系第三统张夏组碳酸盐岩夹碎屑岩建造、崮山组碳酸盐岩建造、寒武系芙蓉统炒米甸子组碳酸盐岩建造、奥陶系冶里组碳酸盐岩夹泥岩建造、亮甲山组镁质碳酸盐岩、马家沟组碳酸盐岩建造构成第三构造亚层;石炭纪、二叠纪海陆交互相沉积,构成第四构造亚层。主要有石炭系本溪组含煤碎屑岩建造,太原组碳酸盐岩夹含煤碎屑岩建造、山西组含煤、铝土矿碎屑岩建造;二叠系石盒子组含铝土矿碎屑岩建造、蛤蟆山组紫色碎屑岩建造。沿坳陷南部边缘有晚三叠世赛马后造山碱性岩浆岩侵入。

本区地质遗迹资源极为丰富,共16处,包括地层剖面类3处,2处为国家级,1处为省级;古人类化石产地1处,为省级;岩土体地貌类7处,1处为国家级,6处为省级;峡谷地貌3处,均为省级;火山地貌1处,为省级;地质灾害类1处,为省级。

2. 鞍山太古宙古陆核地质遗迹小区(III_{2-2})

鞍山古陆核是中国最古老的陆核,西以郯庐断裂与下辽河断坳盆地分界,北与太子河坳陷毗邻,东、南与辽吉裂谷相接。主要由38亿年前白家坟奥长花岗岩、34亿年前花岗质片麻岩、34亿年前陈台沟岩组基性火山岩建造、28亿年前铁架山花岗质片麻岩、25亿年前鞍山群变质含铁泥质碎屑岩建造、25亿年前虎庄奥长花岗质片麻岩、25亿年前连山关片麻状二长花岗岩组成。

鞍山运动导致太古宙地质体发生角闪岩相到绿片岩相变质作用,相伴多期韧性变形。其特点为面理置换强烈,形成复杂的无根勾褶皱、片内褶皱,北西向韧性剪切带,面理区域平行化,经鞍山运动,克拉通基底固结。

本小区分布有地质遗迹资源5处,包括地层剖面1处,为省级;岩石剖面1处,为世界级;重要岩矿石产地1处,为国家级;岩土体地貌1处,为省级;水体地貌1处,为国家级。

3. 盖州-岫岩古裂谷地质遗迹小区(III_{2-3})

该小区包括鞍山市南部大部分地区,营口市南部,丹东市南部地区,大致以什司县—草河口—太平哨一线为界,以北为裂谷浅水盆地,以南为深水盆地。北与太子河坳陷相邻,南与城子坦-庄河太古宙基底隆起毗邻,东与鞍山古陆核、下辽河断坳分界,西自盖县向东经宽甸、桓仁向东进入吉林省内的集安市、临江市,然后过鸭绿江入朝鲜。主要由古元古代辽河群浪子山岩组、里尔峪岩组、大石桥岩组、盖县岩组、榆树砬子岩组组成。浪子山岩组为富铝变质泥砂质建造;里尔峪岩组为含硼变质火山岩-碎屑岩夹碳酸盐岩建造;高家峪岩组为含墨变质碎屑岩夹碳酸盐岩建造;大石桥岩组为含菱镁矿、滑石变质碳酸盐岩夹碎屑岩建造;盖县岩组为富铝变质泥砂质碎屑岩建造;中元古代榆树砬子岩组为变质碎屑岩建造。此外,大面积分布古元古代基性岩墙、条痕状花岗杂岩、二长花岗岩、钾长花岗岩等。

从变质沉积建造特征分析,辽吉古裂谷与太古宙克拉通裂开沉降有关,主要由地幔上涌而形成。

它历经拉张裂陷-沉积阶段(2 200～1 900Ma)、挤压-变质、褶皱、消亡阶段(1 900～1 750Ma)、造山后伸展隆升阶段(1 750～1 600Ma)演化历史。宽甸大西岔地区有古蛇绿岩片线索及与硼矿成因有关的超基性岩存在,暗示裂谷已演化到初始洋盆阶段,陈荣度等(2003)则认为是裂谷中心部位块体有限分离形成的洋壳。在裂谷演化过程岩浆侵位事件有前造山伸展阶段的2 100Ma基性岩墙侵位,前造山向造山早期转换(伸展到挤压)背景下,沿裂谷底部大面积侵位,并卷入褶皱造山作用的2 075Ma条痕状花岗岩,主造山阶段的1 899Ma侵位的二云母、黑云母二长花岗岩,后造山阶段侵位的斑状花岗岩、钾长花岗岩(SHRIMP年龄值为1 841±12Ma,路孝平,2005)、花岗伟晶岩组合(陈树良等,2000)。18亿年前后吕梁运动,导致辽吉古裂谷发生区域角闪岩相-绿片岩相变质作用,相伴随3期韧性变形,形成以营口-草河口为中心的近东西向山链,构成辽东上部结晶基底。

从辽河群建造及空间展布分析,火山活动终止于大石桥期。该期大面积海退,大石桥组分布范围远不及前大石桥期,这些特征说明大石桥晚期,地壳曾经出现抬升造陆过程,辽吉古裂谷已夭折。盖县期构造背景已转换为陆表海沉积。

本小区有16处地质遗迹资源,包括重要岩矿石产地5处,均为国家级;古人类化石产地2处,均为省级;岩土体地貌3处,1处为国家级,2处为省级;水体地貌3处,1处为国家级,2处为省级;海岸地貌3处,均为省级。

(三)桓仁-凤城盆地地质遗迹分区(III_3)

该分区大致包括新宾满族自治县、桓仁镇、凤城市、宽甸满族自治县,属中国东部晚三叠世以来活动陆缘重要组成部分。以多旋回火山喷发、岩浆侵入为主要特点。

燕山早期受北美板块与欧亚板块碰撞汇合,扬子板块与华北板块焊合影响,在辽东地区形成一系列侏罗纪含煤压陷盆地,如大甸子盆地、柴河盆地、瑷阳盆地、赛马盆地等,盆地内堆积较厚的火山-碎屑岩建造。中侏罗世晚期,沿太子河新元古代—古生代坳陷南缘发育大型双重逆冲,青白口系细河群、寒武系逆冲于侏罗系之上。

燕山晚期,形成一系列白垩纪断陷盆地、拉分盆地、变质核杂岩及A型岩浆侵入。代表性盆地有桓仁断陷盆地、沙尖子断陷盆地、瓦房店断陷盆地、桂云花断陷盆地、大营子拉分盆地、黄花甸子拉分盆地、新立拉分盆地等,盆地内堆积巨厚的酸性火山岩-沉积碎屑岩建造。受郯庐断裂作用,岩石圈(基底、盖层)破裂发育一系列北东向、北北东向、北西向断裂。

古近纪、新近纪、第四纪发育大陆裂谷型玄武岩。

该区划分为桓仁盆地群地质遗迹小区(III_{3-1})、凤城岩浆弧地质遗迹小区(III_{3-2})2个地质遗迹小区。

1. 桓仁盆地群地质遗迹小区(III_{3-1})

该小区叠加在太子河坳陷和辽吉古元古代古裂谷区东部。由瑷阳侏罗纪压陷含煤盆地、新宾侏罗纪—白垩纪压陷盆地-断陷盆地、桓仁白垩纪断陷盆地、沙尖子白垩纪断陷盆地等组成。盆地受北东向、北西向基底断裂控制。其中,瑷阳盆地沉积较厚的砂砾岩夹页岩含煤建造,新宾盆地内堆积巨厚的侏罗纪砂砾岩碎屑岩建造和早白垩世小岭组火山-碎屑岩建造,厚达近千米。

本区分布地质遗迹资源4处,其中水体地貌1处,为省级;火山地貌1处,为省级;构造地貌1处,为省级;冰川地貌1处,为省级。

2. 凤城岩浆弧地质遗迹小区(III_{3-2})

该小区单元位于桓仁盆地群南部,空间上主要叠加在辽吉古元古代古裂谷区东部。岩浆活动有3

个峰期，即晚三叠世、侏罗纪、早白垩世。其中，晚三叠世为造山期俯冲型二长花岗岩组合（以岫岩岩体为代表）、后造山赛马碱性杂岩（赛马岩体为代表）；侏罗纪—早白垩世早期为造山期俯冲型二长花岗岩-花岗闪长岩组合（韩家岭岩体为代表）。

本小区有地质遗迹 12 处，其中重要岩矿石产地 2 处，1 处为国家级，1 处为省级；岩土体地貌 3 处，均为省级；水体地貌 4 处，1 处为国家级，3 处为省级；火山地貌 2 处，1 处为国家级，1 处为省级；冰川地貌 1 处，为省级。

（四）大连坳陷及城子坦-庄河基底隆起地质遗迹分区（Ⅲ$_4$）

该地质遗迹分区主要为大连地区。大连陆表海盆地（坳陷）相当复州凹陷一部分，西与渤海邻界，东与城子坦-庄河太古宙基底杂岩隆起带毗邻，包括永宁凹陷、复州凹陷。

城子坦-庄河太古宙基底隆起是辽宁较古老的陆块之一，西以金州断裂与大连坳陷分界，北、东与辽吉古裂谷毗邻，南进入渤海。由金州新太古代凸起（岩浆弧）和庄河凹陷组成。

本区划分为金州凸起地质遗迹小区（Ⅲ$_{4-1}$）、庄河凹陷地质遗迹小区（Ⅲ$_{4-2}$）、复州凹陷地质遗迹小区（Ⅲ$_{4-3}$）、永宁凹陷地质遗迹小区（Ⅲ$_{4-4}$）4 个地质遗迹小区。

1. 金州凸起地质遗迹小区（Ⅲ$_{4-1}$）

该小区主要为金州区以北、普兰店市东部以及庄河市南部，整体呈北东向，为侵蚀隆起丘陵地貌，海拔 0～521.5m。主要由 25 亿年前花岗质片麻岩、英云闪长质片麻岩、石英闪长质片麻岩组成。历经角闪岩相到绿片岩相作用，相伴多期韧性变形，面理置换强烈，形成复杂的无根勾褶皱、片内褶皱，由于变形、变质分异，形成条带状构造，面理区域平行化，岩石地球化学背景显示岩浆弧特征。

地质遗迹点有 2 处，其中，岩石剖面 1 处，为国家级；岩土体地貌 1 处，为省级。

2. 庄河凹陷地质遗迹小区（Ⅲ$_{4-2}$）

该小区单元主要由新元古界、下古生界构造层组成。新元古界由滨海相碎屑岩夹泥质碳酸盐岩建造组成；下古生界由碳酸盐岩台地碳酸盐岩夹碎屑岩建造构成。

地质遗迹资源有 3 处，均为海岸地貌，其中 1 处为国家级，2 处为省级。

3. 复州-金州凹陷地质遗迹小区（Ⅲ$_{4-3}$）

复州凹陷位于永宁凹陷南部，西邻渤海，东以金州断裂为界与城子坦-庄河太古宙基底隆起毗邻。主要由新元古代、古生代沉积岩系盖层组成。历经隆升、坳陷多旋回演化，形成 4 个盖层结构。底部盖层为新元古代青白口纪沉积岩系，即钓鱼台组砂岩建造、南芬组泥质碎屑岩-泥质碳酸盐岩建造，南芬期末期，海退，地壳抬升，本次称之细河上升，第一盖层沉积作用结束。南华纪始，地壳下降，海进，接受为南华纪、震旦纪泥质、砂质、碳酸盐岩沉积，构成中部盖层。主要有南华系桥头组碎屑岩建造；长岭组泥质、粉砂质碎屑岩建造；震旦系南关岭组灰岩建造；甘井组白云岩建造；营城子组灰岩建造；十三里台组藻灰岩建造；马家屯组灰岩夹页岩建造；崔家屯组灰岩、泥质粉砂岩建造；兴民村组灰岩、泥质粉砂岩建造。兴民村期末，地壳抬升，本次称之金州上升。中部盖层沉积作用结束。

寒武纪始，地壳复又下降，海进，接受寒武纪、早—中奥陶世碳酸酸盐岩夹碎屑岩沉积，形成上部盖层。主要有寒武系葛屯组碎屑岩建造；大林子组红色碎屑岩夹镁质碳酸盐岩建造；碱厂组碳酸盐岩夹碎屑岩建造；馒头组碳酸盐岩及碎屑岩建造；张夏组碳酸盐岩夹碎屑岩建造；崮山组碳酸盐岩建造；炒米甸子组碳酸盐岩建造；奥陶系冶里组碳酸盐岩夹泥岩建造；亮甲山组镁质碳酸盐岩建造；马家沟组碳酸盐岩建造。

受西伯利亚板块向华北板块俯冲作用远程效应，中奥陶世末期，华北陆块抬升造陆，缺失晚奥陶世到早石炭世沉积，区域夷平化。

晚石炭世—二叠纪为海陆交互相沉积，构成顶部盖层。主要有上石炭统本溪组含煤碎屑岩建造；太原组碳酸盐岩夹含煤碎屑岩建造；上石炭统—下二叠统山西组含煤、铝土矿碎屑岩建造。

印支运动对本区有广泛影响，早期在伸展作用下见有前造山基性岩墙侵入。晚期在收缩挤压机制下，新元古代、古生代地层发生褶皱，形成紧密褶皱和倒转褶皱，相伴逆冲断裂。

本小区地质遗迹资源共21处，是最丰富的地区。其中，地层剖面4处，1处为世界级，3处为省级；构造剖面4处，1处为国家级，3处为省级；重要化石产地6处，3处为国家级，3处为省级；主要岩石产地2处，1为国家级，1为省级；岩土体地貌1处，为国家级；水体地貌1处，为国家级；海岸地貌3处，1处为国家级，2处为省级。

4．永宁凹陷地质遗迹小区（III_{4-4}）

该小区位于复州城地区，西到渤海，东以金州断裂与辽吉古元古代裂谷、城子坦-庄河太古宙基底杂岩隆起带分界，南与大连新元古代—古生代陆表海盆地毗邻。由新太古代、古元古代结晶基底、青白口纪盖层组成，叠加白垩纪断陷盆地。

结晶基底由古元古代条痕状花岗岩和新太古代二长片麻岩和表壳岩包体组成。弧立分布于盆地四周。

盖层为青白口系永宁组，主要为山前盆地河流冲积扇型红色砾岩、砂岩组成的磨拉石建造，厚446～6 000m，代表了Rodinia超大陆聚合事件。受印支运动影响，形成东西向宽缓褶皱。燕山运动，形成许屯断陷盆地及北东向、北西向断裂，相伴酸性岩浆侵入。盆地内堆积早白垩世中酸性火山岩建造。

本小区地质遗迹资源有2处，分别为海蚀地貌1处，为省级；冰川地貌1处，为省级。

四、下辽河平原地质遗迹区（Ⅳ）

区划范围：位于彰武—铁岭一线以南，至辽东湾沿岸。包括盘锦市、营口市西部、新民市。

地貌特征：地势平坦，坡度小，海拔一般50m以下，近海一带2～10m，分布众多的沼泽洼地和盐碱地。

本区地质遗迹资源少且类型单一，均为水体地貌类遗迹，共4处，其中，1处为世界级，1处为国家级，2处为省级。因此不再划分地质遗迹分区和小区。

第六章 地质遗迹保护规划建议

DIZHI YIJI BAOHU GUIHUA JIANYI

地质遗迹是指在地球演化历史过程中，由内、外动力地质作用形成的各类地质现象，是不可再生的地质自然遗产。地质遗迹是地质环境的重要组成部分，因此对于地质遗迹的保护也是自然环境保护的重要部分。地质遗迹保护规划应按照地质遗迹的科学性、稀有性、观赏性及完整性，确定其保护级别，合理划分保护等级，结合地质遗迹的分布特点划定保护区范围，依据地质遗迹的等级、保护现状和利用前景、可保护性等因素划分保护区。

第一节　地质遗迹保护的指导思想和基本原则

一、指导思想

地质遗迹保护工作，是"尊重自然、顺应自然、保护自然"的要求，是实现建设"美丽中国"永续发展的长久动力。以科学发展观为指导，紧密围绕全面建设小康社会的目标，以保护地质遗迹与生态环境为根本出发点，建立和完善地质遗迹保护长效机制。坚持"积极保护、合理开发"的原则，正确处理当前与长远、局部与整体、资源开发与保护的关系，构建与生态文明建设相适应的地质遗迹保护管理新格局。

二、基本原则

（1）坚持在保护中开发，在开发中保护，把保护放在首位的基本原则。正确处理好开发与保护的关系，保护地质遗迹的自然与完整。

（2）认真执行"保护规划、突出重点、科学管理、协调发展"的原则。集中力量保护一批地学价值较高和濒临消失的地质遗迹，并有针对性地制定远景保护目标，同时要兼顾地质遗迹的类型和空间布局。

（3）坚持环境效益、社会效益、经济效益和谐统一的原则。地质遗迹资源开发利用应为区域经济发展服务，变地质遗迹资源优势为经济优势，同时注重环境和社会效益。

（4）坚持建设与管理并重的原则。在加强地质遗迹保护的同时，加快提高地质遗迹保护区的管理水平，逐步实现地质遗迹保护区的建设与管理同步发展。

（5）地质遗迹评价级别高、稀有程度高、受人类活动威胁大的地质遗迹应优先保护、重点保护。

（6）地质遗迹保护区划分应遵循自然属地和行政区划分原则，有利于各级政府管理辖区内的重要地质遗迹。

（7）地质遗迹保护区的面积不宜过大，应具有可操作性。

（8）积极参与其他相关行业的规划制定，把保护地质遗迹的思想意识渗透到其他相关行业规划中，这样才能做到与上级规划相衔接和协调发展。

第二节 地质遗迹的保护现状

地质遗迹资源是自然资源的重要组成部分，和地质作用、地质体密切相关，而且大多数是在漫长的地质历史时期经过多种地质作用"雕琢"而成的。因此具有空间定位性、永续性、不可再生性，并且具有鲜明的科学性。

近几年，地质遗迹资源开发的步伐明显加快，由于开发的无序及不合理，地质环境和地质遗迹资源遭到不同程度的破坏。自国土资源部（现为自然资源部）成立起，强化了地质环境保护职能，制定了一系列符合我国国情的地质环境保护方针和政策。在各级政府、地质遗迹保护区和自然保护区行政部门的共同努力下，加之国家地质公园的大力建设，使地质遗迹资源保护工作得到了一定的加强，地质地貌景观破坏趋势基本得到遏制。

目前辽宁省地质遗迹开发利用和保护水平较低，地质遗迹开发偏重于旅游价值，基础类地质遗迹资源处于被忽视的地位，遭到不同程度的破坏或正在遭受破坏，造成其科研价值和自然观赏价值的降低，有的甚至永远消失了。此次调查工作开展过程中，发现有的剖面已经被破坏殆尽，如复州湾寒武系剖面、金石滩馒头组三叶虫化石产地、羊圈子水母类化石产地、大后海兴民村组剖面、大后海寒武系剖面、海之韵波痕构造、海之韵古海蚀遗址、郭家村新石器古人类遗址等，有的地质遗迹正在破坏过程中，包括茶叶沟洞穴堆积、老虎滩老虎头、虎牙礁等。景观类遗迹和基础类遗迹未能同步规划、联动利用，各地区对地质遗迹资源的开发利用认识程度不一，地区间独立开发，各有所好，未能充分地发挥地质遗迹的价值，更有部分具有重要价值的地质遗迹未得到保护，详见表6-1。

表6-1 辽宁省重要地质遗迹资源开发利用及保护现状

序号	地质遗迹点名称	级别	保护对象	开发利用及保护现状
1	辽宁省大连市金普新区金石滩萨布哈（古盐坪）沉积构造地质事件剖面	世界级	地层剖面	已经保护，归属大连滨海国家地质公园
2	辽宁省鞍山市千山区白家坟地区古太古代花岗岩岩体	世界级	岩石剖面	已经保护，但露头点外来人员仍可自由出入
3	辽宁省辽西地区热河生物群古生物群化石产地	世界级	化石	产地极为分散，跨越辽西3个地市，目前区内有3家地质公园，朝阳鸟化石国家地质公园、锦州医巫闾山花岗岩地貌与义县化石国家地质公园、建昌省级地质公园。分别对化石进行了保护，但产区极多、居民密集，仅竖立标示牌等方式加以保护
4	辽宁省辽西地区燕辽生物群古生物群化石产地	世界级	化石	核心产地玲珑塔大西山建设有建昌县省级地质公园，保护区有保护标示牌，但仍可自由出入

第六章 地质遗迹保护规划建议

续表 6-1

序号	地质遗迹点名称	级别	保护对象	开发利用及保护现状
5	辽宁省盘锦市辽河入海口芦苇湿地	世界级	湿地	已建立盘锦双台河口省级地质公园、辽河口国家级自然保护区、红海滩风景区,对其进行有效的保护和利用
6	辽宁省本溪市溪湖区牛毛岭本溪组剖面	国家级	地层剖面	归属本溪国家地质公园,有专门人员进行看护,受自然风化影响较大
7	辽宁省本溪市平山区桥头组、康家组典型地层剖面	国家级	地层剖面	归属本溪国家地质公园,处于自然状态,受人为破坏的可能性较低
8	辽宁省锦州市义县马神庙-宋八户义县组地层剖面	国家级	地层剖面	归属锦州医巫闾山花岗岩地貌与义县化石国家地质公园,但未有明确保护措施
9	辽宁省铁岭市铁岭县殷屯组典型剖面	国家级	地层剖面	未保护,处于自然状态,附近有采石场,有受破坏可能
10	辽宁省大连市金普新区太古宙糜棱岩岩石剖面	国家级	岩石剖面	归属大连滨海国家地质公园,建有保护标示牌,受人为破坏的可能性较低
11	辽宁省大连市金普新区龙王庙褶皱与变形	国家级	构造剖面	有保护标示牌,未来不牵扯城市开发用地,被人为破坏的可能性较低
12	辽宁省大连市金普新区金石滩震积岩	国家级	构造剖面	归属大连滨海国家地质公园,赋存于兴民村组中,被人为破坏的可能性较低
13	辽宁省大连市中山区白云山庄莲花状构造	国家级	构造剖面	为区域性深层地质构造,被人为破坏的可能性较低
14	辽宁省大连市金普新区玫瑰园震旦纪叠层石古动物化石产地	国家级	化石	归属大连滨海国家地质公园,为一科普景观点,受到有效的保护及利用
15	辽宁省大连市金普新区金石滩寒武纪三叶虫古动物化石产地	国家级	化石	归属大连滨海国家地质公园,虽有保护但有盗采现象
16	辽宁省大连市金普新区骆驼山第四纪古动物化石产地	国家级	化石	化石仍在采掘,目前正在申请保护
17	辽宁省大连市金普新区瓦房店市金刚石矿产地	国家级	矿床露头点	未保护,矿山已停采,有遭受废弃破坏的可能
18	辽宁省鞍本地区新太古代"鞍山式"铁矿产地	国家级	矿床露头点	南芬铁矿归属本溪国家地质公园,其他矿区仍在开采,知会矿山企业后准许考察人员进入
19	辽宁省海城-大石桥菱镁矿产地	国家级	矿床露头点	矿区仍在开采,知会矿山企业后准许考察人员进入
20	辽宁省鞍山市海城市范家堡子滑石矿产地	国家级	矿床露头点	矿区仍在开采,知会矿山企业后准许考察人员进入

续表 6-1

序号	地质遗迹点名称	级别	保护对象	开发利用及保护现状
21	辽宁省鞍山市岫岩县岫玉矿产地	国家级	矿床露头点	矿区仍在开采,知会矿山企业后准许考察人员进入
22	辽宁省抚顺市清源县红透山铜矿产地	国家级	矿床露头点	矿区仍在开采,知会矿山企业后准许考察人员进入
23	辽宁省丹东市宽甸县杨木杆子硼矿产地	国家级	矿床露头点	矿区仍在开采,知会矿山企业后准许考察人员进入
24	辽宁省营口市大石桥市后仙峪硼镁矿及营口玉矿产地	国家级	矿床露头点	已申报营口仙峪省级地质公园,目前正在规划建设中
25	辽宁省阜新市太平区海州露天矿遗址	国家级	矿坑遗址	归属海州露天矿国家矿山公园,免费对游人开放,并建有地层剖面、矿业实习点
26	辽宁省抚顺市抚顺煤田西露天矿矿坑采矿遗迹	国家级	矿坑遗址	矿区仍在开采,知会矿山企业后准许考察人员进入,顶部建有观景平台
27	辽宁省鞍山市岫岩县岫岩陨石坑	国家级	陨石坑	坑中心为村庄,村民及当地政府正在筹划开发为景区,目前常有散客观光
28	辽宁省本溪市本溪县地下充水溶洞岩溶地貌	国家级	岩溶地貌	归属本溪国家地质公园,为本溪市旅游名片,游客众多
29	辽宁省锦州市北镇医巫闾山花岗岩地貌	国家级	花岗岩地貌	归属锦州医巫闾山花岗岩地貌与义县化石国家地质公园,为锦州市著名旅游景区,游客众多
30	辽宁省大连市庄河市冰峪沟碎屑岩地貌	国家级	碎屑岩地貌	归属冰峪沟国家地质公园,为著名旅游景区,游客众多
31	辽宁省大连市旅顺口区黄、渤海分界线海水景观带	国家级	海水景观带	归属大连滨海国家地质公园,为著名旅游景区,游客众多。遗迹点为大型区域构造形成,受人为破坏的可能性极低
32	辽宁省丹东市宽甸县鸭绿江河流景观	国家级	河流景观	归属鸭绿江自然保护区,建有鸭绿江旅游区,修有观江公路,游客众多
33	辽宁省丹东市东港市鸭绿江入海口湿地	国家级	湿地	归属鸭绿江湿地国家级自然保护区,并修建有鸭绿江湿地风景区,游客众多
34	辽宁省铁岭市银州区莲花湖湿地	国家级	湿地	归属铁岭莲花湖湿地公园,为地方旅游景区
35	辽宁省鞍山市千山区汤岗子温泉	国家级	温泉	建有汤岗子温泉疗养中心,为我国4大温泉之一,游客众多,用于医疗养生
36	辽宁省丹东市宽甸县青椅山火山机构	国家级	火山锥等火山机构	未保护,处于自然状态

第六章 地质遗迹保护规划建议

续表 6-1

序号	地质遗迹点名称	级别	保护对象	开发利用及保护现状
37	辽宁省葫芦岛市建昌县大青山火山机构	国家级	火山口及火山岩地貌	未保护,处于自然状态
38	辽宁省大连市金普新区金石滩-城山头海蚀地貌群	国家级	海蚀地貌景观	归属大连滨海国家地质公园,为著名旅游资源,游客极多
39	辽宁省大连市庄河市海王九岛海蚀地貌群	国家级	海蚀地貌景观	归属大连海王九岛海洋景观保护区,为著名旅游景观,游客众多
40	辽宁省葫芦岛市绥中县东戴河海积地貌	国家级	海积地貌	归属辽宁绥中碣石国家级海洋公园,为著名旅游度假区
41	辽宁省葫芦岛市建昌县龙潭大峡谷	国家级	峡谷地貌	归属辽宁葫芦岛龙潭大峡谷国家地质公园,为著名旅游景区
42	辽宁省大连市甘井子区棋盘磨金县群典型剖面	省级	地层剖面	未保护,处于自然状态,受大连城市开发建设影响,破坏严重
43	辽宁省大连市瓦房店市复州湾寒武系—奥陶系典型剖面	省级	地层剖面	未保护,处于自然状态,受大连城市发展建设的威胁
44	辽宁省大连市金普新区七顶山寒武系—奥陶系界线典型剖面	省级	地层剖面	未保护,以路边边坡的状态出现,短期内不会破坏
45	辽宁省鞍山市千山区浪子山组地层剖面	省级	地层剖面	未保护,为矿山开挖出露的边坡,预计可保存5～10年
46	辽宁省本溪市平山区林家组典型地层剖面	省级	地层剖面	归属本溪国家级地质公园管理
47	辽宁省大连市中山区棒棰岛窗棂、石香肠构造	省级	构造剖面	由相关文物单位保护
48	辽宁省鞍山市海城市小孤山古人类化石产地	省级	化石产地遗址	由相关文物单位保护
49	辽宁省本溪市本溪县庙后山古人类化石产地	省级	化石产地遗址	由相关文物单位保护
50	辽宁省营口市大石桥市金牛山古人类化石产地	省级	化石产地遗址	由相关文物单位保护
51	辽宁省喀左县鸽子洞古人类化石产地	省级	化石产地遗址	由相关文物单位保护
52	辽宁省大连市甘井子区茶叶沟古脊椎动物群古动物化石产地	省级	化石	未保护,受大连城市开发的影响,破坏严重
53	辽宁省大连市甘井子区震旦纪水母动物群古动物化石产地	省级	化石及化石赋存层	未保护,受大连城市开发的影响,破坏严重

续表 6-1

序号	地质遗迹点名称	级别	保护对象	开发利用及保护现状
54	辽宁省大连市金普新区骆驼石古杯化石古动物化石产地	省级	化石及化石赋存层	未保护,赋存于海滩边2块礁石中,目前未见破坏威胁
55	辽宁省大连市甘井子区石灰石矿产地	省级	矿床露头点	未保护,处于开采状态,但经沟通后可进入考察
56	辽宁省丹东市振安区五龙背金矿产地	省级	矿床露头点	未保护,处于开采状态,但经沟通后可进入考察
57	辽宁省阜新市阜蒙县玛瑙矿产地	省级	矿床露头点	未保护,处于开采状态,但经沟通后可进入考察
58	辽宁省铁岭市铁岭县柴河铅锌矿产地	省级	矿床露头点	未保护,处于开采状态,但经沟通后可进入考察
59	辽宁省朝阳市朝阳县瓦房子锰矿产地	省级	矿床露头点	未保护,处于开采状态,但经沟通后可进入考察
60	辽宁省大连市金普新区金石园碳酸盐岩地貌	省级	海岸喀斯特地貌	已经保护,归属大连滨海国家地质公园,为景观区
61	辽宁省本溪市明山区卧龙镇金坑村岩溶漏斗群	省级	岩溶漏斗群	归属本溪国家地质公园,区域性多点出露,未建设景区
62	辽宁省本溪市本溪县九顶铁刹山碳酸盐岩地貌	省级	碳酸盐岩岩体地貌	归属本溪市国家地质公园,为地方著名旅游景区
63	辽宁省本溪市桓仁县望天洞岩溶地貌	省级	岩溶地貌	归属本溪市国家地质公园,为地方著名旅游景区
64	辽宁省丹东市凤城市赛马岩溶洞穴群	省级	岩溶地貌	处于地方政府与个体投资者共同开发阶段
65	辽宁省葫芦岛市南票区盘龙洞岩溶地貌	省级	岩溶地貌	已经保护,处于政府正在筹备开发阶段
66	辽宁省朝阳市双塔区凤凰山碳酸盐岩地貌	省级	碳酸盐岩岩体地貌	已经保护,归属朝阳凤凰山风景区,为著名旅游景区
67	辽宁省大连市普兰店市老帽山花岗岩地貌	省级	花岗岩地貌	归属老帽山省级地质公园,为著名旅游景区
68	辽宁省抚顺市抚顺县三块石花岗岩地貌	省级	花岗岩地貌	归属辽宁抚顺天女山·三块石省级地质公园,为著名旅游景区
69	辽宁省抚顺市新宾县猴石山花岗岩地貌	省级	花岗岩地貌	归属辽宁兴京省级地质公园,为著名旅游景区
70	辽宁省抚顺市清源县砬子山花岗岩地貌	省级	花岗岩地貌	归属辽宁抚顺砬子山省级地质公园,为著名旅游景区

第六章 地质遗迹保护规划建议

续表 6-1

序号	地质遗迹点名称	级别	保护对象	开发利用及保护现状
71	辽宁省丹东市凤城市凤凰山花岗岩地貌	省级	花岗岩地貌	已经保护,归属丹东凤凰山风景区,游客众多
72	辽宁省丹东市宽甸县天罡山花岗岩地貌	省级	花岗岩地貌	已经保护,归属丹东天罡山风景区
73	辽宁省丹东市振安区五龙山花岗岩地貌	省级	花岗岩地貌	已经保护,归属丹东五龙山风景区
74	辽宁省丹东市宽甸县天桥沟花岗岩地貌	省级	花岗岩地貌	已经保护,归属丹东天桥沟风景区
75	辽宁省丹东市宽甸县天华山花岗岩地貌	省级	花岗岩地貌	已经保护,归属丹东天华山风景区
76	辽宁省鞍山市千山区千山花岗岩地貌	省级	花岗岩地貌	已经保护,为辽宁千山省级地质公园,为著名旅游景区,游客众多
77	辽宁省鞍山市岫岩县药山花岗岩地貌	省级	花岗岩地貌	已经保护,为药山风景区
78	辽宁省朝阳市北票市大黑山花岗岩地貌	省级	花岗岩地貌	已经保护,为朝阳大黑山风景区
79	辽宁省朝阳市朝阳县劈山沟花岗岩地貌	省级	花岗岩地貌	已经保护,为朝阳劈山沟风景区
80	辽宁省葫芦岛市建昌县白狼山花岗岩地貌	省级	花岗岩地貌	已经保护,归属辽宁建昌省级地质公园
81	辽宁省葫芦岛市连山区大虹螺山花岗岩地貌	省级	花岗岩地貌	处于自然状态,常有游客观光,受破坏的可能性较低
82	辽宁省阜新市阜蒙县海棠山花岗岩地貌	省级	花岗岩地貌	已经保护,归属阜新海棠山风景区
83	辽宁省沈阳市沈北新区棋盘山碎屑岩地貌	省级	碎屑岩地貌	已经保护,现为沈阳棋盘山风景区,为著名旅游景区
84	辽宁省丹东市东港市大孤山碎屑岩地貌	省级	碎屑岩地貌	已经保护,为大孤山景区
85	辽宁省丹东市宽甸县浑江河流景观	省级	河流景观	处于自然状态,修有观景台
86	辽宁省盘锦市双台子区双台子河河流景观	省级	河流景观	归属盘锦双台子口省级地质公园
87	辽宁省朝阳市朝阳县水泉乡大凌河河流景观	省级	河流景观	地方政府正在开发建设为景区

续表 6-1

序号	地质遗迹点名称	级别	保护对象	开发利用及保护现状
88	辽宁省营口市西市区永远角湿地	省级	湿地	已经保护，为营口永远角湿地公园，免费开放
89	辽宁省丹东市宽甸县青山沟瀑布群	省级	瀑布	已经保护，为青山沟风景区，游客众多
90	辽宁省丹东市宽甸县百瀑峡瀑布群	省级	瀑布	已经保护，为丹东百瀑峡景区，游客众多
91	辽宁省营口市鲅鱼圈区熊岳温泉	省级	温泉	处于深井开采、无序开发状态，水位有下降
92	辽宁省丹东市东港市椅圈黄海海水温泉	省级	温泉	归属丹东北黄海温泉度假村，用于医疗养生、温泉洗浴
93	辽宁省丹东市振安区五龙背温泉	省级	温泉	处于大范围井下开采状态，用于医疗养生、温泉洗浴
94	辽宁省葫芦岛市兴城市汤上温泉	省级	温泉	归属汤上温泉度假区，用于医疗养生、温泉洗浴
95	辽宁省葫芦岛市绥中县明水地热温泉	省级	温泉	归属明水温泉度假区，用于医疗养生、温泉洗浴
96	辽宁省朝阳市凌源市热水汤温泉	省级	温泉	归属热水汤温泉度假区，用于医疗养生、温泉洗浴
97	辽宁省本溪市本溪县关门山火山岩地貌	省级	火山岩地貌	归属本溪国家地质公园，为著名旅游景区
98	辽宁省丹东市宽甸县黄椅山火山岩地貌	省级	火山岩地貌	归属黄椅山风景区，为著名旅游景区，游客众多
99	辽宁省朝阳市朝阳县尚志乡火山岩地貌	省级	火山岩地貌	未开发，处于自然状态
100	辽宁省锦州市太和区北普陀山火山岩地貌	省级	火山岩地貌	归属锦州北普陀山风景区，为著名旅游景区
101	辽宁省本溪市桓仁县五女山花岗岩地貌	省级	花岗岩地貌	归属本溪市国家地质公园，为地方著名旅游景区
102	辽宁省大连市庄河市步云山-老黑山"古石河"冰缘地貌	省级	现代冰川遗迹	归属步云山省级地质公园（规划建设中），为著名旅游景区
103	辽宁省本溪市桓仁县双水洞河穴群（冰臼）	省级	现代冰川遗迹	建有遗迹标示牌，自然状态出露于河床上，受人为破坏的可能性较低
104	辽宁省丹东市宽甸县花脖山"石瀑"冰川遗迹	省级	现代冰川遗迹	归属花脖山风景区，著名旅游景区

续表 6-1

序号	地质遗迹点名称	级别	保护对象	开发利用及保护现状
105	辽宁省大连市黑石礁-老虎滩海蚀地貌群	省级	海蚀地貌	归属大连滨海国家地质公园,为著名旅游景区,游客众多
106	辽宁省大连市长海县长山群岛海蚀地貌群	省级	海蚀地貌	分布较分散,部分已经建成旅游景区,游客较多
107	辽宁省大连市营城子湾-金州湾海蚀地貌群	省级	海蚀地貌	分布较分散,多位于海滨浴场内,游客较多,部分遭受了破坏
108	辽宁省大连市庄河市蛤蜊岛海蚀地貌	省级	海蚀地貌	归属蛤蜊岛风景区,为著名旅游景区,游客较多
109	辽宁省大连市瓦房店市驼山乡海蚀地貌群	省级	海蚀地貌	未保护,处于自然状态,受人为破坏的可能性较低
110	辽宁省锦州市笔架山开发区笔架山海蚀地貌	省级	海蚀地貌	已保护,归属笔架山风景区,为著名旅游景区,游客众多
111	辽宁省营口市鲅鱼圈区望儿山海蚀地貌	省级	海蚀地貌	已保护,归属望儿山风景区,为著名旅游景区,游客极多
112	辽宁省营口市盖州市团山子海蚀地貌	省级	海蚀地貌	已保护,归属营口团山国家海洋公园,为著名旅游景区
113	辽宁省葫芦岛市龙湾海积地貌	省级	海蚀地貌	归属龙湾海滨风景区,为著名旅游景区
114	辽宁省营口市盖州市白沙湾海积地貌	省级	海积地貌	归属白沙湾海滨度假区,为著名旅游景区
115	辽宁省辽阳市弓长岭区冷热异常带	省级	冷热异常带	已保护,归属弓长岭冷热地公园,游客较少,近于荒废
116	辽宁省本溪市桓仁县沙尖子地温异常带	省级	地温异常带	已经保护,正在开发建设中
117	辽宁省本溪市本溪县大石湖-老边沟小峡谷	省级	峡谷地貌	归属本溪国家地质公园,为著名旅游景区
118	辽宁省本溪市南芬区南芬大峡谷	省级	峡谷地貌	归属本溪国家地质公园,为著名旅游景区
119	辽宁省朝阳市朝阳县清风岭喀斯特峡谷地貌	省级	峡谷地貌	归属朝阳清风岭景区,为著名旅游景区
120	辽宁省本溪市南芬区施家泥石流遗迹	省级	泥石流遗迹	已经进行泥石流治理

第三节 地质遗迹的保护规划建议

辽宁省地质遗迹资源类型丰富，尤以基础类地质遗迹资源价值较高。从目前保护情况来看，绝大部分地貌景观类地质遗迹得到保护与开发利用。目前辽宁省共有国家级地质公园 6 处、省级地质公园 9 处、国家矿山公园 2 处，更有多处各种类型的自然保护区。故辽宁省地质遗迹保护工作应在结合既有地质园区、自然保护区的基础上，进行保护规划。

地质遗迹保护区划分

根据辽宁省地质遗迹资源的分布规律、级别将该省地质遗迹资源划分为 8 个遗迹保护区，然后结合区内遗迹资源情况，划分为特级保护区、重点保护区，其他则定为一般保护区。

（一）辽西中生代古生物化石、地层、火山机构遗迹保护区

该遗迹保护区基础地质类遗迹资源丰富且多具有国际性的学术研究价值，是该省最为重要的地质遗迹保护区。划分有特级保护区 3 处、重点保护区 4 处，其他为一般保护区。

1. 朝阳鸟化石国家地质公园特级保护区

朝阳鸟化石国家地质公园目前主要有 3 个园区，其中朝阳上河首和北票四合屯已经建成地质公园园区，凌源大王杖子园区目前正在建设中。该区是以中华龙鸟、原始祖鸟、孔子鸟等热河生物群珍稀古生物化石为主要保护对象的遗迹保护区。

（1）朝阳上河首园区，位于距离朝阳市区 5km 处的龙城区上河首村，地理坐标为东经 120°16′58″—120°34′15″，北纬 41°27′46″—41°40′00″，面积 240.0km^2，其中核心区 43km^2。

（2）北票四合屯园区（北票鸟化石群国家级自然保护区），园区位于辽宁省北票市上园镇西 9km 处，地理坐标为东经 120°45′22″—120°52′38″，北纬 41°32′21″—41°37′53″，面积 46.3km^2。

（3）凌源大王杖子园区（凌源古生物化石保护区），地理坐标为东经 119°15′00″—119°22′30″，北纬 41°08′30″—41°20′00″，面积 140km^2，其中核心区约 32km^2。

2. 辽宁建昌古生物化石特级保护区

建昌地区是全球燕辽生物群的核心产地，也是热河生物群的重要产地之一。该区目前有省级地质公园 1 家，化石保护区 4 处，在此基础上划定特级保护区范围如下：①玲珑塔镇大西山-巴什拉罕乡松树底下，面积 28.359km^2；②要路沟乡-头道营子乡，面积 92.959km^2；③喇嘛洞镇大三家子-西碱厂乡大窑沟，面积 27.627km^2；④牤牛营子乡三家-雷家店乡冰沟，面积 5.317km^2。

3. 锦州义县古生物化石特级保护区

该区有国家级地质公园 1 家，即辽宁锦州古生物化石和花岗岩国家地质公园。据此划定特级保护区 1 处，总面积 22.34km^2，其中一级保护区主要保护古生物化石原产地，面积 12.46km^2；二级保护区主要保护园区内出露的各类鸟类、恐龙类古生物化石产地，面积 9.88 km^2。

4. 锦州医巫闾山重点保护区

该区内有国家级地质公园1家,即辽宁锦州古生物化石和花岗岩国家地质公园。据此划定重点保护区1处,面积20.72km²,保护区内的花岗岩地貌景观、变质核杂岩构造等。

5. 阜新海州露天矿矿坑遗址重点保护区

该保护区主要保护海州露天矿坑遗址,重点保护露头剖面、阜新生物群化石,区内已经建成阜新海州露天矿国家矿山公园,据此划出重点保护区面积10km²。

6. 葫芦岛龙潭大峡谷重点保护区

该区已建有辽宁葫芦岛龙潭大峡谷国家地质公园,据此划定重点保护区1处,面积14km²,保护区内峡谷地貌景观、构造剖面等。

7. 建昌县大青山中生代破火山口火山机构重点保护区

该区目前没有地质公园,地质遗迹资源处于自然状态,鉴于附近已经申报2家地质公园,且距离均较近(距离辽宁葫芦岛龙潭大峡谷国家地质公园和辽宁建昌省级地质公园画廊谷园区仅相隔1个乡镇),可考虑将其归入其中一家地质公园内的1个园区进行保护,初定保护面积100km²。

区内其他地质遗迹资源均为省级地质遗迹点,多位于建成的景区内部,可通过知会景区管理人员、普及地质遗迹知识、定期监察等方式加以保护,均划定为一般保护地区。

(二)辽宁中部地区矿业、地层剖面类遗迹保护区

该区是国内重要矿床集中产地,矿产类型多样、规模大,具有较高的矿业学意义。此外,还出露有世界级遗迹"鞍山白家坟地区古太古代花岗岩体"及我国北方地区标准地层剖面"本溪牛毛岭本溪组标准地层剖面"在内的多组标准地层剖面。该区未来以白家坟地区古太古代花岗岩体为基础,可作为地质考察研究、科普学习实习基地。目前区内有辽宁营口后仙峪省级地质公园、辽宁千山省级地质公园和本溪国家地质公园3家地质公园,对相关地质遗迹的保护工作也已经开始实施,未来可主要依托3家地质公园对重要遗迹点进行保护。鉴于区内的矿业类遗迹多为生产型矿山,其保护原则采取以点利用的形式,即通过与矿山企业沟通,以考察研究、科普学习的方式加以利用,在矿山生产期间暂不划定保护面积,均定为一般保护区。据此划分特级保护区1处,重点保护2处,其他为一般保护区。

1. 鞍山白家坟地区古太古代花岗岩体特级保护区

该区主要保护出露于鞍山市东8km的梨花峪村南白家坟沟的38亿年前古太古代花岗岩体,走向为北西-南东向,呈长条状,大约长700m,宽50m,露头面积约0.035km²。另外,在此基础上对周边出露的37亿~25亿年前的岩体进行适当保护。

2. 本溪牛毛岭本溪组标准地层剖面重点保护区

该剖面位于本溪市西6km的新洞沟—蚂蚁村之间的牛毛岭一带,地理坐标为东经123°49′40″,北纬41°19′55″,海拔268~294m,分布范围5km²。剖面现有专职人员负责保护,为本溪国家地质公园的一个园区。

3. 铁岭莲花湖湿地重点保护区

重点保护区面积 42.26km², 保护区内以人工库塘、稻田、河流及浅水小型湖泊群为主的复合型湿地。现为铁岭莲花湖国家湿地公园，可协同园区人员一同加以保护。

(三) 大连地区震旦纪—寒武纪地质遗迹保护区

该区地质遗迹资源丰富，科研价值、科普价值及旅游观赏价值均较高，是辽宁省地质遗迹开发利用最好的地区。重要遗迹点多位于大连滨海国家地质公园内，未来可依托地质公园开展重要地质遗迹点的保护工作。据此划分特级保护区 1 处，重点保护区 3 处，其他为一般保护区。

1. 大连金石滩震旦纪—寒武纪地质遗迹特级保护区

该区为大连滨海国家地质公园的最主要园区，大连市最著名的旅游区。依据调查资料划定特级保护区面积 10km²，该区广泛出露寒武系大林子组萨布哈沉积构造，同时为大林子组、葛屯组标准地层剖面出露地区，区内的震旦纪地层构造形迹丰富、海蚀地貌景观闻名全国，更有 1 块至今未破解成因的世界最大的单体龟裂石。

2. 大连海王九岛海蚀地貌群重点保护区

该区海蚀地貌景观丰富、密集，观赏性极高，是国家级海洋景观保护区。据此划定重点保护区面积 4.61km²，重点保护沿海王九岛各处海岸分布的海蚀柱、海蚀洞等数十处海蚀地貌景观。

3. 大连龙王庙寒武系大林子组褶皱重点保护区

龙王庙寒武系大林组褶皱具有极高的地学研究和科普价值，更具有很高的观赏性，是难得一见的地质构造遗迹与自然景观资源。规划重点保护区面积 8 000m²，对该剖面进行重点保护。

4. 大连金刚石矿产地重点保护区

大连金刚石是中国发现最早的原生金刚石矿之一，其颗粒之大、品位之高，均居全国首位，赢得"中国钻石之乡"的美称。该金刚石矿露天采坑保存完好，平面呈椭圆形，长约 300m，宽约 130m，面积约 36 000m²。矿坑下部近直立，坑中水深达 70m，呈绿色，极具观赏价值，规模宏伟壮观，代表了当时世界先进的采矿科技水平。目前矿山已经停采，可考虑将其作为科普旅游景观加以开发利用。规划重点保护区面积 36 000m²，对遗留的矿坑进行保护。

(四) 辽河三角洲地质遗迹保护区

该区湿地资源丰富，区域湿地由辽河、大凌河、小凌河等诸多河流冲积而成，生态类型以芦苇沼泽、河流水域和浅海滩涂、海域为主。湿地景观独特，碱蓬滩涂绵延，是国际性的重要湿地。据此规划特级保护区 1 处（双台子河口特级保护区），其他为一般保护区。

双台子河口特级保护区

规划保护区面积 56km²，重点保护区内的各种类型的湿地景观。区内目前已经建有辽宁盘锦辽河口省级地质公园和辽宁双台子河口国家级自然保护区，未来可通过协同园区人员一同加以保护。

第六章 地质遗迹保护规划建议

(五) 辽宁渤海海岸带海岸地貌类遗迹保护区

该保护区主要为渤海海岸带(除辽河入海口的范围)的海蚀地貌及海积地貌景观。这些地貌景观多位于开放型的海滨浴场或已建成的景区内部,保护状态较好。仅大连市瓦房店市驼山乡海蚀地貌处于自然状态,可酌情加以保护。故本区划分重点保护区1处(葫芦岛绥中东戴河海岸地貌重点保护区),其他定为一般保护区。

葫芦岛绥中东戴河海岸地貌重点保护区

该区已建有辽宁绥中碣石国家级海洋公园,重点保护绥中原生砂质海岸及岩礁系统,规划面积 $11.18km^2$。

(六) 本溪岩溶地貌类遗迹保护区

该区是辽宁省岩溶地貌景观最为优美、丰富和具有代表性的地区,区内岩溶地貌景观均位于本溪国家地质公园。据此规划重点保护区1处(本溪水洞重点保护区),其他为一般保护区。

本溪水洞重点保护区

本溪水洞岩溶地貌在北方地区具有代表性,是本溪市旅游名片。规划保护区面积 $49\ 000m^2$。

(七) 辽东岩土体地貌、火山地貌类遗迹保护区

该区是辽宁省岩土体地貌景观最丰富、开发程度最高、旅游价值最高的地区,以花岗岩地貌最为典型。鉴于本区地貌景观均已开发利用,多位于地质公园或风景区内部。故规划重点保护区2处,其他为一般保护区。

1. 大连冰峪沟碎屑岩地貌重点保护区

该区已经建成大连冰峪沟国家地质公园,规划保护面积 $47km^2$,重点保护区内的碎屑岩地貌景观。

2. 丹东宽甸青椅山-黄椅山火山机构重点保护区

该火山机构基本围绕宽甸县城北、西、南部分布,东界大致沿南北向的灌宽铁路以西,较为典型是黄椅山、青椅山、椅子山、大川头。规划保护面积 $13.76km^2$,其中黄椅山 $7.98km^2$、青椅山 $4.45\ km^2$、椅子山 $0.33km^2$、大川头火山盾 $1km^2$。

(八) 鸭绿江-浑江水体地貌遗迹保护区

该区主要保护鸭绿江及浑江的河流景观遗迹和鸭绿江入海口湿地,目前已经建有2处国家级保护区:鸭绿江自然保护区和鸭绿江湿地国家级自然保护区。故规划2处重点遗迹保护区,其他为一般保护区。

1. 鸭绿江-浑江河流景观带重点保护区

重点保护丹东市内的鸭绿江至浑江段的河流水体地貌景观,保护面积约 $200km^2$。

2. 鸭绿江湿地重点保护区

规划保护面积 82.5km², 重点保护区内湿地地貌景观, 包括湿地平原、沿海滩涂、河口三角洲等。

第四节 地质遗迹的保护方式与措施

一、保护利用方式及措施

1. 已经开发利用的地质遗迹点

对于已经开发利用的地质遗迹点, 包括位于地质公园、各类保护区、风景旅游区内部的遗迹点, 可以通过协同管理人员一同管理。对于风景区、保护区, 需加强地质遗迹知识科普及宣传, 让非地质专业的管理人员了解地质遗迹资源的存在, 知晓地质遗迹资源的特征、分布和保护意义, 和他们一同保护地质遗迹资源。另外, 已建成的地质公园普遍存在过度看重地质遗迹资源的旅游价值, 对基础地质资源保护利用不够的问题, 应督促有关部门加强管理。

2. 矿业类地质遗迹点

矿业类遗迹点多处于生产型矿山内部(大连金刚石除外), 多为有矿权的矿山, 但工作中发现, 通过与矿山人员协调沟通, 矿山人员多准许工作人员以地质考察、科普学习等目的进入矿区, 还会配合工作人员做好安全工作。故矿业类遗迹并非不可利用, 而本身矿业类遗迹点的利用价值也是体现在其科学考察和科普学习方面。故生产型矿山的遗迹点现阶段不划定具体的保护区, 以出露点的形式加以利用, 未来矿山停采后可划定适宜范围矿床露头加以保留, 以备利用。

3. 未加以保护的地质遗迹点

未保护的地质遗迹点多为基础类地质遗迹点, 以地层剖面、化石产地居多。对于目前未保护的遗迹点可根据地质遗迹的特征、级别、主要可能遭受的破坏方式、距离附近地质公园的位置等具体情况采取不同的保护措施, 详见表 6-2。

表 6-2 辽宁省未保护地质遗迹点保护利用规划建议

序号	地质遗迹点名称	级别建议	保护利用规划建议
1	辽宁省铁岭市铁岭县殷屯组典型剖面	国家级	测量圈定适宜的露头范围, 建成科普考察基地点
2	辽宁省大连市金普新区瓦房店市金刚石矿产地	国家级	测量圈定适宜的露头范围, 建成旅游点。其所在地经济发达、交通便利, 可结合周边的旅游资源, 申报建设地质公园, 也可仅作为科普考察点加以利用

第六章 地质遗迹保护规划建议

续表 6-2

序号	地质遗迹点名称	级别建议	保护利用规划建议
3	辽宁省鞍山市岫岩县岫岩陨石坑	国家级	地方政府已经开始规划开发,中国科学院广州地球化学研究所正在进行科研工作。当地群众开发热情极高,可通过结合周边旅游资源及其他地质遗迹点(岫岩县岫玉矿资源、岫玉药山花岗岩地貌)一同申报地质公园,或单纯建设成科普旅游点,旅游前景较高
4	辽宁省丹东市宽甸县青椅山火山机构	国家级	青椅山植被极为发育,自然景观较好,但区位交通便利性较差,未来可着手解决交通问题,结合自然地貌景观,与附近黄椅山一道申报火山地质公园,重点需在规划用地上与地方政府进行沟通
5	辽宁省葫芦岛市建昌县大青山火山机构	国家级	大青山是宝贵的火山机构类地质遗迹资源,交通便利性较好。距离周边的辽宁葫芦岛龙潭大峡谷国家地质公园和辽宁建昌省级地质公园均较近,仅相隔1个乡镇,其自身也是观赏性很高的白垩系义县组火山岩地貌景观,可通过加入周边地质公园的方式加以保护利用
6	辽宁省大连市甘井子区棋盘磨金县群典型剖面	省级	该剖面位于大连市区中心区域范围内,城市开发建设极快,加之剖面出露范围广,保护难度较大。未来可通过测量圈定适宜的范围,积极与地方政府沟通,保留合适的剖面露头区域
7	辽宁省大连市金普新区七顶山寒武系—奥陶系界线典型剖面	省级	为修建公路出露的地层剖面,该公路较新,距离市区中心较远,预计剖面可保留10年。鉴于其仅为出露的选层型剖面,暂不划定保护范围
8	辽宁省鞍山市千山区浪子山组地层剖面	省级	为矿山开采出露的选层型剖面,预计可保留5~10年。鉴于其仅为出露的选层型剖面,且位于生产型矿山内部,矿山人员准许进入考察研究,暂不划定保护范围
10	辽宁省大连市甘井子区茶叶沟古脊椎动物群化石产地	省级	该产地化石资源基本已经挖完,遗址现场受大连城市建设影响,也将破坏。鉴于其化石资源已经转移,其研究成果也已经发表,可仅记录出露坐标,不明确保护范围
11	辽宁省大连市甘井子区震旦纪水母动物群古动物化石产地	省级	水母化石主要出产于大连地区的兴民村组中,受大连城市开发影响较大,鉴于赋存丹东化石资源仍很丰富,可积极与地方政府协商,划定适宜的出露范围,加以保护
12	辽宁省大连市金普新区骆驼石古杯化石古动物化石产地	省级	古杯化石赋存在海滨浴场的2块礁石中,礁石形态美观,已经成浴场的天然景观。短期内应不会遭受破坏,但其并非被作为遗迹资源保护利用。未来应普及其地质遗迹价值,保护2块礁石
13	辽宁省朝阳市朝阳县尚志乡火山岩地貌	省级	处于自然状态,乡政府有专人看护其不受外来人员破坏,但未加以开发利用。其火山岩地貌景观优美,形态多样,辽宁省内屈指可数,可通过申报地质公园、建设旅游区等方式加以利用。需解决交通限制
14	辽宁省大连市瓦房店市驼山乡海蚀地貌群	省级	广泛出露于瓦房店市驼山乡海岸范围内,部分得到看护,如将军石景观。但大部分处于自然出露状态,鉴于其周边未见大开发趋势,其位于海边,遭受破坏的可能性较低,可通过圈定范围、标识指示牌的方式加以保护

二、地质遗迹点综合利用规划

根据辽宁省地质遗迹资源的分布情况，设计地质遗迹综合利用规划路线 4 条，包括精品科普旅游路线 2 条，辽西中生代古生物化石王国之旅和大连"震旦、寒武"浪漫海岸之旅；科普考察路线 1 条，"鞍本地区"岩矿石产地及地层剖面类遗迹科普考察基地；精品旅游路线 1 条，丹东鸭绿江-浑江河流景观带。

1. 辽西中生代古生物化石王国之旅

辽西中生代古生物化石包括热河生物群、燕辽生物群 2 个世界级的化石资源，是辽宁省最宝贵、最著名的地质遗迹资源，具有全球性的科学研究价值，同时也具有极高的科普旅游价值。以热河生物群、燕辽生物群为主题，4 家已有地质公园为依托，结合辽西地区其他地质遗迹资源，打造中生代古生物化石王国之旅，促进全域旅游开发。具体规划路线如下（图 6-1）。

（1）锦州医巫闾山花岗岩地貌与义县化石国家地质公园，包含两大园区：义县中生代化石园区和北镇医巫闾山花岗岩地貌园区。配套地质遗迹旅游资源为辽宁省锦州市笔架山开发区笔架山海蚀地貌、辽宁省锦州市太和区北普陀山火山岩地貌。

（2）朝阳鸟化石国家地质公园，目前已经建好 2 个园区，朝阳上河首园区和北票四合屯园区，凌源大王杖子园区正在建设中。配套资源包括大凌河蛇曲、辽宁省朝阳市朝阳县清风岭噶斯特峡谷地貌。

（3）辽宁建昌省级地质公园，包含 3 个园区，设计重点规划 2 个主题，白狼山花岗岩地貌和建设燕辽生物群展馆。配套资源为辽宁省朝阳市朝阳县尚志乡火山岩地貌。

（4）辽宁葫芦岛龙潭大峡谷国家地质公园，融合辽西地域特色的峡谷地貌景观，蓟县系雾迷山组广泛出露。配套资源为辽宁省葫芦岛市建昌县大青山中生代破火山口火山机构。

2. 大连"震旦、寒武"浪漫海岸之旅

大连地区的震旦纪—寒武纪地层在国内极具代表性，其震旦系出露最为完整，蕴含的构造遗迹丰富，加之海岸侵蚀作用，形成形态美观又极具地学价值的地质遗迹景观，见图 6-2。

3. "鞍本地区"岩矿石产地及地层剖面类遗迹科普考察基地

"鞍本地区"是我国最著名、最重要的铁矿产地和菱镁矿产地，临近地区有诸多国内外知名的重要矿床，如海城范家堡子滑石矿、营口后仙峪硼矿（501 硼矿）、岫岩岫玉矿，还有目前被证实的我国唯一的陨石坑遗迹。另外于鞍山地区出露的 38 亿年前古老岩体是我国最古老岩体，同时也是世界最古老岩体之一。本溪地区分布有我国北方地区本溪组标准地层剖面和辽宁省钓鱼台组、康家组、桥头组等标准地层剖面，是具有极高科研和科普价值的基础地质类遗迹密集分布区，详见图 6-3。

4. 丹东鸭绿江-浑江河流景观带

丹东市是辽宁省旅游业发达地区，近年已经发展成为辽宁省最为著名旅游地区之一，其中以鸭绿江最为著名。沿鸭绿江口起点，至浑江口，再到下露河浑江蛇曲，沿途地质遗迹资源丰富，景色秀美，包括鸭绿江入海口湿地、鸭绿江河流景观带、浑江蛇曲、青山沟瀑布群等水体地貌遗迹，沿途附近还有黄椅山火山地貌、五龙背温泉、椅圈海水温泉、五龙山花岗岩地貌、天罡山花岗岩地貌等可配套的各类地质遗迹，见图 6-4。

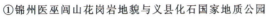

①锦州医巫闾山花岗岩地貌与义县化石国家地质公园　　锦州笔架山海蚀地貌

朝阳水泉乡大凌河蛇曲"凌海第一湾"

锦州北普陀山火山岩地貌

朝阳清风岭喀斯特峡谷地貌

②朝阳鸟化石国家地质公园(热河生物群化石)

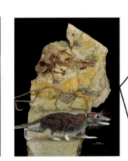

③辽宁建昌省级地质公园
(左：白狼山花岗岩地貌，右：燕辽生物群化石)　　朝阳尚志乡火山岩地貌

④辽宁葫芦岛龙潭大峡谷国家地质公园　　建昌大青山中生代破火山口火山机构

图 6-1　辽西中生代古生物化石王国之旅

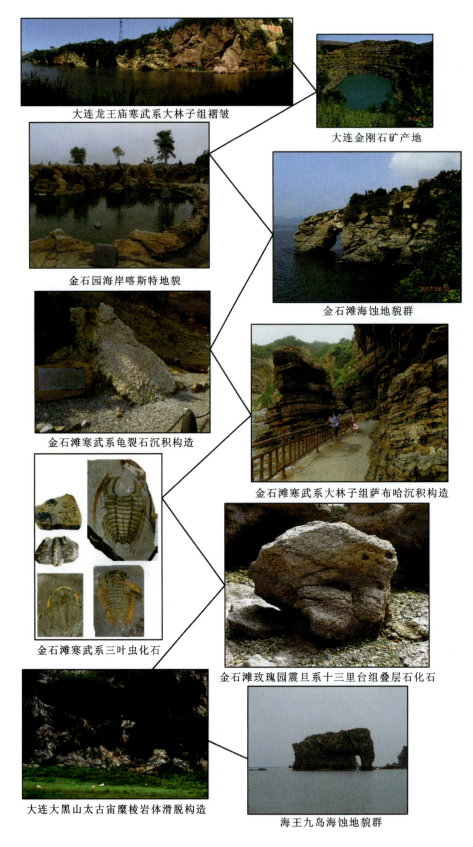

图 6-2 大连"震旦、寒武"浪漫海岸之旅

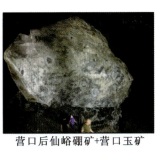

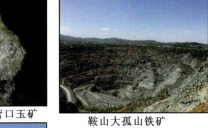

图6-3 "鞍本地区"岩矿石产地及地层剖面类遗迹科普考察基地

图 6-4 丹东鸭绿江-浑江河流景观带

附图

辽宁省重要地质遗迹分布图

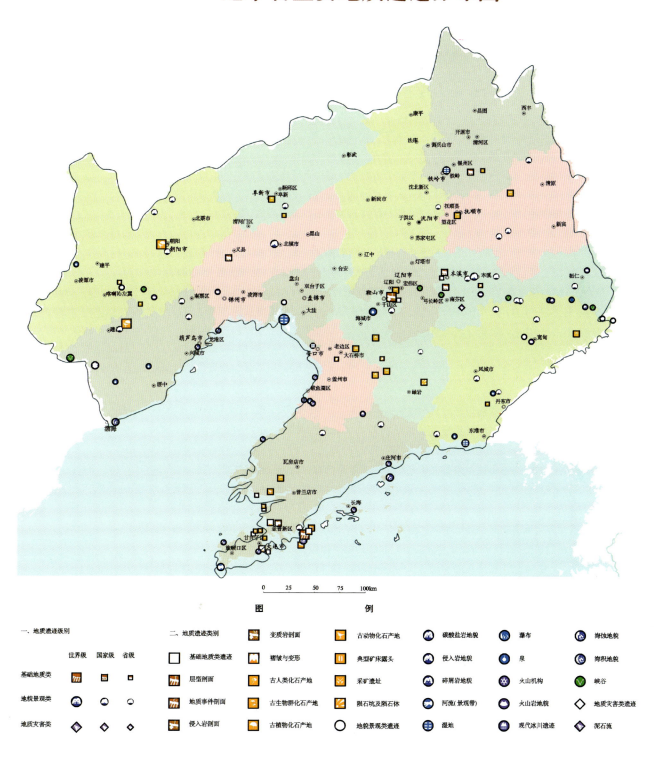

辽宁省重要地质遗迹分布图(轮廓引自辽宁省测绘地理信息局)

主要参考文献

曹美珍.辽宁西部四合屯地区义县组下部介形类[J].Palaeoworld,1999(11):131-144.

陈鸣.岫岩陨石坑星球撞击遗迹[M].北京:科学出版社,2016.

陈树良,郇彦清,邴志波.辽东地区古元古代侵入岩特征及构造岩浆大陆动力学演化[J].辽宁地质,2001(1):43-51.

陈树旺,张立东,彭艳东,等.四合屯及其周边地区义县组火山活动对生物灾难事件的影响[J].地学前缘,2002(3):103-107.

崔盛芹,李锦蓉,吴珍汉,等.燕山地区中新生代陆内造山[M].北京:地质出版社,2002.

崔盛芹,马寅生,吴珍汉,等.燕山陆内造山带造山过程及动力机制[M].北京:地震出版社,2006.

郭洪中,张招崇.辽宁西部中生代火山岩的基本特征[J].岩石矿物学杂志,1992,11(3):193-204.

郭胜哲,张立东,张长捷,等.辽宁太子河盆地元古宙—古生代层序地层[J].地质与资源,2001,10(1):1-10.

洪友崇,阳自强,王士涛,等.辽宁抚顺煤田地层及其生物群的初步研究(附:昆虫、叶肢介化石属种描述)[J].地质学报,1974(2):113-114,149-158.

胡铁军,魏民,孙立军,等.辽宁柴河铅锌矿控矿地质条件及未来找矿方向[J].地质与资源,2009,18(2):116-120.

黄桂林,唐小平,纪中奎.辽河三角洲湿地资源调查及评价[M].北京:北京出版社,2009.

姬书安.热河生物群重大研究进展综述[J].中国地质,2001,28(4):19-23.

季强,陈文,王五力,等.中国辽西中生代热河生物群[M].北京:地质出版社,2004.

季强,姬书安,任东,等.论辽西北票四合屯—尖山沟一带含原始鸟类地层的层序及时代[C]//地层古生物论文集,1999(27):74-80.

姜宝玉,姚小刚,牛亚卓,等.辽宁古生物化石精品辽宁西部侏罗系与白垩系概览[M].合肥:中国科学技术大学出版社,2010.

金建华,商平.辽宁沈北煤田早第三纪植物群的发现[J].中山大学学报(自然科学版),1998(6):129-130.

景山,王成善,柳永清,等.辽西建昌盆地早白垩世义县组沉积环境分析及盆地演化初探[J].沉积学报,2009,27(4):583-591.

李志杰,王建霞.大连市原金州石棉矿采空区地面塌陷治理方法[J].西部探矿工程,2008,20(12):137-140.

梁雨华,王献忠,于文祥,等.辽西医巫闾山变质核杂岩中间流变层变形特征[J].吉林大学学报(地学版),2009,39(4):711-716.

辽宁省地方志编纂委员会办公室.辽宁省志·地质矿产志[M].沈阳:辽宁科学技术出版社.1997.

辽宁省地质矿产局.辽宁省区域地质志[M].北京:地质出版社,1989.

刘敦一.中国38亿年古陆壳的发现[J].中国地质,1991(5):30.

刘敦一.中国最古老陆壳同位素年龄[J].中国地质,1990(6):29.

刘福兴,杜祖全,杨云鹏,等.辽宁凤城白云姚家沟金矿床地质特征及成因探讨[J].中国高新技术企业,2011(15):85-87.

刘俊来,关会梅,纪沫,等.辽南变质核杂岩的结构与演化[J].地质学报,2006(8):173-181.

卢崇海,张耀华,奚锐,等.辽宁鞍本-抚顺地区新太古代含铁建造层位对比及形成时代讨论[J].化工矿产地质,2013,35(4):193-200.

马鸿文.花岗岩成因类型的判别分析[J].岩石学报,1992,2(4):341-350.

牛邵武,王敏成,董洪年.CYCLOMEDUSA等水母类化石在辽南金县震旦系中的发现及其意义[J].中国地质科学院天津地质矿产研究所所刊,1988(19):20.

彭善池.华南斜坡相寒武纪三叶虫动物研究回顾并论我国南、北方寒武系的对比[J].古生物学报,2009,48(3):437-452.

乔秀夫,宋天锐,高林志,等.碳酸盐岩振动液化地震序列[J].地质学报,1994(1):16-34.

乔秀夫.辽东半岛南部震旦系-下寒武统成因地层[M].北京:科学出版社,1996.

曲广涛,张晓东,周文君,等.辽宁四道沟金矿成矿条件与找矿潜力评价[J].黄金,2007,28(9):14-18.

曲洪祥,鲍庆忠,董万德,等.辽宁南华系的划分及其特征[J].地质与资源,2011,20(6):430-433.

曲洪祥,刘杰,郝明,等.辽北震旦系殷屯组层位归属及其区域对比问题探讨[J].地质与资源,2013,22(4):296-298.

任文雅.浅谈铁岭莲花湖人工湿地[J].环境与生活,2014(20):14-15.

邵硕.辽南城山头滨海岩溶地貌生态环境评价研究[D].大连:大连海事大学,2011.

石平,魏忠义,姜莉,等.抚顺红透山铜矿废弃地植物重金属耐性研究[J].金属矿山,2010(2):155-158.

宋彪,伍家善,万渝生,等.鞍山地区陈台沟变质表壳岩的年龄[J].辽宁地质,1994(1):12-15.

孙革,张立君,周长付,等.30亿年来的辽宁古生物[M].上海:上海科技教育出版社,2011.

万多.辽宁丹东四道沟金矿床地质特征及构造控矿规律研究[D].长春:吉林大学,2010.

万渝生,宋彪,伍家善,等.鞍山3.8Ga奥长花岗质岩石的地球化学和Nd、Sr同位素组成及其意义[J].地质学报,1999(1):25-36.

王长青,范玉柏,王厚兴,等.辽北上前寒武系殷屯组冰碛砾岩地质特征[J].辽宁地质,1986(2):136-145.

王长清,范玉柏,王厚兴.辽北上前寒武系殷屯组冰碛砾岩地质特征[J].辽宁地质,1986(2):136-145.

王洪战,范国清,丁杰,等.辽东太子河流域石炭—二叠纪岩相古地理及铝土矿成矿地质条件[J].辽宁地质,1991(1):1-42.

王可勇,万多,刘正宏,等.辽宁丹东四道沟金矿床构造控矿规律及其机制分析[J].吉林大学学报(地球科学版),2011,41(4):1 048-1 054.

王敏成.大连茶叶沟古脊椎动物群的发现及其意义.[J].辽宁地质,1990(4):373-379.

王敏成.辽东半岛南部寒武系与奥陶系界线[J].辽宁地质,1990(1):1-9.

王敏成.辽东寒武纪笔石研究[J].辽宁地质,1991(2):3+98-129.

王敏成.辽宁大连震旦纪水母[J].长春地质学院院报,1991,21(3):259-270.

王敏成.辽宁辽阳晚寒武世崮山组树笔石.[J]古生物学报,1992,31(4):395-403.

王五力,郑少林,张立君,等.辽宁西部中生代地层古生物(1)[M].北京:地质出版社,1989.

王垚.辽宁丹东五龙金矿地质特征及成矿规律分析[J].城市地理,2016(6):71.

王钰,卢衍豪,杨敬之,等.辽东太子河流域地层(Ⅰ)[J].地质学报,1954(1):17-64.

王钰,卢衍豪,杨敬之,等.辽东太子河流域地层(Ⅱ)[J].地质学报,1954(2):85-145.

王卓,白朝能.抚顺西露天矿千台山滑坡稳定性分析与治理研究[J].西部探矿工程,2015,27(3):3-6.

吴福元,杨进辉,张艳斌,等.辽西东南部中生代花岗岩时代[J].岩石学报,2006(2):315-325.

吴福元.辽西中生代火山岩岩石化学特征及生成构造环境的分析[J].辽宁区域地质,1980(1):1-12.

吴满路,廖椿庭,张春山,等.红透山铜矿地应力测量及其分布规律研究[J].岩石力学与工程学版,2004(23):3 943-3 947

吴启成.辽宁古生物化石珍品[M].北京:地质出版社,2002.

伍家善,耿元生,沈其韩,等.华北陆台早前寒武纪重大地质事件[M].北京:地质出版社,1991.

谢宏远,冯本智,邹日,等.辽宁杨木杆硼矿床地质地球化学特征[J].矿床地质,1998,17(4):355-362.

徐山.辽东地区金矿矿产资源评价[D].长春:吉林大学,2013.

闫宇光.抚顺西露天矿地质灾害的调查与研究[J].中国国土资源经济,2007,20(5):38-39.

杨森,王东方.辽北殷屯组的时代归属及其大地构造意义[J].吉林地质,1990(1):31-41.

杨欣德,李星云,等.辽宁省岩石地层[M].武汉:中国地质大学出版社,1997.

杨欣德.辽东半岛南部震旦系葛屯组、寒武系大林子组及碱厂组沉积相分析[J].辽宁地质,1988(2):159-168.

杨占兴,田立臣.辽宁省铅锌矿床成矿作用研究[J].辽宁地质,1998(1):2-20.

杨中柱,孟庆成,江江,等.辽南变质核杂岩构造[J].辽宁地质,1996(4):241-250.

尹德涛.辽宁省地质旅游资源研究[D].沈阳:东北大学,2005.

于希汉,王五力,刘宪亭,等.辽宁西部中生代地层古生物[M].北京:地质出版社,1987.

张长厚,王根厚,王果胜,等.辽西地区燕山板内造山带东段中生代逆冲推覆构造[J].地质学报,2002,76(1):64-76.

张国仁,王国祯,曲洪祥,等.辽宁复州西南部张夏组上段高频旋回地层及复合海平面变化[J].中国区域地质,

1997(3):321-327.

张国仁,张长捷,韩晓平.大连金州地区震旦纪—早寒武世地层格架[J].辽宁地质,1994(2):144-153.

张国仁.金州地区震旦系基本层序与沉积环境[J].辽宁地质,1993(3):263-271.

张立东,郭胜哲,张长捷,等.北票-义县地区义县组火山构造及其与化石沉积层的关系[J].地球学报,2004,25(6):639-646.

张立东,郭胜哲,张长捷,等.北票-义县地区义县组岩石地层特征[J].地质与资源,2004(2):65-74.

张立东,郭胜哲,张长捷,等.北票-义县地区义县组珍稀化石层位对比及时代[J].地质与资源,2004,13(4):193-201,221.

张立东,郭胜哲,张长捷,等.辽宁省四合屯-上园地区含珍稀化石沉积层的特点和形成环境[J].中国地质,2001(6):10-20.

张立东,郭胜哲,张长捷,等.辽宁西部义县组湖相枕状熔岩的发现及其意义[J].地球学报,2002,23(6):491-494.

张立东,郭胜哲,张长捷,等.义县组底部层位发现恐龙化石[J].地质与资源,2002,11(1):9-15.

张立君.辽宁西部中生代地层古生物(2)[M].北京:地质出版社,1985.

张弥曼,陈丕基,王元青,等.热河生物群[M].上海:上海科学技术出版社,2001.

张新福,逄礴,马金利,等.辽宁红阳煤田石炭—二叠纪聚煤期古地理与控煤分析[J].中国煤炭地质,2010,22(7):1-6.

张永鼎.复州湾奥陶系马家沟组同生角砾岩及同生褶皱[J].辽宁地质,1991(2):190-192.

赵娜.大连市旅游地质资源概况分析[D].大连:辽宁师范大学,2008.

赵世涌.大连冰峪沟国家地质公园景观形成过程与机制[D].大连:辽宁师范大学,2014.

中国地质调查局.二十世纪末中国区域地质调查与研究进展[M].北京:地质出版社,2003.

中华人民共和国国土资源部.地质遗迹调查规范(DZ/T 0303—2017).北京:中国标准出版社,2015.

周忠和,贺怀宇,汪筱林,等.侏罗系-白垩系界线和我国东北地区下白垩统陆相地层相关问题的探讨[J].古生物学报,2009,48(3):541-555.

朱逍荣.丹东地区温泉资源调查报告[J].China's Foreign Trade,2012(6):386.

庄德厚,杨为树,吕国楚,等.辽宁省复县金刚石原生矿床地质研究报告[R].沈阳:辽宁省地质矿产局,1982.